■ 城市生态园林设计与技术丛书

Yuanlin
Chengshi

城市园林

绿化工程施工技术

陈艳丽◎主编

中国电力出版社
CHINA ELECTRIC POWER PRESS

内 容 提 要

本书依据园林工程最新的技术规范《城市园林绿化评价标准》（GB/T 50563—2010）、《园林绿化工程施工及验收规范》（CJJ 82—2012）及行业最新的技术要点进行编写，系统地介绍了园林工程施工方法，注重专业施工人员操作技能的提高，内容有园林土方工程施工、园林绿植绿化施工、园林置石、假山工程施工、园林水景工程施工、园路工程施工、园林给水与排水工程施工等。

本书可供园林景观设计人员、施工技术人员、管理人员使用，还可供高等院校风景园林等相关专业学生参考使用。

图书在版编目（CIP）数据

城市园林绿化工程施工技术/陈艳丽主编. —北京：中国电力出版社，2017.3（2023.7重印）
（城市生态园林设计与技术丛书）
ISBN 978-7-5198-0052-9

Ⅰ.①城…　Ⅱ.①陈…　Ⅲ.①城市-园林-绿化-工程施工-研究　Ⅳ.①S731.2

中国版本图书馆 CIP 数据核字（2016）第 280159 号

中国电力出版社出版发行

北京市东城区北京站西街 19 号　　100005　　http://www.cepp.sgcc.com.cn
责任编辑：王晓蕾　　联系电话：010-63412610
责任印制：杨晓东　　责任校对：王开云
固安县铭成印刷有限公司印刷·各地新华书店经售
2017 年 3 月第 1 版·2023 年 7 月第四次印刷
787mm×1092mm　1/16·14.5 印张·340 千字
定价：48.00 元

编委会成员

主　　编　陈艳丽

副主编　袁海燕

参　　编　郭爱云　　徐树峰　　马立棉　　刘彦林

　　　　　张素景　　孙兴雷　　李志刚　　刘　义

　　　　　杨　杰　　梁大伟　　曾　彦　　毛新林

　　　　　马富强　　杨晓方

前　言

　　园林能够有效地改善环境质量，它借助于景观环境、绿地构造、园林植物等多方面的因素合理地改善着人们的生活环境，从而为大家提供良好的生活环境，创造优越的游览、休息和活动平台，也为旅游业的发展提供了十分有利的条件。

　　优秀的风景园林工程，不但可以持续地使用，还能提高环境效益、社会效益和经济效益。随着社会经济的不断进步和发展，园林工程建设越来越受到国家的重视。园林工程通过在城市中建造具有一定规模的绿色生态系统，以缓减人们对大自然的破坏，改善生活环境的质量，促进环境和社会经济的可持续发展。

　　改善生态环境、提高人居质量，成为我国目前建设的主旋律。为解决空气污染、噪声污染、热岛效应等不利于人们身体健康的"城市病"，我国许多地区正致力于发展城乡一体的绿化，竞相为人们营造一道绿色的"生态屏障"。据专家预测，园林产业的发展路途久远，前景深广，距离引领世界园林趋势潮流还有相当的距离。

　　现阶段园林行业从业者，特别是技术人员水平良莠不齐，兼职和跨行业技术人员所占比例很大，而园林行业复合型技术人才所占比例很小，并且处在供不应求的状态，特别是园林科研、设计、养护、绿化、工程管理及预算的技术人才更为急需。园林相关图书近几年已有一定的市场占有率，但是真正将生态理念融合到园林设计、施工、养护，包括材料选用的书还很少，市场已有的图书大多是传统的园林设计施工方式叙述，单独的案例罗列。因此，能将生态绿化从材料选用到园林修缮甚至与其他建筑、人、动物和谐为一体的园林图书应是迎合专业读者和市场需求的。

　　本系列丛书系统地阐述了当前社会所提倡的可持续、生态、海绵等园林设计、施工领域新的发展观及应用技术，注重客观实际及与相关建筑、文化等的跨界、融合。内容有城市园林景观设计、城市园林绿植养护、城市园林工程施工技术（主要指栽植）、城市园林施工常用材料等，其中园林景观设计主要讲园林绿化及景观建筑的选址、布置等；绿化施工主要讲园林树木栽植方法和栽植要点；园林绿植养护主要讲花卉及植物的调理、灌溉施肥及修剪方法；城市园林施工常用材料主要是配合当今绿色及环保的主题而选用生态材料来做园林的各种新型材料。

　　本书讲究"知识与技能"的有序性，以"市场需求和行业发展趋势"为导向，以"理论与技能"并重为宗旨，以"培养高技能实用型人才"为目标进行编写。

　　本书的具体特色如下：

　　1. 选择在园林领域具有经验的人员编写。

　　2. 在选材方面，选用典型、具有生态园林需求的案例或材料。

　　3. 在写法上力求简明扼要、重点突出、范例实用、图文并茂，注重直观，体现可操作性。

4. 本书从专业及从业人员实际需求的角度加以阐述，将专业知识与应用技能交汇编写，内容充实全面。

5. 本书的内容及阐述方式均采用大众风格和语言编写，以达到普及和迎合更多群体的目的。

6. 从内容组成上来说，本书兼顾生态绿化理论性与技术实用性，力求做到理论精简、技术实践问题突出，从而满足读者的需要。

本书在编写过程中，得到了其他有丰富理论及经验的优秀园林设计人员的指引及建议，也参考了行业内很多文献资料，在此深表感谢。

限于作者水平，加之时间仓促，书中不妥不足之处在所难免，敬请读者朋友们提出宝贵的意见，我们将在本书再版时加以完善，在此不胜感激！

编　者

目　　录

第一章

园 林 土 方 工 程 施 工

第一节　园林土方工程施工准备

一、土质了解

1. 土的性质

（1）土壤容重和含水量。土壤的容重指单位体积内天然状况下的土壤重量，单位为 kg/m³。土壤容重可以作为土壤坚实度的指标之一，同等质地条件下，容重小的，土壤疏松；容重大的，土壤坚实。土壤容重大小直接影响土方施工的难易程度，容重越大挖掘越难。

土壤的含水量是土壤孔隙中的水重和土壤颗粒重的比值。土壤虽具有一定的吸持水分的能力，但土壤水的实际含量是经常发生变化的。土壤含水量小于5%称为干土，在5%～30%之间称为潮土，大于30%称为湿土。土壤含水量过小或过大，对土方施工都有直接影响。过小，土质坚实，不易挖掘；过大，土质泥泞，也不利施工。

（2）土壤的相对密实度。相对密实度用来表示土壤在填筑后的密实程度，可用下式来表示

$$D = \frac{\varepsilon_1 - \varepsilon_2}{\varepsilon_2 - \varepsilon_3} \qquad (1\text{-}1)$$

式中　D——土壤相对密实度；

　　　ε_1——填土在最松散状况下的孔隙比；

　　　ε_2——经碾压或夯实后的土壤孔隙比；

　　　ε_3——最密实情况下的土壤孔隙比。

孔隙比是指土壤空隙的体积与固体颗粒体积的比值。

在填方施工中，常用土壤的相对密实度来检查土壤的密实程度。为达到土壤设计要求的密实度，可采用机械夯实或人力夯实等方法，一般机械夯实的密实度可达95%，人力夯实的密实度在87%左右。

（3）土方松散度。土方从自然状态被挖动后，会出现体积膨胀的现象，这种现象与土壤类型有着密切的关系。施工时往往因土体膨胀而造成土方剩余，或造成塌方，从而给施工带来困难和不必要的经济损失。土壤膨胀的一般经验数值是虚方比实方大14%～50%，一般砂为14%、砾为20%、黏土为50%。填方后土体自落的快慢要看利用哪种外力的作用。若任其自然回落则需要1年时间，而一般以小型运土工具填筑的土体要比大型工具回

1

落得快。当然如果随填随压，则填方较为稳定，但也要比实方体积大 3% ~ 5%。由于虚方在经过一段时间回落后方能稳定，故在进行土方量计算时，必须考虑这一因素。土壤的实方与虚方之比，便是土壤的松散度。

$$土壤松散度 = \frac{原土体积（实方）}{松土体积（虚方）} \qquad (1-2)$$

若该土的松散度是 0.05，则其可松性系数应是 1 + 0.05 = 1.05。因此在土方计算中，计算出来的土方体积应乘以可松性系数，方能得到真实的虚方体积。

（4）土壤的自然倾斜面和安息角。松散状态下的土壤颗粒自然滑落而形成的天然斜坡面，叫作土壤自然倾斜面。该面与地平面的夹角，叫作土壤自然倾斜角（安息角）（图 1-1）。在工程设计时，为了使工程稳定，就必须有意识地创造合理的边坡，使之小于或等于自然安息角。随着土壤颗粒、含水量、气候条件的不同，各类型土壤的自然安息角也有所不同，见表 1-1。

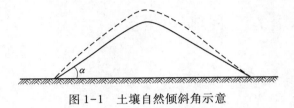

图 1-1　土壤自然倾斜角示意

表 1-1　　　　　　　　　　　　土壤含水量与自然倾斜角的关系

土壤质地名称	不同含水量土壤的自然倾斜角（%）			土壤颗粒大小／mm
	干的	湿润的	潮湿的	
砾石	40	40	35	2 ~ 20
卵石	35	45	25	20 ~ 200
粗砂	30	32	27	1 ~ 2
中砂	28	35	25	0.5 ~ 1
细砂	25	30	20	0.05 ~ 0.5
黏土	45	35	15	0.001 ~ 0.005
壤土	50	40	30	—
腐殖土	40	35	25	—

2. 土的工程分类

关于土的类型有着不同的划分标准。工程部门为便于确定技术措施和施工成本，根据土质和工程特点，对土方加以分类，见表 1-2。

表 1-2　　　　　　　　　　　　土 的 工 程 分 类

土的分类	土的级别	土 的 名 称	坚实系数 f	容重／（t/m³）	开挖方法及工具
一类土（松软土）	I	砂土、粉土、冲击砂土层、疏松的种植土、淤泥（泥炭）	0.5 ~ 0.6	0.6 ~ 1.5	用铁锹、锄头挖掘，少许用脚蹬
二类土（普通土）	II	粉质黏土，潮湿的黄土，夹有碎石、卵石的砂，粉土混卵（碎）石，种植土，回填土	0.6 ~ 0.8	1.1 ~ 1.6	用铁锹、锄头挖掘，少许用镐翻松

续表

土的分类	土的级别	土 的 名 称	坚实系数 f	容重 / (t/m³)	开挖方法及工具
三类土 （坚土）	Ⅲ	软及中等密实黏土，重粉质黏土、砾石土，干黄土，含有碎石、卵石的黄土，粉质黏土，压实的填土	0.8~1.0	1.75~1.9	主要用镐，少许用铁锹、锄头挖掘，部分用撬棍
四类土 （砂砾坚土）	Ⅳ	坚硬密实的黏性土或黄土，含碎石、卵石的中等密实黏性土或黄土，粗卵石，天然级配砂石，软泥灰岩	1.0~1.5	1.9	先用镐、撬棍挖掘，然后用锹挖掘，部分用楔子及大锤
五类土 （软石）	Ⅴ~Ⅵ	硬质黏土，中密的页岩、泥灰岩、白垩土，胶结不紧的砾岩，软石类及贝壳石灰石	1.5~4.0	1.1~2.7	用镐、撬棍或大锤挖掘，部分使用爆破方法开挖
六类土 （次坚石）	Ⅶ~Ⅸ	泥岩、砂岩、砾岩，坚实的页岩、泥灰岩、密实的石灰岩，风化花岗石、片麻岩及正长岩	4.0~10.0	2.2~2.9	用爆破方法开挖，部分用风镐
七类土 （坚石）	Ⅹ~ⅩⅢ	大理石，辉绿岩，玢岩，粗、中粒花岗岩，坚实的白云岩、砂岩、砾岩、片麻岩、石灰岩，微风化安山岩，玄武岩	10.0~18.0	2.5~3.1	用爆破方法开挖
八类土 （特坚石）	ⅩⅣ~ⅩⅥ	安山岩、玄武岩，花岗片麻岩，坚实的细粒花岗岩，闪长岩，石英岩，辉长岩、辉绿岩、玢岩、角闪岩	18.0~25.0	2.7~3.3	用爆破方法开挖

注　1. 土的级别为相当于一般 16 级土石分类级别。
　　2. 坚实系数为相当于普氏岩石强度系数。

施工中，根据土的分类级别，选择合适的施工方法和施工机具，供计算劳动力、确定工作量及工程取费时使用。

二、工程量计算

1. 体积公式估算法

体积公式估算法就是把所设计的地形近似地假定为锥体、棱台等几何形体，然后用相应的求体积公式计算土方量。该方法简便、快捷但精度不够，一般多用于规划方案阶段的土方量估算（表 1-3）。

表 1-3　　　　　　　　　体积公式估算土方工程量

序　　号	几何体名称	几何体形状	体　　积
1	圆锥		$V = \dfrac{1}{3}\pi r^2 h$

序　号	几何体名称	几何体形状	体　积
2	圆台		$V=\dfrac{1}{3}\pi h\ (r_1^2+r_2^2+r_1r_2)$
3	棱锥		$V=\dfrac{1}{3}Sh$
4	棱台		$V=\dfrac{1}{3}h\ (S_1+S_2+\sqrt{S_1S_2})$
5	球缺		$V=\dfrac{\pi h}{6}\ (h^2+3r^2)$

2. 等高面法

等高面法是在等高线处沿水平方向截取断面，断面面积即为等高线所围合的面积，相邻断面之间高差即为等高距。等高面计算法与垂直断面法基本相似（图1-2），其体积计算公式如下

$$V=(S_1+S_2)/2\cdot h+(S_2+S_3)/2\cdot h+(S_3+S_4)/2\cdot h+\cdots+(S_{n-1}+S_n)/2\cdot h+S_n/3\cdot h$$

$$=\{(S_1+S_n)/2+S_2+S_3+S_4+\cdots+S_{n-1}+S_n/3\}\cdot h \tag{1-3}$$

式中　V——土方体积，m^3；

$\quad\quad S_i$——各层断面面积，m^2；

$\quad\quad h$——等高距，m。

这种方法最适于大面积自然山水地形的土方计算。

3. 垂直断面法

垂直断面法多用于园林地形纵横坡度有规律变化地段的土方工程量计算，如带状的山体、水体、沟渠、堤、路堑、路槽等。

这种方法是以一组相互平行的垂直截断面将要计算的地形分截成"段"，然后分别计算每一单个"段"的体积，然后把各"段"的体积相加，求得总土方量。计算公式如下：

$$V=\frac{(S_1+S_2)L}{2} \tag{1-4}$$

式中　V——相邻两断面的挖、填方量，m^3；

$\quad\quad S_1$——截面1的挖、填方面积，m^2；

$\quad\quad S_2$——截面2的挖、填方面积，m^2；

$\quad\quad L$——相邻两截面间的距离，m。

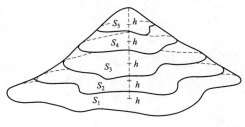

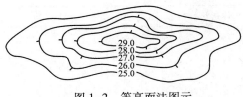

图1-2　等高面法图示

截断面可以设在地形变化较大的位置，这

种方法的精确度取决于截断面的数量，如地形复杂，要求计算精度较高时，应多设截断面；地形变化小且变化均匀，要求仅做初步估算，截断面可以少一些（图1-3）。

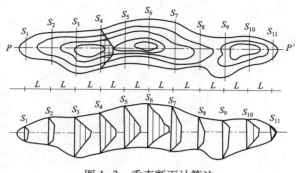

图1-3 垂直断面计算法

4. 方格网法

用方格网法计算土方量相对比较精确，一般用于平整场地，即将原来高低不平的、比较破碎的地形按设计要求整理成平坦的具有一定坡度的场地。

（1）划分方格网。先在附有等高线的地形图上划分若干正方形的小方格网。方格的边长取决于地形状况和计算精度要求。在地形相对平坦地段，方格边长一般可采用20~40m；地形起伏较大地段，方格边长可采用10~20m。

（2）填入原地形标高。根据总平面图上的原地形等高线确定每一个方格交叉点的原地形标高，或根据原地形等高线采用插入法计算出每个交叉点的原地形标高，然后将原地形标高数字填入方格网点的右下角（图1-4）。当方格交叉点不在等高线上，就要采用插入法计算出原地形标高。插入法求标高时，公式如下

施工标高 +0.800	设计标高 36.000
+⑨ 角点编号	35.000 原地形标高

图1-4 方格网点标高的注写

$$H_x = H_a \pm \frac{xh}{L} \qquad (1-5)$$

式中 H_x——角点原地形标高，m；

H_a——位于低边的等高线高程，m；

x——角点至低边等高线的距离，m；

h——等高距，m；

L——相邻两等高线间最短距离，m。

插入法求高程通常会遇到3种情况：

1）待求点标高 H_x 在二等高线之间（图1-5中①）：

$$h_x : h = x : L, \quad h_x = xh/L$$

$$H_x = H_a + xh/L$$

2）待求点标高 H_x 在低边等高线 H_a 的下方（图1-5中②）：

$$h_x : h = x : L, \quad h_x = xh/L$$

$$H_x = H_a - xh/L$$

3）待求点标高 H_x 在高边等高线 H_b 的上方（图1-5中③）：

$$h_x : h = x : L, \quad h_x = xh/L$$

$$H_x = H_a + xh/L$$

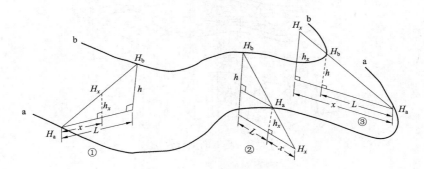

图1-5　插入法求任意点高程

某一坡度的坡度可用下列公式计算：

$$i = \frac{h}{L} \tag{1-6}$$

式中　i——坡度；

h——高差，m；

L——水平距离，m。

（3）填入设计标高。根据设计平面图上相应位置的标高情况，在方格网点的右上角填入设计标高。

（4）填入施工标高。

$$施工标高 = 原地形标高 - 设计标高 \tag{1-7}$$

得数为正（+）数时，表示挖方，得数为负（-）数时，表示填方。施工标高数值应填入方格网点的左上角。

（5）计算填挖零点线。计算出施工标高以后，如果在同一方格中既有填土又有挖土部分，就必须求出零点线。所谓零点就是既不挖土也不填土的点，将零点互相连接起来的线就是零点线。零点线是挖方和填方区的分界线，它是土方计算的重要依据。

可以用以下公式求出零点

$$X = h_1 \cdot \frac{a}{h_1 + h_3} \tag{1-8}$$

式中　X——零点距 h_1 一端的水平距离，m；

h_1、h_3——方格相邻二角点的施工标高绝对值，m；

a——方格边长，m。

（6）土方量计算。根据方格网中各个方格的填挖情况，分别计算出每一方格土方量。由于每一方格内的填挖情况不同，计算所依据的图式也不同。计算中，应按方格内的填挖具体情况，选用相应的图式，并分别将标高数字代入相应的公式中进行计算。几种常见的计算图式及其相应计算公式参见表1-4。

表 1-4　　　　　　　　　　　土方量的方格网计算图式

		零点线计算
$+h_1$　　$+h_2$ 　b_1　　0　c_1 　　0 $-h_3$ b_2　$-h_4$ c_2		$b_1 = a \cdot \dfrac{h_1}{h_1 + h_3}$,　$b_2 = a \cdot \dfrac{h_3}{h_3 + h_1}$ $c_1 = a \cdot \dfrac{h_2}{h_2 + h_4}$,　$c_2 = a \cdot \dfrac{h_4}{h_4 + h_2}$
h_1　　　h_2 h_3　　　h_4		四点挖方或填方 $V = \dfrac{a^2}{4}(h_1 + h_2 + h_3 + h_4)$
h_1 c　h_2 h_3 b　h_4		二点挖方或填方 $V = \dfrac{b+c}{2} \cdot a \cdot \dfrac{\sum h}{4}$ $= \dfrac{(b+c) \cdot a \cdot \sum h}{8}$
h_1　　h_2 c h_3 b　h_4		三点挖方或填方 $V = \left(a^2 - \dfrac{bc}{2}\right) \cdot \dfrac{\sum h}{5}$
h_1　　h_2 c h_3 b　h_4		一点挖方或填方 $V = \dfrac{1}{2}bc\dfrac{\sum h}{3}$ $= \dfrac{bc \sum h}{6}$

三、人员材料准备

（1）组织并配备各项专业技术人员、管理人员和技术工人。

（2）安排好作业班次，制定相应制度。

（3）对挖土、运输等工程机械及辅助设备进行维修检查，并运至施工地点就位。

（4）准备好施工及工程用料，按施工平面图所指位置堆放。

四、现场清理

（1）拆除建筑物和地下构筑物。建筑物及构筑物的拆除，应根据其结构特点进行工作，并遵照《建筑工程安全技术规范》的有关规定进行操作。

（2）场地树木清理。土方开挖深度不大于 50cm，或填方高度较小的土方施工时，现场及排水沟中的树木必须连根拔除，对有利用价值的速生乔木、花灌木等，在挖掘时不要伤害其根系，可以尽快假植，以便再栽植利用。应清理的树墩除用人工挖掘外，直径在50cm 以上的大树墩可用推土机铲除或用爆破法清除。

（3）管线及其他异常物体清理。如果发现施工场地内的地面、地下有管线或其他异常物体时，应事先请有关部门协同查清，未查清前，不可动工，以免发生危险或造成其他损失。

（4）排除地面积水及地下水。

1）排除地面积水。在施工之前，根据施工区地形特点在场地周围挖好排水沟（在山地施工为防山洪，在山坡上方应做截洪沟）。使场地内排水通畅，而且场外的水也不致流入。

在低洼处或挖湖施工时，除挖好排水沟外，必要时还应加筑围堰或设水堤。为了排水通畅，排水沟底纵坡坡度不应小于 2%，沟的边坡坡度值 1：1.5，沟底宽及沟深不小于 50cm。

2）地下水的排除。排除地下水方法很多，但一般多采用明沟，引至集水井，并用水泵排出；因为明沟较简单经济。一般按排水面积和地下水位的高低来安排排水系统，先定出主干渠和集水井的位置，再定支渠的位置和数目，土壤含水量大的、要求排水迅速的，支渠分布应密些，其间距约 1.5m，反之可疏些。在挖湖施工中应先挖排水沟，排水沟的深度应深于水生挖深。沟可一次挖掘到底，也可以依施工情况分层下挖，采用哪种方式可根据出土方向决定。

1. 平整场地的放线

用经纬仪将图样上的方格测设到地面上，并在每个交点处立桩木，边界上的桩木依图样要求设置。

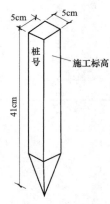

图 1-6　桩木标记

桩木的规格及标记方法：侧面平滑，下端削尖，以便打入土中，桩上应表示出桩号（施工图上方格网的编号）和施工标高（挖土用"+"号，填土用"-"号），如图 1-6 所示。

2. 自然地形放线

挖湖堆山，首先确定堆山或挖湖的边界线，但这样的自然地形放到地面上去是较难的；特别是在缺乏永久性地面物的空旷地上，在这种情况下应先在施工图上画方格网，再把方格网放大到地面上，而后把设计地形等高线和方格网的交点一一标到地面上并打桩，桩木上也要标明桩号及施工标高。

（1）小体放线。堆山时由于土层不断升高，桩木可能被土埋没，所以桩的长度应大于每层填土的高度，土山不高于 5m 的，可用长竹竿做标高桩，在桩上把每层的标高定好，不同层可用不同颜色标志，以便识别。另一种方法是分层放线、分层设置标高桩，如图 1-7 所示。

（2）水生放线。挖湖工程的放线工作和山体的放线基本相同，但由于水生挖深一般较一致，而且池底常年隐没在水下，放线可以粗放些，但水生底部应尽可能整平，不留土墩，这对养鱼捕鱼有利。岸线和岸坡的定点放线应该准确，不仅因为它是水上部分，有关造景，而且和水生岸坡的稳定有很大关系。为了精确施工，可以用边坡样板来控制边坡坡度。

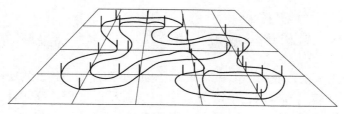

图 1-7　山体放线

提示：

开挖沟槽时，用打桩放线的方法，在施工中桩木容易被移动甚至被破坏，从而影响了校核工作。因此，应使用龙门板。龙门板的构造简单，使用也很方便。每隔 30～50m 设龙门板一块，其间距视沟渠纵坡的变化情况而定。板上应标明沟渠中心线位置，沟上口、沟底的宽度等。板上还要设坡度板，用坡度板来控制沟渠纵坡。

第二节　园林土方施工操作技术

一、土方开挖

1. 人工开挖

（1）适用范围。适用于一般园林建筑、构筑物的基坑（槽）和管沟以及小溪流、假植沟、带状种植沟和小范围整地的人工挖方工程。

（2）机具。人力施工时，施工工具主要是锹、镐、钢钎等。

（3）施工要点。

1）开挖土方附近不得有重物及易塌落物。

2）施工者要有足够的工作面，一般平均每人应有 4～6m^2。

3）在坡上或坡顶施工者，要注意坡下情况，不得向坡下滚落重物。

4）施工过程中注意保护基桩、龙门板或标高桩。

5）在挖土过程中，随时注意观察土质情况，要有合理的边坡。必须垂直下挖，松软土不得超过 0.7m，中等密度土不超 1.25m，坚硬土不超 2m，超过以上数值的需设支撑板或保留符合规定的边坡。

6）挖方工人不得在土壁下向里挖土，以防坍塌。

2. 机械开挖

（1）适用范围。适用于挖湖堆山的土方工程。

（2）机具。机械开挖施工主要使用推土机、挖掘机等（图 1-8）。

（3）施工要求。

1）在开挖有地下水的土方工程时，应采取措施降低地下水位，一般要降至开

图 1-8　机械土方开挖

挖面以下 0.5m，然后才能开挖。

2）施工机械进入现场所经过的道路、桥梁和卸车设施时，应经过事先检查，必要时进行加固或加宽等准备工作。

3）在机械施工无法作业的部位和修整边坡坡度、清理槽底等，均应配备人工进行。

4）开挖基坑（槽）和管沟，不得挖至设计标高以下，如不能准确地挖至设计基底标高时，可在设计标高以上暂留一层土不挖，以便在找平后由人工挖出。

5）由于施工作业范围大，桩点和施工放线要明显，以引起施工人员和推土机手的注意。

6）夜间施工应有足够照明，危险地段应设明显标志，防止错挖或超挖。

（4）注意事项。

1）在动工之前应向推土机驾驶员介绍拟施工地段的地形情况及设计地形的特点，最好结合模型讲解，使之一目了然。

2）施工前还要了解实地定点放线情况，如桩位、施工标高等。这样施工起来驾驶员心中有数，推土铲就像他手中的雕塑刀，能得心应手地按照设计意图去塑造地形。

3）在挖湖堆山时，先用推土机将施工地段的表层熟土（耕作层）推到施工场地外围，待地形整理停当，再把表土铺回来，这样做较麻烦，但对公园的植物生长却有很大好处。

4）因为推土机施工进进退退，其活动范围较大，施工地面高低不平，加上进车或退车时驾驶员视线存在某些死角，所以桩木和施工放线很容易受破坏。为了解决这一问题：第一，应加高桩木的高度，桩木上可做醒目标志，如挂小彩旗或桩木上涂明亮的颜色，以引起施工人员的注意；第二，施工期间，施工人员应该经常到现场，随时随地用测量仪器检查桩点和放线情况，掌握全局，以免挖错（或堆错）位置。

二、土方运输

在有些局部或小型施工中，一般用人工运土。对于运输距离较长的，最好使用机械或半机械化运输。

（1）运土最重要的是运输路线的组织。一般采用回环式道路，避免相互交叉。施工人员都要认真组织运输路线，卸土地点要明确，随时指点，避免混乱和窝工。

（2）如果使用外来土垫地堆山，运土车辆应设专人指挥，卸土的位置要准确，否则必然会给下一步施工增加不必要的搬运，从而浪费人力物力。

三、土方填筑

1. 顺序

基底地坪的清整→检验土质→分层铺土、耙平→分层夯实→检验密实度→修整找平验收。

2. 填筑方式

（1）人工填土。人工填土常用铁锹、耙、锄等工具。回填土时，一般从场地最低处开始，由一端向另一端自下而上分层铺填。每层应先虚铺一层土，然后夯实。

（2）机械填土。主要指推土机填土、铲运机填土和汽车填土。

现以推土机为例加以说明。推土机填土采用纵向铺填的顺序，即从挖方区段向填方区段填土，每段 40~60m 为宜。坡度较大时，也应按顺序分段填土，不得居高临下，一次堆填完成；用推土机运土回填时，可采用分堆集中，一次运送的方法，为减少运土漏失量，分段距离以 10~15m 为宜；土方推至填方位置时，应提起一次铲刀，成堆卸土，并向前行驶 0.5~1.0m，利用推土机后退将土刮平。

3. 填土及压实施工要点

（1）在填自然式山体时，应以设计的山头为中心，采用螺旋式分路上土法，运土顺循环道路上填，每经过全路一遍，便顺次将土卸在路两侧，空载的车（人）沿线路继续前行下山，车（人）不走回头路，不交叉穿行。这不仅合理组织了人工，而且使土方分层上升，土体较稳定，表面较自然。

（2）在自然斜坡上填土时，为防止新填土方沿着坡面滑落，可先把斜坡挖成阶梯状，然后再填入土方，这样就增强了新填土方与斜坡的咬合性，可保证新填土方的稳定性（图 1-9）。

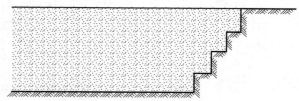

图 1-9 斜坡填土

（3）在堆土做陡坡时，要用松散的土堆出陡坡是不容易的，需要采取特殊处理。可以用袋装土垒砌的办法，直接垒出陡坡，其坡度可以做到 200% 以上。土袋不必装得太满，装土 70%~80% 即可，这样垒成陡坡更为稳定。袋子可选用麻袋、塑料编织袋或玻璃纤维布袋。袋装土陡坡的后面，要及时填土夯实，使两者结成整体以增强稳定性。陡坡垒成后，还需要湿土对坡面培土，掩盖土袋使整个土山浑然一体。坡面上还可栽种须根密集的灌木或培植山草，利用树根和草根将坡土紧固起来。

（4）大面积填方应分层填土，一般每层 30~50cm，一次不要填太厚，最好填一层就筑实一层。为保持排水，应保证斜面有 3% 的坡度。

（5）土山的悬崖部分用泥土堆不起来，一般要用假山石或块石浆砌做成挡土石壁，然

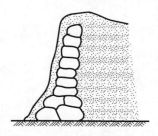

图 1-10 陡坡悬崖的堆土

后在背面填土，石壁后要有一些长条形石条从石壁埋入山体中，形成狗牙茬状，以加强山体与石壁的连接，增强石壁的稳定性。砌筑时，石壁砌筑 1.2~1.5m 后，应停工几天，待水泥凝固硬化，并在石壁背面填土夯实之后，才能继续向上砌筑崖壁（图 1-10）。

（6）为保证土壤相对稳定，压实要求均匀，填方时必须分层堆填，分层碾压夯实（图 1-11），否则会造成土方上紧下松。土壤含水量，过多过少都不利于夯实。

（7）自边缘向中心打夯，否则边缘土方外挤易引起塌落，打夯应先轻后重。先轻打一遍，使土中细粉受振落下，填满下层土粒间的空隙；然后再加重夯实，夯实土壤。

四、土方边坡及支护

1. 土方边坡

（1）计算公式。土方边坡的坡度是指土方坑深度 H 与底宽 B 之比，即

图 1-11 土方机械压实

土方边坡坡度 $=H/B=1:m$ (1-9)

式中 m——边坡系数，$m=B/H$。

（2）边坡形式。图 1-12 为土壁边坡形式。

（3）施工要点。

1）土方边坡的大小主要与土质、开挖深度、开挖方法、边坡留置时间的长短、边坡附近各种荷载状况及排水情况有关。

2）当地质条件良好、土质均匀且地下水位低于基坑（槽）或管沟底面标高，并且挖土深度不超过以下规定时，挖方边坡可做直立壁并不加支撑。密实、中密的砂土和碎石类土：1000mm。

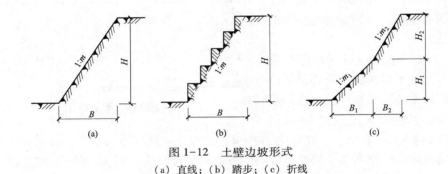

图 1-12 土壁边坡形式

（a）直线；（b）踏步；（c）折线

3）硬塑、可塑的粉土及粉质黏土：1250mm；硬塑、可塑的黏土和碎石类土：1500mm；坚硬的黏土：2000mm。

4）当挖方深度超过上述数值时，应考虑放坡或直壁加支撑的技术措施。

5）当地质条件良好、土质均匀且地下水位低于基坑（槽）或管沟底面标高时，并且挖方深度在 5m 以内的不加支撑边坡应符合表 1-5 的规定。

6）对于永久性的边坡，如挖河造山地形塑造中，应按设计规定的坡度值进行放坡。

表 1-5　　　　　深度在 5m 以内的基坑、管沟边坡的最陡坡度（不加支撑）

土的类别	边坡坡度（$H:B$）		
	坡顶无荷载	坡顶有静载	坡顶有动载
中密的砂土	1：1.00	1：1.25	1：1.50
中密的碎石类土（充填物为砂土）	1：0.75	1：1.00	1：1.25
硬塑的粉土	1：0.67	1：0.75	1：1.00
中密的碎石类土（充填物为黏性土）	1：0.50	1：0.67	1：0.75
硬塑的粉质黏土、黏土	1：0.33	1：0.50	1：0.67
老黄土	1：0.10	1：0.25	1：0.33
软土（经井点降水后）	1：1.00	—	—

2. 土壁支撑

为了缩小施工作业面、减少土方挖掘量或因场地的限制不能采用放坡时，则可采用如图 1-13 所示的形式进行土方挖掘施工。

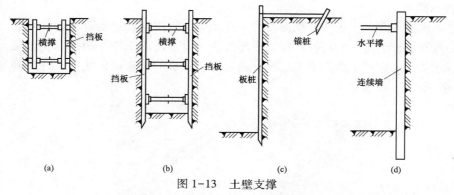

图 1-13　土壁支撑

（a）水平挡板；（b）垂直挡板；（c）锚桩；（d）连续墙

（1）方式。土壁支承的具体方法，常根据工程特点、土质条件、开挖深度、地下水位和施工工艺方法等不同情况选用钢木支撑、钢板桩支撑、钢筋混凝土护坡桩和钢筋混凝土地下连续墙等。

（2）施工要点。

1）在园林工程施工中，湿度小的黏性土挖掘深度小于 3m 时，可用断续式水平挡土板横撑式支撑。松散且湿度大的土可用连续水平挡土板横撑式支撑，挖土深度可达 5m。

2）松散且湿度很大的土，可用垂直式挡板支撑，其挖土深度一般不受限制。

3）采用挡板横撑支撑时，应随挖随撑，支撑要牢固可靠，施工中应经常检查，如有松动变形等现象时，应及时加固或更换。

4）支撑挡板的拆除应按回填顺序依次进行，多层支撑应自下而上逐层拆除，随拆随填，以免土壁塌落。

五、土方施工排水与地下水位的降低

1. 排水

在开挖基坑、基槽、管沟或其他土方时，土的含水层常会被切断，地下水将会不断地渗入槽坑内，雨季施工时地面水也会流入槽坑中。

（1）施工要点。明沟集水井排水法的具体做法是：在基坑或沟槽开挖时，先在坑底周围或中间开挖排水。

（2）然后在排水沟的交接处设置集水井，使水汇流于集水井中，然后用水泵抽排至坑外，如图 1-14 所示。

（3）集水井深度应低于坑底 1000mm 以上，在地下水量大、土方施工工期长的

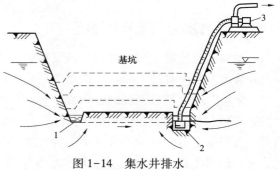

图 1-14　集水井排水

1—排水沟；2—集水坑；3—水泵

情况下，应在底井中铺设砂石滤水层，并设竹编围圈加固井壁。

（4）集水、抽水的水泵常用潜水泵，在使用潜水泵时，应注意不得让泵脱水运转，以免烧坏电动机。

2. 井点降水

井点降水法是在土方正式开挖前，预先在挖方的外围埋设一定数量的井点管，井点管的下端安置滤水管装置，利用抽水设施在土方施工及基础施工中不断抽水，使施工区域范围的地下水位线降到基坑或沟槽的底部标高以下，形成始终干燥的状态，井点降水原理如图 1-15 所示。

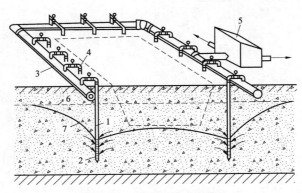

图 1-15　井点降水原理图

1—井点管；2—滤管；3—总管；4—弯联管；5—水泵房；

6—原有地下水位；7—降低后地下水位线

（1）方式。井点降水根据设备不同，有轻型井点、喷射井点、电渗井点、管井井点及深井井点等不同的降水方法。

（2）施工要点。施工中，应根据地下水位的高度、土质的类别、要求降低水位的深度、土层的渗透系数、施工工期的长短、设备配备及经济比较等因素，决定采用相应的井点降水具体方法。采用井点降水的方法，可以避免出现流砂现象，改善土方施工条件，防止坡壁因湿度过大而发生塌方等危险情况，但费用较高。

第三节　园林土方工程施工质量检验

一、分部分项工程的划分

根据国家的施工与质量检测的规定，每个园林绿化单位工程通常分为五个分部工程：土方造型、绿化种植、园林建筑及小品、假山叠石及水系、建筑修与建。

土方造型分部按工程的要求或部位划分为造地形工程、堆山工程、挖河工程等部分。根据用料、工艺特点、施工程序的区别分为若干个分项工程，如造地形工程分为清除垃圾土、进种植土方、造地形等分项工程；堆山工程分为堆山基础、进种植土、造地形等分项工程；挖河工程（包括挖湖）分为河道开挖、河底修整、驳岸、涵管等分项工程。

对工程项目中各类分部分项的划分，主要是有利于各个施工环节的标准化管理。

二、施工质量检验

（1）保证项目是保证工程安全和使用功能正常的重要检查项目，它是对工程施工提出必须达到的要求。如在某地区的《园林工程质量检验评定标准》中，保证项目是通过条文中采用"必须"或"严禁"用词来表示，以突出其重要性。保证项目是工程质量合格和优良两个等级都必须达到的指标。保证项目所包括的主要内容为重要材料、主要技术要求和检测指标的检测技术要求。

（2）基本项目是保证工程质量的基本要求。在专业评定标准中，它是通过条文中采用"应"或"不应"用词来表示。基本项目与保证项目相比，尽管不像保证项目那样重要，但对工程的质量、效果、观感等有较大的影响和作用。只是基本项目的要求，允许有一定的自由范围。基本项目的指标分为"合格""优良"两个等级。基本项目的内容主要为：不能确定偏差值而又允许出现一定缺陷的项目；无法定量表达而只能用程度或部位来区分的项目；不宜纳入"允许偏差"项目内而实际允许一定偏差的项目。

（3）允许偏差项目是指规定一定数值范围偏差的项目，在专业评定标准中，它是通过条文中采用"应"或"不应"用词来表示，并常常给出一定的数值范围。

三、挖湖堆山质量的一般要求

挖湖堆山施工的质量要求，一般由相应的分项工程质量检验评定表所包含，一般包含了土料的类别和相应的质量要求、工程物的形状与位置尺寸、其他主要的技术指标。表1-6、表1-7为部分分项工程中的一些质量项目的具体要求和检测方法，供参考。

表1-6　　　　　　　　　土方地形分项工程质量检验内容

保证项目	项目			
	栽植土壤的理化性质符合《园林栽植土质量标准》（DBJ 08—231—1998）的要求			
	严禁使用建筑垃圾土、盐石土、重黏土、砂土及含有其他有害成分的土			
	严禁在栽植土层下有不透水层			
基本项目	项目			
	按面积抽查：10%，500m² 为一点，不得少于 3 点；≤500m² 应全数检查			
	1	地形平整度		
	2	标高（含抛高系数）		
	3	杂质含量低于：10%		
	4	排水良好		
	按长度抽查 10%，100m 为一点，不少于 3 点			
	5	栽植土与道路或挡土墙边口线平直		
允许偏差项目	项目		尺寸要求/cm	允许偏差/cm
	按面积抽查 10%，500m² 为一点，不得少于 3 点；≤500m² 应全数检查			
	1 有效土层厚度	大、中乔木胸径	≥15cm	>130
			<15cm	>100
		小乔木和大、中灌木		>80

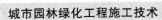

续表

项 目			尺寸要求/cm	允许偏差/cm
允许偏差项目	按面积抽查10%，500m² 为一点，不得少于3点：≤500m² 应全数检查			
	小灌木、缩根花卉		>60	
	草木地被、草坪及一二年生草花		>40	
	2	地形标高	全高	<1m	±5
			1~3m	±10
			>3m	±20
3	土低于挡墙边口		3~5cm	1.5
4	土方表面平整度（2m 内）		+0、−50	

表 1-7　　　　　　　　　　　　河道开挖分项工程质量检验内容

项 目		
保证项目	1	河道的位置放样必须符合设计要求
	2	河道位置的地质情况必须了解清楚
	3	有防汛功能的河道应符合水利工程的规范要求
	4	景观河道应符合环境和生态的要求
	5	河道开挖的弃土堆放应符合设计和业主规定的要求

		项 目
基本项目	1	河道边坡稳定
	2	坡脚线整齐顺直
	3	河底平整
	4	河底无明显起伏

		项 目	允许偏差/cm
允许偏差项目	1	河道中心线	±20
	2	河底高程	<5，平均值不高于设计高程
	3	河道底宽	±20，平均值不小于设计底宽
	4	河道边坡	局部坡比1：($n±0.05$)
			局部边坡比1：n
	5	内外青坎高程	<5，平均值不低于设计高程
	6	内外青坎顶宽	±20，平均值不小于设计规范

第二章

园林绿植绿化施工

第一节 乔木灌木

一、乔灌木配置

1. 配置原则

乔木灌木配置的形式多种多样、千变万化，但可归纳为两大类，即规则式配置和自然式配置。

（1）规则式。规则式又称整形式、几何式、图案式等，是把树木按照一定的几何图形栽植，具有一定的株行距或角度，整齐、严谨、庄重，常给人以雄伟的气魄感，体现一种严整大气的人工艺术美，视觉冲击力较强，但有时也显得压抑和呆板。常用于规则式园林和需要庄重的场合，如寺庙、陵墓、广场、道路、入口以及大型建筑周围等。包括对植、列植等。法国、意大利、荷兰等国的古典园林中，植物景观主要是规则式的，植物被整形修剪成各种几何形体以及鸟兽形体，与规则式建筑的线条、外形，乃至体量协调统一。

（2）自然式。自然式又称风景式、不规则式，植物景观呈现出自然状态，无明显的轴线关系，各种植物的配置自由变化，没有一定的模式。树木种植无固定的株行距和排列方式，形态大小不一，自然、灵活，富于变化，体现柔和、舒适、亲近的空间艺术效果。适用于自然式园林、风景区和普通的庭院，如大型公园和风景区常见的疏林草地就属于自然式配置。中国式庭园、日本式茶庭及富有田园风趣的英国式庭园也多采用自然式配置。

2. 孤植

（1）简介。在一个较为开旷的空间，远离其他景物种植一株乔木称为孤植。孤植树也叫园景树、独赏树或标本树，在设计中多处于绿地平面的构图中心和园林空间的视觉中心而成为主景，也可起引导视线的作用，并可烘托建筑、假山或活泼水景，具有强烈的标志性、导向性和装饰作用（图2-1）。

（2）要求。对孤植树的设计要特别注意的是"孤树不孤"。不论在何处，孤植树都不是孤立存在的，它总和周围的各种景物，如建筑、草坪、其他树木等配合，以形成一个统一的整体，因而要求其体量、

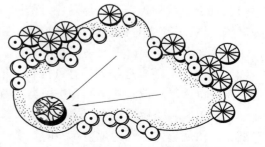

图2-1　开敞草坪中，孤植树做主景

姿态、色彩、方向等方面与环境其他景物既有对比，又有联系，共同统一于整体构图之中。

（3）适用范围。孤植树常用于庭院、草坪、假山、水面附近、桥头、园路尽头或转弯处等，广场和建筑旁也常配置孤植树。孤植树在古典庭院和自然式园林中应用很多，如我国苏州古典园林中常见应用，而在草坪上孤植欧洲榉栎几乎成为英国自然式园林的特色之一。

（4）意图。

1）孤植树主要突出表现单株树木的个体美，一般为大中型乔木，寿命较长，既可以是常绿树，也可以是落叶树。要求植株姿态优美，或树形挺拔、端庄、高大雄伟，如雪松、南洋杉、樟树、榕树、木棉、柠檬桉，或树冠开展、枝叶优雅、线条宜人，如鸡爪槭、垂柳，或秋色艳丽，如银杏、鹅掌楸、洋白蜡，或花果美丽、色彩斑斓，如樱花、玉兰、木瓜。如选择得当，配置得体，孤植树可起到画龙点睛的作用。苏州留园"绿荫轩"旁的鸡爪槭是优美的孤植树，而狮子林"问梅阁"东南的孤植大银杏则具有"一枝气可压千林"的气势。

2）孤植树是园林局部构图的主景，因而要求栽植地点位置较高，四周空旷，便于树木向四周伸展，并有较适宜的观赏视距，一般在4倍树高的范围里要尽量避免被其他景物遮挡视线，如可以，设计在宽阔开朗的草坪上，或水边等开阔地带的自然重心上。秋色金黄的鹅掌楸、无患子、银杏等，若孤植于大草坪上，秋季金黄色的树冠在蓝天和绿草的映衬下显得极为壮观。事实上，许多古树名木从景观构成的角度而言，实质上起着孤植树的作用。此外，几株同种树木靠近栽植，或者采用一些丛生竹类，也可创造出孤植的效果。

3）必须考虑孤植树与环境间的对比及烘托关系。如曲廊、幽径、墙垣的转折处，池畔、桥头、大片草坪上、花坛中心、道路交叉点、道路转折点、缓坡、平阔的湖池岸边等处，均适合配置孤植树。孤植树配置于山岗上或山脚下，既有良好的观赏效果，又能起到改造地形、丰富天际线的作用。以树群、建筑或山体为背景配置孤植树时，要注意所选孤植树在色彩上与背景应有反差，在树形上也能协调。从遮阴的角度来选择孤植树时，应选择分枝点高、树冠开展、枝叶茂盛、叶大荫浓、病虫害少、无飞毛飞絮、不污染环境的树种，以圆球形、伞形树冠为好，如银杏、榕树、樟树、核桃。除了前面所提到的树种以外，可作孤植树使用的还有黄山松、栎类、七叶树、栾树、国槐、金钱松、南洋楹、海棠、樱花、白兰花、白皮松、圆柏、油松、毛白杨、白桦、元宝枫、糠椴、柿树、白蜡、皂角、白榆、薄壳山核桃、朴树、冷杉、云杉、丝棉木、乌桕、合欢、枫香、广玉兰、桂花、喜树、小叶榕、菩提树、腊肠树、橄榄、凤凰木、大花紫薇等。

3. 对植

（1）简介。将树形美观、体量相近的同一树种，以呼应之势种植在构图中轴线的两侧称为对植（图2-2）。对植强调对应的树木在体量、色彩、姿态等方面的一致性，只有这样，才能体现出庄严、肃穆的整齐美。

（2）要求。对植多选用树形整齐优美、生长较慢的树种，以常绿树为主，但很多花色优美的树种也适于对植。常用的有松柏类、南洋杉、云杉、冷杉、大王椰子、假槟榔、苏铁、桂花、玉兰、碧桃、银杏、蜡梅、龙爪槐等，或者选用可进行整型修剪的树种进行人工造型，以便从形体上取得规整对称的效果，如整形的大叶黄杨、石楠、海桐等也常用作对植。

图2-2　对植

（3）适用范围。对植常用于房屋和建筑前、广场入口、大门两侧、桥头两旁、石阶两侧等，起衬托主景的作用，或形成配景、夹景，以增强透视的纵深感。例如，公园门口对植两棵体量相当的树木，可以对园门及其周围的景物起到很好的引导作用；桥头两旁的对植则能增强桥梁构图上的稳定感。对植也常用在有纪念意义的建筑物或景点两边，这时选用的对植树种在姿态、体量、色彩上要与景点的思想主题相吻合，既要发挥其衬托作用，又不能喧宾夺主。

（4）示意图。

1）两株树的对植一般要用同一树种，姿态可以不同，但动势要向构图的中轴线集中，不能形成背道而驰的局面，影响景观效果。也可以用两个树丛形成对植，这时选择的树种和组成要比较近似，栽植时注意避免呆板的绝对对称，但又必须形成对应，给人以均衡的感觉。

2）对植可以分为对称对植和拟对称对植。对称对植要求在轴线两侧对应地栽植同种、同规格、同姿态树木，多用于宫殿、寺庙和纪念性建筑前，体现一种肃穆气氛。在平面上要求严格对称，立面上高矮、大小、形状一致。拟对称对植只是要求体量均衡，并不要求树种、树形完全一致，既给人以严整的感觉，又有活泼的效果。

4. 列植

（1）简介。树木呈带状的行列式种植称为列植，有单列、双列、多列等类型（图2-3）。列植主要用于公路、铁路、城市街道、广场、大型建筑周围、防护林带、农田林网、水边种植等。

（2）要求。园林中常见的灌木花径和绿篱从本质上讲也是列植，只是株行

图2-3　列植

距很小。就行道树而言，既可单树种列植，也可两种或多种树种混用，应注意节奏与韵律的变化，西湖苏堤中央大道两侧以无患子、重阳木和三角枫等分段配置，效果很好。在形成片林时，列植常采用变体的三角形种植，如等边三角形、等腰三角形等。

（3）适用范围。列植应用最多的是道路两旁。道路一般都有中轴线，最适宜采取列植的配置方式，通常为单行或双行，选用一种树木，必要时亦可多行，且用数种树木按一定方式排列。

行道树列植宜选用树冠形体比较整齐一致的种类。株距与行距的大小应视树的种类和所需要遮阴的郁闭程度而定。一般大乔木株行距为 5~8m，中小乔木为 3~5m，大灌木为 2~3m，小灌木为 1~2m。完全种植乔木，或将乔木与灌木交替种植皆可。常用树种中，大乔木有油松、圆柏、银杏、国槐、白蜡、元宝枫、毛白杨、柳杉、悬铃木、榕树、臭椿、垂柳、合欢等；小乔木和灌木有丁香、红瑞木、小叶黄杨、西府海棠、玫瑰、木槿等。绿篱可单行也可双行种植，株行距一般 30~50cm，多选用圆柏、侧柏、大叶黄杨、黄杨、水蜡、小檗、木槿、蔷薇、小叶女贞、黄刺玫等分枝性强、耐修剪的树种，以常绿树为主。

（4）示意图。列植树木要保持两侧的对称性，平面上要求株行距相等，立面上树木的冠径、胸径、高矮则要大体一致。当然这种对称并不一定是绝对的对称，如株行距不一定绝对相等，可以有规律地变化。列植树木形成片林，可做背景或起到分割空间的作用，通往景点的园路可用列植的方式引导游人视线。

5. 丛植

（1）简介。由 2~3 株至 10~20 株同种或异种的树木按照一定的构图方式组合在一起，使其林冠线彼此密接而形成一个整体的外轮廓线，这种配置方式称为丛植。在自然式园林中，丛植是最常用的配置方法之一，可用于桥、亭、台、榭的点缀和陪衬，也可专设于路旁、水边、庭院、草坪或广场一侧，以丰富景观色彩和景观层次，活跃园林气氛。运用写意手法，几株树木丛植，姿态各异、相互趋承，便可形成一个景点或构成一个特定空间。

（2）要求。树丛景观主要反映自然界小规模树木群体形象美。这种群体形象美又是通过树木个体之间的有机组合与搭配来体现的，彼此之间既有统一的联系，又有各自形态变化。在空间景观构图上，树丛常做局部空间的主景，或配景、障景、隔景等，同时也兼有遮阴作用。以遮阴为主要目的的树丛常选用乔木，并多用单一树种，如毛白杨、朴树、樟树、橄榄，树丛下也可适当配置耐阴花灌木。以观赏为目的的树丛，为了延长观赏期，可以选用几种树种，并注意树丛的季相变化，最好将春季观花、秋季观果的花灌木以及常绿树种配合使用，并可于树丛下配置常绿地被。例如，在华北地区，"油松—元宝枫—连翘"树丛或"黄栌—丁香—珍珠梅"树丛可布置于山坡，"垂柳—碧桃"树丛则可布置于溪边池畔、水榭附近以形成桃红柳绿的景色，并可在水生内种植荷花、睡莲、水生鸢尾；在江南，"松—竹—梅"树丛布置于山坡、石间是我国传统的配置形式，谓之"岁寒三友"。

（3）适用范围。丛植形成的树丛既可做主景，也可以做配景。做主景时四周要空旷，宜用针阔叶混植的树丛，有较为开阔的观赏空间和通道视线，栽植点位置较高，使树丛主景突出。树丛配置在空旷草坪的视点中心上，具有极好的观赏效果；在水边或湖中小岛上配置，可作为水景的焦点，能使水面和水生活泼而生动；公园进门后配置一丛树丛，既可观赏，又有障景作用。在中国古典山水园中，树丛与山石组合，设置于粉墙前、廊亭侧或房屋角隅，组成特定空间内的主景是常用的手法。除了做主景外，树丛还可以做假山、雕塑、建筑物或其他园林设施的配景，如用作小路分歧的标志或遮蔽小路的前景，峰回路转，形成不同的空间分割。同时，树丛还能做背景，如用樟树、女贞、油松或其他常绿树丛植作为背景，前面配置桃花等早春观花树木或宿根花境，均有很好的景观效果。

（4）示意图。我国画理中有"两株一丛的要一俯一仰，三株一丛要分主宾，四株一丛的株距要有差异"的说法，这也符合树木丛植配置的构图原则。在丛植中，有两株、三株、四株、五株以至十几株的配置（图2-4、图2-5）。

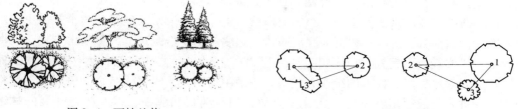

图2-4　两株丛值　　　　　　　　　　　　　图2-5　三株丛植

6. 群植

（1）简介。群植指成片种植同种或多种树木，常由二三十株以至数百株的乔灌木组成（图2-6）。可以分为单纯树群和混交树群（图2-7、图2-8）。单纯树群由一种树种构成。混交树群是树群的主要形式，完整时从结构上可分为乔木层、亚乔木层、大灌木层、小灌木层和草本层，乔木层选用的树种树冠姿态要特别丰富，使整个树群的天际线富于变化，亚乔木层选用开花繁茂或叶色美丽的树种，灌木一般以花木为主，草本植物则以宿根花卉为主。

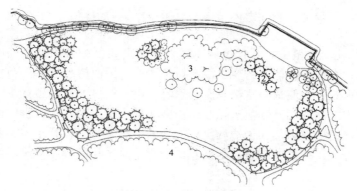

图2-6　由雪松树群组成的开阔空间
1—雪松群；2—雪松；3—桂花；4—广玉兰

图2-7　苏州金鸡湖边的樟树单纯树群　　　　图2-8　杭州花港观鱼牡丹亭附近的混交树群

21

（2）要求。树群所表现的主要为群体美，观赏功能与树丛近似，在大型公园中可作为主景，应该布置在有足够距离的开阔场地上，如靠近林缘的大草坪上、宽广的林中空地、水中的小岛上、宽广水面的水滨、小山的山坡、土丘上等，尤其配置于滨水效果更佳。树群主要立面的前方，至少在树群高度的 4 倍，宽度的 1.5 倍距离上，要留出空地，以便游人欣赏。树群规模不宜太大，构图上要四面空旷；组成树群的每株树木，在群体的外貌上，都起到一定作用；树群的组合方式，一般采用郁闭式，成层的结合。树群内部通常不允许游人进入，因而不利于做遮阴休息之用，但是树群的北面，以及树冠开展的林缘部分，仍可供庇荫休息之用。树群也可做背景，两组树群配合还可起到框景的作用。

（3）适用范围。群植是为了模拟自然界中的树群景观，根据环境和功能要求，可多达数百株，但应以一两种乔木树种为主体和基调树种，分布于树群各个部位，以取得和谐统一的整体效果。其他树种不宜过多，一般不超过 10 种，否则会显得零乱和繁杂。在选用树种时，应考虑树群外貌的季相变化，使树群景观具有不同的季节景观特征。树群设计应当源于自然而高于自然，把客观的自然树群形象与设计者的感受情思结合起来，抓住自然树群最本质的特征加以表现，求神似而非形似。宋郭熙在《林泉高致》中说，"千里之山，不能尽奇，万里之水，岂能尽秀"，此虽为画理，但与园林设计之理是共通的。群植主要表现树木的群体美，要求整个树群疏密自然，林冠线和林缘线变化多端，并适当留出林间小块隙地，配合林下灌木和地被植物的应用，以增添野趣。

（4）示意图。

1）同丛植相比，群植更需要考虑树木的群体美、树群中各树种之间的搭配，以及树木与环境的关系，对树种个体美的要求没有树丛严格，因而树种选择的范围更广。乔木树群多采用密闭的形式，故应适当密植以及早郁闭。由于树群的树木数量多，特别是对较大的树群来说，树木之间的相互影响、相互作用会变得突出，因此在树群的配置和营造中要十分注意各种树木的生态习性，创造满足其生长的生态条件，要注意耐荫种类的选择和应用。从景观角度考虑，树群外貌要有高低起伏变化，注意林冠线、林缘线的优美及色彩季相效果。

2）树群组合的基本原则是，高度喜光的乔木层应该分布在中央，亚乔木在其四周，大灌木、小灌木在外缘，这样不致相互遮掩。但其各个方向的断面，不能像金字塔那样机械，树群的某些外缘可以配置一两个树丛及几株孤植树。树群内植物的栽植距离要有疏密的变化，构成不等边三角形，切忌成行、成排、成带的栽植，常绿、落叶、观叶、观花的树木，其混交的组合，不可用带状混交，应该用复层混交及小块混交与点状混交相结合的方式。树群内，树木的组合必须很好地结合生态条件，第一层乔木应该是阳性树，第二层亚乔木可以是弱阳性的，种植在乔木庇荫下及北面的灌木应该喜阴或耐阴；喜暖的植物应该配置在树群的南方和东南方。

3）大多数园林树种均适合群植，如以秋色叶树种而言，枫香、元宝枫、黄连木、黄栌、槭树等群植均可形成优美的秋色，南京中山植物园的"红枫岗"，以黄檀、榔榆、三角枫为上层乔木，以鸡爪槭、红枫等为中层形成树群，林下配置洒金珊瑚、吉祥草、土麦冬、石蒜等灌木和地被，景色优美。杭州植物园槭树杜鹃园内，也多采用群植手法。

7. 林植

（1）简介。林植是大面积、大规模的成带成林状的配置方式，形成林地和森林景观。

这是将森林学、造林学的概念和技术措施按照园林的要求引入自然风景区、大面积公园、风景游览区或休闲疗养区及防护林带建设中的配置方式。

（2）要求。林植一般以乔木为主，有林带、密林和疏林等形式，而从植物组成上分，又有纯林和混交林的区别，景观各异。林植时应注意林冠线的变化、疏林与密林的变化、林中树木的选择与搭配、群体内及群体与环境间的关系，以及按照园林休憩游览的要求留有一定大小的林间空地等措施。

（3）适用范围。

1）林带。林带一般为狭长带状，多用于周边环境，如路边、河滨、广场周围等。大型的林带如防护林、护岸林等可用于城市周围、河流沿岸等处，宽度随环境而变化。既有规则式的，也有自然式的。

林带多选用1~2种高大乔木，配合林下灌木组成，林带内郁闭度较高，树木成年后树冠应能交接。林带的树种选择根据环境和功能而定，如工厂、城市周围的防护林带，应选择适应性强的种类，如刺槐、杨树、白榆、侧柏等，河流沿岸的林带则应选择喜湿润的种类，如赤杨、落羽杉、桤木等，而广场、路旁的林带，应选择遮阴性好、观赏价值高的种类，如常用的有水杉、白桦、银杏、女贞、柳杉等。

2）密林。密林一般用于大型公园和风景区，郁闭度常在 0.7~1.0，阳光很少透入林下，土壤湿度很大，地被植物含水量高、组织柔软脆弱，经不起踩踏，容易弄脏衣物，不便游人活动。林间常布置曲折的小径，可供游人散步，但一般不供游人进行大规模活动。不少公园和景区的密林是利用原有的自然植被加以改造形成，如长沙岳麓山、广州越秀山等。

为了提高林下景观的艺术效果，密林的水平郁闭度不可太高，最好在 0.7~0.8，以利林下植被正常生长和增强可见度。为了能使游人深入林地，密林内部可以有自然路通过，但沿路两旁垂直郁闭度不可太大，游人漫步其中犹如回到大自然中，必要时还可以留出大小不同的空旷草坪，利用林间溪流水生，种植水生花卉，再附设一些简单构筑物，以供游人做短暂的休息或躲避风雨之用，更觉意味深长。

3）疏林。疏林常用于大型公园的休息区，并与大片草坪相结合，形成疏林草地景观（图2-9）。疏林的郁闭度一般为 0.4~0.6，而疏林草地的郁闭度可以更低，通常在 0.3 以下。常由单纯的乔木构成，一般不布置灌木和花卉，但留出小片林间隙地，在景观上具有简洁、淳朴之美。疏林草地是园林中应用最多的一种形式，不论是鸟语花香的春天，浓荫蔽日的夏天，或是晴空万里的秋天，游人总是喜欢在林间草地上休息、游戏、看书、摄影、野餐、观景等活动，即使在白雪皑皑的严冬，疏林草地内仍然别具风味。

疏林可以与广场相结合形成疏林广场，多设置于游人活动和休息使用较频繁的环境。树木选择同疏林草地，只是

图 2-9 疏林草地景观

林下做硬地铺装，树木种植于树池中。树种选择时还要考虑具有较高的分枝点，以利人员活动，并能适应因铺地造成的不良通气条件。地面铺装材料可选择混凝土预制块料、花岗岩、拉草砖等，较少使用水泥混凝土整体铺筑。

4）花灌木。花灌木类修剪要了解树种特性及起苗方法。带土球或湿润地区带宿土的苗木及已长芽分化的春季要开花树种，少做修剪，仅对枯枝、病虫枝剪除；当年成花的树种，可采取短截、疏剪等较强修剪，更新枝条；枝条茂密的灌丛，采取疏枝减少水分消耗并使其外密内疏，通风透光；嫁接苗木，除对接穗修剪以减少水分消耗、促成树形外，砧木萌生条一律除去，避免营养分散，导致接穗死亡。根蘖发达的丛木多疏老枝，以利移植后不断更新，旺盛生长。

5）绿篱。在苗圃生产过程中基本上成形，且多土球栽植，主要是为了种植直观效果。通常在移植后进行修剪，获得较好的景观。

8. 定植

按照设计位置，把树木永久性地栽植到绿化地点，称为定植。

（1）确定定植季节。树木定植的季节最好选在初春和秋季。一般树木在发芽之前栽植最好，但若是经过几次翻栽又是土球完整的少量树木栽种，也可在除开最热和最冷时候的其他季节中进行。如果是大量栽植树木，还是应选在春秋季节为好。

（2）定植技术要点。

1）将苗木的土球或根兜放入种植穴内，使其居中。

2）将树干立起、扶正，使其保持垂直。

3）然后分层回填种植土，填土后将树根稍向上提一提，使根群舒展开。每填一层土就要用锄把将土插紧实，直到填满穴坑，并使土面能够盖住树木的根茎部位。

4）初步栽好后还应检查一下树干是否仍保持垂直，树冠有无偏斜；若有所偏斜，就要再加扶正。

5）最后，把余下的穴土绕根茎一周进行培土，做成环形的拦水围堰。其围堰的直径应略大于种植穴的直径。堰土要拍压紧实，不能松散。

6）做好围堰后，往树下灌一次透水。灌水中树干有歪斜的，还要进行扶正。

（3）挖苗。行道树一般都是大规格的常绿或落叶乔木。挖苗前，先将苗木的枝叶用草绳围拢。起苗时，裸根苗尽量挖大、挖深一些，使根系少受损伤。带土球的树，按大树移植土球规格挖起，并用草绳打好包，以保证树木的成活率。

（4）运输。行道树规格一般都较大，应随挖、随包、随运、随栽。运苗时，要注意轻装、轻放，防止树干擦伤、根枝折断和土球散包。按苗木长距离运输的操作要求进行装车运输，保证苗木质量。

二、苗木选择

关于栽植树种及苗龄与规格，应根据设计图纸和说明书的要求进行选定，并加以编号。由于苗木的质量好坏直接影响栽植成活和以后的绿化效果，所以植树施工前必须对提供的苗木质量状况进行调查了解。

1. 苗木质量

园林苗木的树体及根系结构如图 2-10、图 2-11 所示。

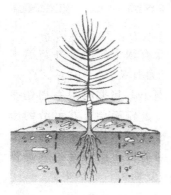

图 2-10　园林苗木树体

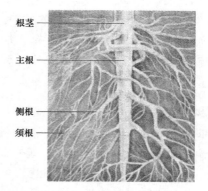

图 2-11　园林树木的根系

园林绿化苗木移植前分为原生苗（实生苗）和移植苗。播后多年未移植过的苗木（或野生苗）移栽后难以成活，而经过多次适当移植的树苗，栽植施工后成活率高、恢复快，绿化效果好。

高质量的园林苗木应具备以下条件：

（1）根系发达而完整。

（2）主根短直，接近根茎一定范围内要有较多的侧根和须根，起苗后大根系应无劈裂。

（3）苗木主干粗壮直立（藤木除外），有一定的适合高度，不徒长。

（4）主侧枝分布均匀，能构成完美树冠，不偏冠。

常绿针叶树要求下部枝叶不枯萎成裸干状，干性强且无潜伏芽。某些针叶树（如某些松类、冷杉等），中央枝要有较强优势，侧芽发育饱满，顶芽有优势，无病虫害和机械损伤。

园林绿化用苗，多以应用经过多次移植的大规格苗木为宜。由于经几次移苗断根，苗木恢复再生后所形成的根系较紧凑丰满，移栽容易成活。一般不宜用未经移植过的实生苗和野生苗，因其吸收根系远离根茎，较粗的长根很多，掘苗时往往损伤了较多的吸收根，因此难以成活，需经一两次断根处理，或移至圃地培养才能应用。

生长健壮的苗木，具有适应新环境的能力，而供氮肥和浇水过多的苗木，地上部徒长，冠根比值大，也不利移栽成活和日后的适应性。

2. 苗（树）龄与规格

（1）树木的年龄对移植成活率的高低有很大影响，并与苗木成活后在新栽植地的适应性和抗逆能力有关。

（2）幼龄苗株体较小，根系分布范围小，起掘时根系损伤率低，移植过程（起掘，运输和栽植）也较简便，并可节约施工费用。由于保留须根较多，起掘过程对树体地下部与地上部的平衡破坏较小。地上部枝干经修剪留下的枝芽也容易恢复生长。栽后受伤根系再生力强，恢复期短，成活率高。

（3）幼龄苗整体上营养生长旺盛，对种植地环境的适应能力较强。但由于株体小，也就容易遭受人畜的损伤，尤其在城市条件下，更易受到外界损伤，甚至造成死亡而缺株，影响日后的景观。如果幼龄苗规格较小，绿化效果发挥亦较差。

（4）壮、老龄树木根系分布深广，吸收根远离树干，起掘伤根率高，故移栽成活率低。为提高移栽成活率，对起、运、栽及养护技术要求较高，必须带土球移植，施工养护费用高。但壮、老龄树木树体高大，姿形优美，移植成活后能很快发挥绿化效果。如今，城市重点绿化工程多采用较大规格树木的栽种，但必须采取大树移植的特殊措施。

提示：

根据城市绿化的需要和环境条件特点，一般绿化工程多需用较大规格的幼、青年苗木，移栽较易成活，绿化效果发挥也较快。为提高成活率，尤宜选用在苗圃经多次移植的大苗。园林植树工程选用的苗木规格为，落叶乔木最小选用胸径 3cm 以上，行道树和人流活动频繁之处还宜更大些，常绿乔木，最小应选树高 1.5m 以上的苗木。

三、苗木起挖

起苗在植树工程中是影响树木成活与生长的重要程序，起后苗木的质量差异不但与原有苗木本来的生长状况有关，而且与使用的工具锋利与否、操作者对起苗技术的熟悉和认真程度、土壤干湿情况有着直接关系，任何拙劣的起掘技术和马虎不认真的态度都可能使原为优质的苗木因为伤害过多而降低质量，甚至成为无法使用的废苗。因此，起苗的各个步骤都应做到周全、认真、合理，尽可能地保护根系，尤其是较小的侧根和须根。

1. 起苗前的准备工作

（1）苗木的选择和灌水。根据设计要求和经济条件，在苗圃选择所需规格的苗木，并进行标记，大规格树木还要用油漆标上生长方向。苗木质量的好坏是影响树木成活的重要因素之一，其直接影响到观赏效果。移植前必须严格选择，除按设计提出的苗木规格、树形等特殊要求外，还要注意根系是否发达、生长是否健壮，树体有无病虫害、有无机械损伤。苗木数量可多选一些，以弥补出现的苗木损耗。当土壤干旱时，在起苗前几天灌水；土壤积水过湿，提前设法排水，以利起苗操作。

（2）拢冠。苗木挖掘前对分枝较低、枝条长而比较柔软的苗木或冠丛直径较大的灌木应进行拢冠，以便挖苗和运输，并减少树枝的损伤和折裂。

对侧枝低矮的常绿树和冠形肥大的灌木，特别是带刺灌木，为方便挖掘操作，保护

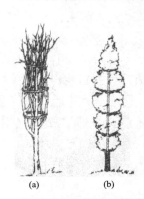

图 2-12 拢冠示意图

（a）落叶树；（b）常绿树

树冠，便于运输，应用草绳将侧枝拢起，分层在树冠上打几道横箍，分层捆住树冠的枝叶，然后用草绳自下而上将横箍连接起来，使枝叶收拢，捆绑时注意松紧度，不要折伤侧枝，如图 2-12 所示。

（3）起苗工具、机械与材料准备。起苗工具要保持锋利，包括铁锹、手锯、剪枝剪等；挖掘机械有挖掘机、起重机等；包装物用蒲包、草袋、草绳、塑料布、无纺布等材料。

（4）试掘。为了保证苗木的成活率，通过试起苗，摸清所需苗木的根系范围，既可以通过试掘提供范围数据，减少损伤，对土球苗木提供包装袋的规格，又可根据根幅，调节植树坑穴的规格。在正规苗圃，根据经验和育苗规格等参数即可确定起

苗规格，一般可免此项工作。

2. 起苗与包装

起苗是为了给移植苗木提供成活的条件，研究和控制苗木根系规格、土球大小的目的是为了在尽可能小的挖掘范围内保留尽可能多的根系，以利成活。起苗根系范围大，保留根量多，成活率高，但操作困难，重量大，挖掘、运输的成本高。因此，应针对不同树木种类、苗木规格和移栽季节，确定一个恰当的挖掘范围是非常必要的。

（1）乔木树种的裸根挖掘，水平有效根范围通常为主干直径的 6～8 倍，垂直分布范围为主干直径的 4～6 倍（一般 60～80cm，浅根树种 30～40cm）。带土球苗的横径为树木干径的 6～12 倍，纵径为横径的 2/3，灌木的土球直径一般为冠幅的 1/3～1/2。

（2）裸根苗起苗与包装。裸根起苗法是将树木从土壤中起出后苗木根系裸露的起苗方法。该方法适用于干径不超过 10cm 的处于休眠期的落叶乔木、灌木和藤本。这种方法的特点是操作简便，节省人力、运输及包装材料，但损伤根系较多，尤其是须根。起掘后到种植前，根系多裸露，容易失水干燥，且根系的恢复时间长。

（3）具体方法是，根据树种、苗木的大小，在规格范围外进行挖掘，用锋利的掘苗工具在规格外围，绕苗四周挖掘到一定深度并切断外围侧根，然后从侧面向内深挖，并适当晃动树干，试寻树体在土壤深层的粗根，并将其切断。过粗而难断者，用手锯断之，切忌因强拉、硬切而造成劈裂。当根系全部切断后，放倒树木，轻轻拍打外围的土块并除之。已劈裂的根系进行适当的修剪，尽量保留须根。在允许的条件下，为保成活，根系可沾泥浆，或者在根内的一些土壤（护心土）可保留。苗木一时不能运走，可在原起苗穴内将苗木根系用湿土盖好，可暂时假植，若较长时间不能运走，集中一地假植，并根据干旱程度适量灌水，保持覆土的湿度。

裸根苗的包装视苗木大小而定，细小苗木多按一定数量打捆，用湿草袋、无纺布包裹，内部可用湿苔藓填充，也可用塑料袋或塑料布包扎根系，减少水分丧失，大苗可用草袋、蒲包包裹如图 2-13 所示。

（4）带土球苗起苗法。将苗木一定根系范围内连土掘起，削成球状，并用草绳等物包装起来，这种连苗带土一起起出的方法称为土球苗起苗法（图 2-14）。这种方法常用于常绿树、竹类、珍贵树种、干径在 10cm 以上的落叶大树及非适宜季节栽植的树木。

图 2-13　裸根苗

土球苗起苗法主要分为以下两部分：

1）挖掘成球。先以树干为中心，按土球规格大小画出范围，保证起出土球符合标准。

去表土（俗称起宝盖土），即先将范围内上层疏松表土层除去，以不伤及表层根系为准。

沿外围边缘向下垂直挖沟，沟宽以便于操作为宜，宽 50～80cm。随挖随修正土球表面，露出土球的根系用枝剪、手锯去除。不要踩、撞土球的边缘，以免损伤土球，直到挖到土球纵径深度。

掏底，即土球修好后，再慢慢由底圈向内掏挖，直径小于 50cm 的土球可以直接将底土掏空，剪除根系，将土球抱出坑外包装；大于 50cm 的土球过重，掏底时应将土球下方

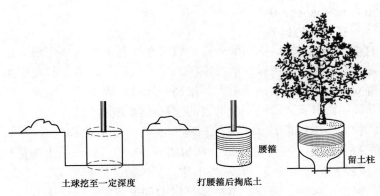

土球挖至一定深度　　打腰箍后掏底土　　腰箍　留土柱

图 2-14　土球苗起苗法

中心保留一部分支柱土球，以便在坑中包装。北方地区土壤冻结很深的地方，起出的是冻土球，若及时运输，也可不进行包扎。

　　2）打捆包装。土球的包装方法取决于树体的大小、根系盘结程度、土壤质地及运输的距离等。具体程序如下：

　　土球直径在 30~50cm 的一律要包扎，以确保土球不散。包扎的方法很多，最简单的是用草绳上下缠绕几圈，成为简易包或"西瓜皮"包扎法。将土球放在蒲包、草袋、无纺布等包装材料上，将包装材料向上翻，包裹土球，再用草绳绕基干扎牢、扎紧。

　　土质黏重成球的，可用草绳沿径向缠绕几道，再在中部横向扎一道，使径向草绳固定即可。如果土球较松，须在坑内包扎，以免移动造成土球破碎。一般，运输距离较近、土球紧实或较小的也可不必包扎。

　　直径 50cm 以上的土球，土球过大，无论运输距离远近，一律进行包扎，以确保土球不散，但包装方法和程序上各有不同。具体方式有井字式、五角星式和橘子式包扎 3 种。

▷ 提示：

　　第一种方法是井字式包扎法，先将草绳捆在树干的基部，然后按图 2-15 所示顺序包扎，先由 1 拉到 2，绕过土球底部，再拉到 4，又绕过土球底部拉到 5，以此为顺序，反复打下去。此方法包扎简单，但土球受力不均，多用于土球较小、土质黏重、运输距离较近的土球苗包装上。

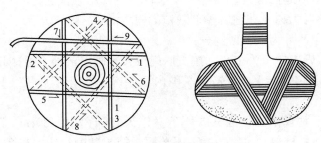

图 2-15　井字式包扎

　　第二种方法是五角星式包扎法，先将草绳捆在树干基部，然后按图 2-16 所示顺序包扎，先由 1 拉到 2，绕过土球底部，由 3 拉到 4，再绕到土球底部，由 5 拉到 6，最后包扎成形。

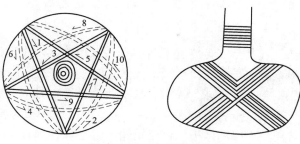

图 2-16 五角星式包扎

第三种方法是橘子式包扎法，先将草绳捆在树干基部，然后按图 2-17 所示顺序包扎，先由土球面拉到土球底部，由此继续包扎拉紧，草绳间隔 8cm 左右，直至整个土球被草绳完全包裹为止。橘子包扎法通常包扎一层，称为"单股单轴"。对于土球较大或名贵树苗，可捆扎双层，称为"单股双轴"。如果土球过大，可将草绳换为麻绳捆扎。此种方法包扎均匀，土球不易破碎，是包扎土球效果最好的方式。

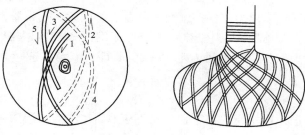

图 2-17 橘子式包扎

纵向包扎土球后，对于直径大于 50cm 的土球苗，还要在中部捆扎横向腰绳，在土球中部紧密横绕几道，然后再上下用草绳呈斜向将纵绳用腰绳穿连起来，不使腰绳滑落，腰绳道数根据土球直径而定，土球直径 50~100cm，为 3~5 道；横径 100~140cm，为 8~10 道。

在坑内打包的土球苗，捆好推倒，用蒲包、无纺布等将土球底部露土处封包封好，避免运输途中土球破碎，土壤漏出。

四、运苗

（1）大量苗木同时出圃时，在装运前，应核对苗木的种类与规格。此外还需仔细检查起掘后的苗木质量，对已损伤不符合要求的苗木应淘汰，并补足苗数。

（2）车厢内应先垫上草袋等物，以防车板磨损苗木。乔木苗装车应根系向前，树梢向后，顺序安放，不要压得太紧，做到上不超高（以地面车轮到苗最高处不许超过 4m），树梢不得拖地（必要时可垫蒲包用绳吊拢）；运输距离较远时，应喷水。根部应用苫布盖严，并用绳捆好。

▷ 提示：

带土球苗装运时，苗高不足 2m 者可立放，苗高 2m 以上的应使土球在前，梢向后。呈斜放或平放，并用木架将树冠架稳；土球直径小于 20cm 的，可装 2~3 层，并应装紧，防车开时晃动；土球直径大于 20cm 者，只许放一层。运苗时，土球上不许站人和压放重物。

（3）树苗应有专人跟车押运，经常注意苫布是否被风吹开。短途运苗，中途最好不停留；长途运苗，裸露根系易吹干，应注意洒水。休息时车应停在阴凉处，防风吹日晒。

（4）苗木运到应及时卸车，要求轻拿轻放，对裸根苗不应抽取，更不许整车推下。经长途运输的裸根苗木，根系较干者，应浸水 1~2 天。带土球小苗应抱球轻放，不应提拉树干。较大土球苗，可用长而厚的木板斜搭于车厢，将土球移到板上，顺势平滑卸下，不能滚卸，以免土球破碎，也可用机械吊卸。

（5）运苗过程常易引起苗木根系吹干和磨损枝干，尤其长途运苗时更应注意保护。

五、苗木假植

1. 带土球苗木假植

假植时可将苗木的树冠捆扎收缩起来，使每一棵树苗都是土球挨土球、树冠靠树冠，密集地挤在一起。然后，在土球层上面铺一层壤土，填满土球间的缝隙；再对树冠及土球均匀地洒水，使土面湿透，以后仅保持湿润就可以了。或者，把带着土球的苗木临时性地栽到一块绿化用地上，土球埋入土中 1/3~1/2 深，株距则视苗木假植时间长短和土球、树冠的大小而定。一般土球与土球之间相距 15~30cm 即可。苗木成行列式栽好后，浇水保持一定湿度即可。

2. 裸根苗木假植

对裸根苗木，一般采取挖沟假植方式。先要在地面挖浅沟，沟深 40~60cm。然后将裸根苗木一棵棵紧靠着呈 30° 斜栽到沟中，使树梢朝向西边或朝向南边。如树梢向西，开沟的方向为东西向；若树梢向南，则沟的方向为南北向。苗木密集斜栽好以后，在根蔸上分层覆土，层层插实。以后经常对枝叶喷水，保持湿润。

不同的苗木假植时，最好按苗木种类、规格分区假植，以方便绿化施工。假植区的土质不宜太泥泞、地面不能积水，在周围边沿地带要挖沟排水。假植区内要留出起运苗木的通道。在太阳光特别强烈的日子里，假植苗木上面应该设置遮光网，以减弱光照强度。

六、定点放线、穴位挖掘

1. 定点放线

（1）规则式定点放线。在规则形状的地块上进行规则式乔灌木栽植时，采用规则式定点放线的办法。

1）首先选用具有明显特征的点和线，如道路交叉点、中心线、建筑外墙的墙角和墙脚线、规则形广场和水池的边线等，这些点和线一般都是不会轻易改变的。

2）依据这些特征点线，利用简单的直线丈量方法和三角形角度交会法，就可将设计的每一行树木栽植点的中心连线和每一棵树的栽植位点，都测设到绿化地面上。

3）在已经确定的种植位点上，可用白灰做点，标示出种植穴的中心点。或者在大面积、多树种的绿化场地上，还可用小木桩钉在种植位点上，作为种植桩。种植桩要写上树种代号，以免施工中造成树种的混乱。

4）在已定种植点的周围，还要以种植点为圆心，按照不同树种对种植穴半径大小的要求，用白灰画圆圈，标明种植穴挖掘范围。

（2）自然式定点放线。对于在自然地形上按照自然式配植树木的情况，一般要采用坐标方格网方法。

1）定点放线前，首先在种植设计图上绘出施工坐标方格网。

2）然后用测量仪器将方格网的每一个坐标点测设到地面，再钉下坐标桩。

3）依据各方格坐标桩，采用直线丈量和角度交会方法，测设出每一棵树木的栽植位点。

4）测定下来的栽植点，也用作画圆的圆心，按树种所需穴坑大小，用石灰粉画圆圈，定下种植穴的挖掘线。

2. 穴位挖掘

（1）种植穴大小。种植穴的大小一般取其根茎直径的 6～8 倍，如根茎直径为 10cm，则种植穴直径大约为 70cm。但是，若绿化用地的土质太差，又没经过换土，种植穴的直径则还应该大一些。种植穴的深度，则应略比苗木根茎以下土球的高度更深一点。

（2）种植穴形状。种植穴的形状一般为直筒状，穴底挖平后把底土稍耙细，保持平底状。注意：穴底不能挖成尖底状或锅底状。

（3）回填土挖穴。在新土回填的地面挖穴，穴底要用脚踏实或夯实，以免后来灌水时渗漏太快。

（4）斜坡上挖穴。在斜坡上挖穴时，应先将坡面铲成平台，然后再挖种植穴，而穴深则按穴口的下沿计算。

（5）去杂或换土。挖穴时若土中含有少量碎块，就应除去碎块后再用；挖出的坑土若含碎砖、瓦块、灰团太多，就应另换好土栽树。如果挖出的土质太差，也要换成客土。

（6）特殊情况处理。在开挖种植穴过程中，如发现有地下电缆、管道，应立即停止作业，马上与有关部门联系，查清管线的情况，商量解决办法。如遇有地下障碍物严重影响操作，可与设计人员协商移位重挖。

（7）用水浸穴。在土质太疏松的地方挖种植穴，于栽树之前可先用水浸穴，使穴内土壤先行沉降，以免栽树后沉降使树木歪斜。浸穴的水量，以一次灌到穴深的 2/3 处为宜。浸穴时如发现有漏水地方，应及时堵塞。待穴中全部均匀地浸透以后，才能开始种树。

（8）上基肥。种植穴挖好之后，一般情况下就可直接种树。但若种植土太瘠薄，就要在穴底垫一层基肥，基肥层以上还应当铺一层厚 5cm 以上的土壤。基肥尽可能选用经过充分腐熟的有机肥，如堆肥、厩肥等。条件不允许时，一般施些复合肥，或根据土壤肥力有针对性地选用氮、磷、钾肥。

七、修剪

园林树木栽植修剪的目的，主要是为了提高成活率和注意培养树形，同时减少自然伤害。因此，在不影响树形美观的前提下应对树冠和根系进行适当修剪。

1. 根系修剪

起运后苗木根系的好坏不仅直接影响树木的成活率，而且也影响将来的树形和同龄苗恢复生长后的大小是否趋于一致，尤其会影响行道树大小的整齐程度。无论出圃时对苗木是否进行过修剪，栽植时都必须修剪，因为在运输过程中苗木多少会有损伤。对已劈裂、严重磨损和生长不正常的偏根及过长根进行修剪。

2. 枝干修剪

经起、运的苗木，根系损伤过多者，虽可用重修剪，甚至截干平茬，在低水平下维持水分代谢的平衡来保证成活，但这样就难保树形和绿化效果了。因此对这种苗木，如在设计上有树形要求时，则应予以淘汰。

▶ 提示：

修剪的时间与不同树种、树体及观赏效果有关。高大乔木在栽植前进行修剪，植后修剪困难。花灌木类枝条细小的植后修剪，便于控制树形。茎枝粗大，需用手锯的可植前修剪，带刺类植前修剪效果好。绿篱类需植后修剪，以保景观效果。

苗木根系经起苗、运输会受到损伤，因为保证栽植成活是首要，所以在整体上应适当重剪，这是带有补救性的整形任务。具体应根据情况，对不同部分进行轻重结合修剪，才能达到上述目的。

不同树木种类在修剪时应遵循树种的基本特点，不能违背其自然生长的规律。修剪方法、修剪量因不同树种、不同景观要求有所不同。

（1）落叶乔木。长势较强、萌芽力强的树种，如杨、柳、榆、槐、悬铃木等可进行强修剪，树冠至少剪去 1/2 以上，以减轻根系负担，保持树体的水分平衡，减弱树冠的招风、摇动，提高树体的稳定性。凡具有中央领导干的树种应尽量保护或保持中央领导干，采用削枝保干的修剪法，疏除不保留的枝条，对主枝适当重截饱满芽处（剪短 1/3~1/2），对其他侧生枝条可重截（剪短 1/2~2/3）或疏除。这样既可做到保证成活，又可保证日后形成具有明显中干的树形。顶端枝条以 15°角修剪，以防灰尘积累和病菌繁殖。中心干不明显的树种，选择直立枝代替中心干生长，通过疏剪或短截控制与直立枝条竞争的侧生枝；有主干无中心干的树种，主干部位枝的树枝量大，可在主干上保留几个主枝，其余疏剪。

对于小干的树种，同上述方法类似，以保持数个主枝优势为主，适当保留二级枝，重截或疏去小侧枝。对萌芽率强的可重截，反之宜轻截。

（2）常绿乔木。常绿树可用疏枝、剪半叶或疏去部分叶片的办法来减少蒸腾；对其中具潜伏芽的，也可适当短截；对无潜伏芽的（如雪松），只能用疏枝、叶的办法；枝条茂密的常绿阔叶树种，通过适量的疏枝保持树木冠形和树体水分、代谢平衡，下部根据主干高度要求利用疏枝办法调整枝下高度；常绿针叶树不宜过多地进行修剪，只剪除病虫枝、枯死枝、衰弱枝及过密的轮生枝及下垂枝；珍贵树种尽量酌情疏剪和短截，以保持树冠原有形状。

对行道树的修剪还应注意分枝点应保持在 2.5m 以上，相邻树的分枝点要相近。较高的树冠应于种植前修剪，低矮树可栽后修剪。

八、栽植

栽植园林树木，以阴而无风天气为最佳，可全天进行种植。晴天宜上午 10：00 前或下午 15：00 以后进行为好。栽植前，先检查树穴，坑穴中有土塌落的应适当清理。种植具体步骤如下。

1. 配苗与散苗

配苗是指将购置的苗木按大小规格进一步分级，使株与株之间在栽植后趋近一致，达到栽植有序及景观效果佳，称为配苗。如行道树一类的树高、胸径有一定差异，都会在观赏上产生高低不平、粗细不均的结果。因而，合理配苗后，可以改变这种景观不整齐的现象。乔木配苗时，一般高差不超过50cm，粗细不超过1cm。

散苗则是将树木按设计规定把树苗散放在相应的定植穴里，即"对号入座"，以保证设计效果。散苗的速度应与栽植速度相近，尤其是气温高、光照强的时候，做到"边散边植"，尽量减少树木根系暴露在外的时间，以减少水分消耗。

2. 栽植技术

树木种植前，再次检查种植穴的挖掘质量与树木的根系是否相符，坑浅小的要加大加深，并在坑底垫10~20cm的疏松土壤，做成锥形土堆，便于根系顺锥形土堆四下散开，保证根系舒展，防止窝根。散苗后，将苗木立入种植穴内扶直。分层填土，提苗至合适程度，踩实固定。栽植技术因裸根苗、土球苗而异。

（1）裸根苗栽植技术。树木规格较小的，二人一组，树木规格大的须用绳索、支杆支撑。先填入一些表土培成锥状，放入坑内试深浅，将树木扶正，逐渐回填土壤，填土的同时尽量铲土扩穴。直接与根系接触的土壤，一定要细碎、湿润，不要太干、太湿。粗干的土块挤压易伤根且保水差，留下空洞，土壤填充不实。第一次填土至坑1/2深处，轻提升抖动树木使根系舒展，让土壤进入根系空隙处，填补空洞，进行第一次踩压，使根系与土壤紧密结合；再次填土至与地面平，踩实。这种逐渐由下至上、由外至内的压实，使根系与土壤形成一体。如果土壤过于黏重，不宜踩得太紧，否则通气不良，影响根系呼吸、生长。最后填土要高于根茎3~5cm，将剩下的土做好灌水堰。裸根树的栽植技术简单归纳为"一提、二踩、三培土"。

（2）带土球苗栽植技术。

1）先量好已挖坑穴的深度与土球高度是否一致，对坑穴做适当填挖后，灌水，再放苗入穴。

2）在土球四周下部垫入少量的土，使树直立稳定，然后剪开包装材料，将不易腐烂的材料一律取出。

3）为防栽后灌水土塌树斜，填入表土至1/2时，应用木棍将土球四周砸实，再填至满穴并砸实（注意不要弄碎土球），做好灌水堰，最后把捆拢树冠的草绳等解开取下。

▶ 提示：

1）栽植树木的平面位置和高程必须符合设计规定，以便达到景观效果。

2）行列式种植，须事先栽好标杆树，每隔10~20株树种植一株校准用的标杆树，栽植其他树时以该树为瞄准依据。行列式栽植要保持横平竖直，左右相差最多不过一半树干。树干弯者，将弯转向行内，行道树种植要形成一行通直的效果，这样才能达到整齐美观。

3）每株树栽植时，上下要垂直，如树干有弯，将其弯转向主风方向，以利防风。

4）栽植深度以新土下沉后，树木基部原土印与地平面相平或稍低于地平面（3~5cm）为准，栽植过浅，根系经过风吹日晒，容易干燥失水，抗旱性差，根茎易受灼伤。栽植过深造成根茎窒息，树木生长不旺。

5）栽植大树应保持原生长方向。树木自身朝向不同的枝、叶组织结构的抗性不同，如阴面枝干转向阳面易受灼伤，阳面枝干转向阴面易受冻裂。通常在树干南侧涂漆确定方向。如果无冻害、日灼现象的地方，应将观赏价值高的一侧树冠作为主要观赏方向。

6）修好灌水堰后，解开捆拢树冠的草绳，使枝条舒展开。

树苗成活的技巧：

1）树体裹干。树体裹干的目的如下所述。

a. 避免强光直射和干风吹袭，减少干、枝的水分蒸腾。

b. 保存一定量的水分，使枝干经常保持湿润。

c. 调节枝干温度，减少夏季高温和冬季低温对枝干的伤害。

具体方法是用草绳、蒲包、苔藓等具有一定保湿性和保温性材料，严密包裹主干和较粗壮的一二级分枝。

2）立支柱。对大规格苗（如行道树苗），为防灌水后土塌树歪，尤其在多风区，会因摇动树根影响成活，故应立支柱。常用直的木棍、竹竿做支柱，长度视苗高而异，以能支撑树的 1/3~1/2 处即可。一般用长 1.7~2m、粗 5~6cm 的支柱。支柱应于种植时埋入，也可栽后打入（入土 20~30cm），但应注意不要打在根上或损坏土球。

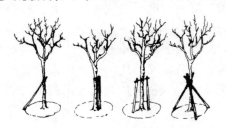

图 2-18　立支柱的方式

立支柱的方式主要有单支式、双支式、三支式 3 种。方法有立支和斜支，也有用 10~14 号铅丝缚于树干（外垫裹竹片防线伤树皮），拉向三面钉柱的支法如图 2-18 所示。

单柱斜支，应支于下风方向。斜支占地面积大，多用于人流稀少处。行道树多用立支法。支柱与树干捆缚处，既要捆紧又要防止日后摇动擦伤干皮，捆缚时树干与支柱间应用草绳隔开或用草绳卷干后再捆。用较小的苗木做行道树时应围以笼栅等保护。

3）根系浸水保湿与沾浆栽植。裸根苗起苗后，无论是运输过程中还是假植中均会出现失水过多的现象。栽植前当发现根系失水时，应将植物根系放入水中浸泡 10~20h，充分吸收水分以后再进行栽植。小规格灌木，无论是否失水，均可在起苗后或栽植之前进行沾浆处理。方法是用过磷酸钙、黄泥、水（2：15：80）充分搅拌均匀后，把根系浸入其中均匀沾上泥浆，可以起到根系保湿作用，促进成活。

4）利用人工促进生长剂，促进根系生长愈合。树木起掘时，大量须根丧失，主根、侧根等均被截伤，树木根系既要伤口愈合，又要生新根恢复水分平衡，此时可采取人工促进生长剂促进根系愈合、生长。如软包装移植大树时，可以用 ABT-1 号、ABT-3 号生根粉处理根部，有利于树木在移植和养护过程中迅速恢复根系的生长，促进树体的水分平衡。尤其是粗壮的短根伤口，如直径大于 3cm 的伤口喷涂 150mg/L ABT-1 号生根粉，可促进伤口愈合，也可用拌有生根粉的黄泥浆涂刷，同样可以起到效用。

5）涂白。使用涂白剂，白色有反光作用，不仅能减少对太阳热能的吸收，缩小昼夜温差，起到保护皮层，防止日灼、冻害作用，而且能防止天牛、吉丁虫、大青叶蝉等害虫在枝干上产卵为害。涂白剂中含有大量杀菌杀虫成分，对拒避老鼠啃树皮、减少枝干发病亦有好的效果。现介绍几种常用涂白剂的配制与使用方法。

a. 硫酸铜石灰涂白剂。有效成分比例：硫酸铜 500g、生石灰 10kg、水 30～40kg ［或以硫酸铜、生石灰、水以 1∶20∶（60～80）的比例配制］。

配制方法：用少量开水将硫酸铜充分溶解，再加用水量的 2/3 的水加以稀释；将生石灰另加 1/3 水慢慢熟化调成浓石灰乳；等两液充分溶解且温度相同后将硫酸铜倒入浓石灰乳中，并不断搅拌均匀即成涂白剂。

b. 石硫合剂生石灰涂白剂。有效成分比例：石硫合剂原液 0.25kg、食盐 0.25kg、生石灰 1.5kg、油脂适量、水 5kg。

配制方法：将生石灰加水熟化，加入油脂搅拌后加水制成石灰乳再倒入石硫合剂原液和盐水，充分搅拌即成。

涂白剂要随配随用，不得久放。使用时要将涂白剂充分搅拌，以利刷匀，并使涂白剂紧粘在树干上。在使用涂白剂前，最好先将园林行道树的林木用枝剪剪除病枝、弱枝、老化枝及过密枝，然后收集起来予以烧毁，并且把折裂、冻裂处用塑料薄膜包扎好。在仔细检查过程中如发现枝干上已有害虫蛀入，要用棉花浸药把害虫杀死后再进行涂白处理。涂刷时用毛刷或草把蘸取涂白剂，选晴天将主枝基部及主干均匀涂白，涂白部位主要在离地 1～1.5m 为宜。如老树露骨更新后，为防止日晒，则涂白位置应升高，或全株涂白。

九、树丛栽植

风景树丛一般是用几株或十几株乔木灌木配植在一起；树丛可以由一个树种构成，也可以由两个以上直至七八个树种构成。

1. 树形要求

选择构成树丛的材料时，要注意选树形有对比的树木，如柱状的、伞形的、球形的、垂枝形的树木，各自都要有一些，在配成完整树丛时才好使用。

2. 栽植技术

（1）一般来说，树丛中央要栽最高的和直立的树木，树丛外沿可配较矮的和伞形、球形的植株。

（2）树丛中个别树木采取倾斜姿势栽种时，一定要向树丛以外倾斜，不得反向树丛中央斜去。

（3）树丛内最高最大的主树不可斜栽。

（4）树丛内植株间的株距不应一致，要有远有近，有聚有散。栽得最密时，可以土球挨着土球栽，不留间距。栽得稀疏的植株，可以和其他植株相距 5m 以上。

十、树林栽植

树林一般用树形高大雄伟的或树形比较独特的树种群植而成。如青松、翠柏、银杏、樟树、广玉兰等，就是常用的高大雄伟树种；柳树、水杉、蒲葵、椰子树、芭蕉等，就是树形比较奇特的风景林树种。风景林栽植施工中主要应注意下述三方面的问题。

1. 林地整理

（1）首先要清理林地，地上地下的废弃物、杂物、障碍物等都要清除出去。通过整

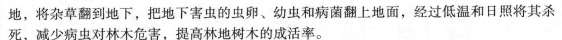

地，将杂草翻到地下，把地下害虫的虫卵、幼虫和病菌翻上地面，经过低温和日照将其杀死，减少病虫对林木危害，提高林地树木的成活率。

（2）土质瘦瘠密实的，要结合着翻耕松土，在土壤中掺和进有机肥料。

（3）林地要略为整平，并且要整理出 1% 以上的排水坡度。当林地面积很大时，最好在林下开辟几条排水浅沟，与林缘的排水沟联系起来，构成林地的排水系统。

2. 林缘放线

林地准备好之后，应根据设计图将风景林的边缘范围线放大到林地地面上。

（1）放线方法可采用坐标方格网法。林缘线的放线一般所要求的精确度不是很高，有一些误差还可以在栽植施工中进行调整。

（2）林地范围内树木种植点的确定有规则式和自然式两种方式。规则式种植点可以按设计株行距以直线定点，自然式种植点的确定则允许现场施工中灵活定点。

3. 林木配植技术

（1）风景林内，树木可以按规则的株行距栽植，这样成林后林相比较整齐；但在林缘部分，还是不宜栽得很整齐，不宜栽成直线形；要使林缘线栽成自然曲折的形状。

（2）树木在林内也可以不按规则的株行距栽，而是在 2~7m 的株行距范围内有疏有密地栽成自然式；这样成林后，树木的植株大小和生长表现就比较不一致，但却有了自然丛林般的景观。

（3）栽于树林内部的树，可选树干通直的苗木，枝叶稀少点也可以；处于林缘的树木，则树干可不必很通直，但是枝叶还是应当茂密一些。

（4）风景林内还可以留几块小的空地不栽树木，铺种上草皮，作为林中空地通风透光。

（5）林下还可选耐阴的灌木或草本植物覆盖地面，增加林内景观内容。

十一、乔灌木地被栽植工程质量标准

表 2-1~表 2-7 为栽植土、绿化材料起挖、绿化材料运输、乔木植物材料、地被植物材料、乔木灌木栽植、行道树栽植等质量标准，供参考。

表 2-1   栽植土分项工程质量检验评定

		项　　　目
保证项目	1	栽植土壤的理化性质必须符合《园林栽植土质量标准》（DBJ 08—231—1998）的要求
	2	严禁使用建筑垃圾土、盐碱土、重黏土、砂土及含有其他有害成分的土壤
	3	严禁在栽植土层下有不透水层
		项　　　目
基本项目		按面积抽查 10%，500m² 为一点，不得少于 3 点，≤500m² 应全数检查
	1	土色应为自然的土黄色至棕褐色
	2	土壤疏松不板结
	3	土块易捣碎
	4	与草坪接壤的树坛、花坛及地被的地势略高于草坪，排水良好
	5	栽植土基本整洁

		项 目		尺寸要求/cm
允许偏差项目		按面积抽查10%，500m² 为一点，不得少于3点，≤500m² 应全数检查		尺寸要求/cm
	1	栽植土深度和地下水位深度	大、中乔木	<100
			小乔木和大、中灌木	<80
			小灌木、宿根花卉	<60
			草本地被、草坪、一二年生草花	<40
	2	栽植土块块径	大、中乔木	<8
			小乔木和大、中灌木	<6
			小灌木、宿根花卉	<4
	3	石砾、瓦砾等杂物块径	树木	<5
			草坪、地被、花卉	<1

表 2-2 绿化材料起挖分项工程质量检验评定

		项 目		
保证项目	1	植物材料的品种、规格必须符合设计要求		
	2	严禁带有重要病、虫、草害		
		项 目		
基本项目	1	泥球	泥球大于树径6~10倍	
			去除表土见浮根	
			扎紧腰箍	
			收底清根	
			五角星式包扎（坎入泥球）	
			网状包扎（坎入泥球）	
	2	裸根系	裸根树木根系尽量完整	
			留心土	
			根系保鲜措施	
			折根修剪	
			根系包装	
	3	枝蓬	树形完整程度	
			枝条切口防腐处理	
			收枝收蓬	
			包湿措施	
		项 目		允许偏差
允许偏差项目	1	土球直径	苗木胸径 <5cm	10倍以上
			5~15cm	8倍以上
			>15cm	6倍以上
			散本苗木地径	6倍以上

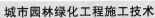

续表

		项　目	允许偏差
允许偏差项目	1	土球厚度大于土球直径	0.6 倍以上
		收底斜度	45°
		腰箍宽度	10cm 以上
	2	裸根系　胸径的	6 倍以上
		裸根系　地径的	6 倍以上

表 2-3　　　　　　　　　　　绿化材料运输分项工程质量检验评定

		项　目
保证项目	1	植物材料的品种、规格和包扎必须符合苗木起挖要求
	2	起吊的机具和装运车辆的吨位，必须超过树木和泥球的重量
	3	起吊人必须服从地面人指挥，相互密切配合，慢慢起吊，吊臂下和树周围除工地指挥者外不准留人
	4	装车时树根必须在车头部位，树冠在车尾部位
	5	运输车辆必须选用足够长、足够宽的，以减少苗木的损伤
	6	运输车辆必须有专人押运

		项　目
基本项目	1	起吊部位设置在重心部位
	2	起吊绳兜底通过重心
	3	起吊绳接触处填木板
	4	树梢小于 45°角的，倾斜挂在起吊钩上
	5	系好浪风绳
	6	车厢内有衬垫泥球并垫稳
	7	树身与车板接触处垫软物
	8	树身固定
	9	运输保鲜措施
	10	路途远、过冷过热时对树根的保护措施
	11	运输途中障碍物的排除
	12	检查树枝、泥球损坏情况

表 2-4　　　　　　　　　　　乔木植物材料分项工程质量检验评定

		项　目	
保证项目	1	植物材料的品种、规格必须符合设计要求	
	2	严禁带有重要病、虫、草害	

		项　目	
基本项目	1	姿态和长势	树干挺直
			树形完整
			生长健壮

续表

基本项目	项 目			
	2	无病虫害		
	3	土球和裸根系	土球完整	
			包扎恰当牢固	
			裸根树木根系完整	

允许偏差项目		项 目			允许偏差/cm
	1	乔木	胸径	<10cm	-1
				10~20cm	-2
				>20cm	-3
			高度		+50；-20
			蓬径		-20
	2	大灌木	高度		+50；-20
			蓬径		-10
			地径		-1
	3	土球、裸根系	直径		$+0.2\phi$；-0.1ϕ
			深度		$+0.2D$；$-0.1D$

表 2-5　　　　　　　　　　　　　地被植物材料分项工程质量检验评定

保证项目	项 目		
	1	植物材料的品种、规格必须符合设计要求	
	2	严禁带有重要病、虫、草害	

基本项目	项 目		
	1	无病虫害	
	2	草块和草根茎	厚薄均匀
	3		无杂草
	4		边缘平直
	5		长势良好
	6	花苗、草本地被	生长苗壮
	7		发育匀齐
	8		根系发达

允许偏差项目		项 目		允许偏差/cm
	1	小灌木地被	高度	+15；-5
			蓬径	-5
			分蘖量	-1
	2	藤木地被	藤长	
			分蘖量	

允许偏差项目	项 目		允许偏差/cm
3	草坪	泥厚不小于 2cm	
		杂草不得超过 5%	
		草块每边长大于 33cm	
4	花苗	花蕾量	

表 2-6　　　　　　　　　乔木、灌木栽植分项工程质量检验评定

保证项目		项 目	
	1	植物材料的品种、规格必须符合设计要求	
	2	严禁带有重要病、虫、草害	
基本项目		项 目	
	1	放样定位	符合设计要求
	2	树穴	穴径大于根系 40cm
			深度等于土球厚
			翻松底土
			树穴上下垂直
	3	改良措施	透气管、排（保）水
	4	土球包装物	基本清除
	5	栽植	根茎地表面等高或略高
			根系完好
			分层均匀培土、捣实
			及时浇足搭根水
	6	定向及排列	观赏面丰满完整
			排列符合设计要求
	7	绑扎和支撑	树干与地面基本垂直
			设桩　　整齐稳定
			拉绳　　牢固一致
			绑扎处夹衬软垫
			绑扎材料
	8	裹杆	单一品种高低一致
			匀称整齐
	9	修剪	树形匀称
			无枯枝、断枝、短桩
			切口平整
			大切口防腐处理
			修剪部位恰当，留枝叶正确

表 2-7　　　　　　　　　　　行道树栽植分项工程质量检验评定

保证项目	项　目	
	1	植物材料的品种、规格必须符合设计要求
	2	严禁带有重要病、虫、草害

基本项目		项　目	
	1	放样定位	树间距符合设计要求
			与障碍物间距符合规定
			与地下管线间距符合规定
	2	树穴	树穴 150cm×150cm
			深度 1m，翻松底土
			树穴上下垂直
	3	改良措施	透气管、排（保）水
	4	土球包装物	基本清除
	5	栽植	根茎地表面等高
			根系完好
			分层均匀培土、捣实
			及时浇足搭根水
	6	定向及排列	观赏面丰满完整
			排列整齐
	7	绑扎和支撑	树干与地面基本垂直
			设桩：整齐稳定
			设桩：方向一致
			绑扎处夹衬软垫
			绑扎材料
	8	裹杆	高低一致
			匀称整齐
	9	修剪	树形基本一致
			一级分杈 3.2m 以上
			留枝正确
			切口平整

十二、常见乔灌木移植

1. 玉兰

（1）移植方式。玉兰株形挺拔，叶厚、光亮浓绿，花硕大、洁白芳香，备受人们青睐，也是园林绿化施工中大树移植的重要树种。玉兰的大树移植不能采取截干、截枝等强度修剪方法，成活率亦不够理想，移植的树体规格不能太大，一般应控制在胸径 15cm 左右。

（2）移植时机。长江流域地区，移植以早春为宜。春节过后半个月左右，树体尚处于休眠期，树液流动慢，新陈代谢弱，为移植适期。晚春气温回升后，根系首先萌动、生长恢复，如能精心管理，基本不会影响树体当年生长。梅雨季节移植最佳，此期降雨量大，空气湿度大，移植成活率非常高。另外，移植时最好选在阴天或多云天气，尽量避免在暴雨或高温天气进行。

（3）移植要点。

1）土球大小是玉兰大树移植成败的关键，一般要求土球直径为树木胸径的8~10倍，以保证根系少受损伤，易于树势恢复，土球过小则根系损伤严重，造成吸水困难而影响树木成活。土球应挖成陀螺形，而非盘形或圆锥形，土球应用草绳扎紧，以免运输途中土球松散。

2）玉兰为肉质根系，移植过程中极易失水，因此在挖运、栽植时要求迅速、及时，以免根系失水过多而影响成活。移栽后，第一次定根水要及时，并浇足、浇透，以使根系与土壤充分接触而有利成活。若移植后降水过多，需开挖水槽，以免根部积水，导致烂根死亡。

3）玉兰通常采用全冠移植，为减少地上部水分蒸腾，必须修枝摘叶，缓解受伤根系的供水压力。

4）修枝对象主要为内膛枝、重叠枝和病虫枝，并力求保持树形的完整；摘叶以摘除枝条叶片量的1/3为宜，特别注意要保留好顶芽及附近叶片，摘叶过多会降低蒸腾拉力，造成根系吸水困难。

提示：

移栽后，必须用草绳裹干达2m左右，以减少树体水分蒸腾。干旱时可向草绳喷水补湿。移植后如果天气干旱，可向树冠喷雾以降低叶片温度，减少水分蒸腾。

2. 银杏

银杏树干通直雄伟，古朴苍劲，叶形奇特，是常见的城市行道树种。

（1）移植方式。银杏树移栽后能否成活，成活后能否健壮生长，环境的影响很重要，尤其是土壤立地条件。银杏的根系属肉质根，好气性强，对氧气的要求非常高，性喜疏松透气的土壤条件，明涝暗渍是银杏树生长的大忌；银杏也是一种阳性树种，对光照要求比较高，光照不足，往往树体生长不良，易滋生病虫害，影响树势和产量。因此，移栽的地点一般应选择在光线充足、地势高燥、地下水位在11.5m以下、排灌方便、无积水的地方。土壤质地为壤土或沙壤土的地方栽植最好。

（2）移植时间。银杏大树移栽的时间，我国南方地区最好能选择在梅雨季节期间进行，因为这时的雨水往往比较多，空气湿度比较大，树体水分的蒸发量相对较少，移栽后树体较易成活；北方地区，可选择早春和晚秋栽植。银杏大树移栽时间，最好能选择在阴天进行，如必须在晴天移栽，则以下午日落前后栽植为最好，清晨次之，切忌在中午移栽。移栽前须对银杏树冠进行喷水处理，这样能减少树体水分的散失，有利于树体移栽成活。生长季节，气温往往比较高，水分蒸发比较快，根系一旦失水，往往使枝叶萎蔫，影响移栽成活率，因此，移栽银杏大树时一定要带土球移栽。所带土球比休眠季节移栽树所带的土球要大，一般为树干直径的5~8倍；挖好的土球要用稻草绳进行捆扎保护，以防破碎。

（3）移植要点。

1）为减少枝叶蒸发量，移栽时一定要对树体进行疏枝疏叶处理，以保持根系水分吸收和枝叶水分蒸发的平衡。但为保证绿化工程中银杏树体的绿化、美化效果，或为以后银杏挂果树的丰产、稳产打下一个良好的基础，不宜采取"一刀切"的办法对整个树体进行削头处理，但所留枝叶量也不宜太多，应结合树体的整形修剪，在保持好树体大骨架的基础上，尽量多疏去一些大的主枝、大的侧枝以及密生枝、徒长枝、衰弱枝等；也可在疏去枝条的基础上再疏去部分叶片，每个侧枝留叶 2~3 片，原则上使保留下来的枝叶量不超过原有枝、叶量的 1/3。大的剪锯口应涂刷保护漆，也可用塑料薄膜进行包扎，以减少水分的散失。

2）为提高银杏树的移栽成活率，促使根系伤口早日愈合，早生新根，移栽前，要对银杏树体进行促生根处理。方法是用 25~50mg/kg ABT-6 号生根粉或 ABT-10 号生根粉对挖掘好的银杏大树土球进行灌根处理，使土球充分湿润。为保证药效，灌根后应保持 2h 左右再行栽植。

3）栽植时：一是提前挖好栽植穴及其他各项准备工作。在选好的定植地点按照移栽树土球的大小提前开挖好栽植穴，并做好吊运、灌水等各项准备工作，确保银杏大树能随到随栽。二是做到随起随栽。生长季节的银杏树，水分的蒸发往往比较快，因此挖好的银杏树不能较长时间放置，一旦挖起，就要抓紧时间对银杏树冠进行喷水保湿、疏叶、促生根等处理工作，及时栽植，尽可能减少起苗与栽植的时间间隔。三是足水浅栽踏实。栽植时，填埋的土壤一定要敲碎，水一定要浇足，以确保树体的土球与栽植的土壤密接；栽植深度不宜过深，以根茎部位与地面基本相平为准；水渗透后要及时对树体进行扶正、踏实。

4）移栽后的管理是银杏树移栽成活的保障。由于是银杏大树，树冠往往比较大，树体易受风的影响发生倾斜，使土球与栽植的土壤分离，影响根系对水分的吸收，所以树体移栽以后要及早用木棍等对树体进行支撑，固定树体。

5）用粗的稻草绳对银杏的整个树干进行缠扎，然后用水喷湿，再用塑料薄膜进行包裹，包裹时塑料薄膜的下部要连接到地面，下面用土覆盖，这样才能保持草绳的湿润状态，起到树干的保湿效果。

6）对离树干 1m 范围内的地面进行培土覆膜处理，培土的厚度高出地面 20cm 左右，培土后用塑料薄膜进行地面覆盖。

▶ 提示：

银杏树栽植后 3~5 周内，除阴雨天外，每天须用喷雾器对银杏树冠进行喷清水或喷 0.12%~0.15% 的尿素水溶液或 0.12%~0.15% 磷酸二氢钾水溶液，以补充叶片水分和营养，增加空气湿度，早晚各 1 次，有利于减少树体水分的散失。有条件的地方也可用遮阳网对银杏树冠进行遮阳处理，效果更好。

如栽后 10~15 天连续干燥不下雨，则需对银杏树进行灌水处理。每次灌水要灌透灌足，但不宜每天灌水。

3. 桂花

桂花树冠圆形，四季常绿，花簇生叶腋，黄白色，浓香，花期 9~10 月份，是点缀秋景的极好树种。

（1）移植方式。桂花大树移植，一般情况下移植成活率较高，以胸径 25cm 为准，一般要求植穴坑的长、宽、深都为 1.5m；坑的最底层须挖松 10cm 左右，填入 80cm 左右肥土，桂花喜肥，最好再拌些缓释的有机肥做基肥，耙平后再填铺约 40cm 厚的黄心土。桂花为喜酸性土壤树种，必须调节好土壤 pH 值，否则树体日后生长不良。

（2）移植要点。

1）桂花大树移植必须带土球进行，以胸径 25cm 为准，土球直径在 80~120cm，土球高 60~80cm，草绳扎缚。草绳裹干至第一分枝处，注意不要裹得太紧，只要能护住树干就行；主干顶端枝要适当短截，疏剪枯、病和发育不好的枝条。

2）一般天气，移植后第二天补浇一次透水，3 天与 15 天后分别再浇一次透水，以后可视天气情况每间隔 7~10 天浇透水一次。若遇干旱天气，要视情况增加浇水次数和每次的浇水量，约 3 个月后树体基本成活。在浇水的同时可适当追施速效肥，但施肥量和次数都不能过多，间隔也不能过密，以免生长过旺，影响花芽分化。另外，注意采取适当的冬季防寒措施。

4. 悬铃木

悬铃木枝干优美，冠大浓郁，生长速率快，生态环境效应显著，为优良的行道树与景观树种，在大树移植工程中占有重要的地位。

移植要点如下。

1）悬铃木的生长速率快，萌枝能力较强，可采用截枝、截干式移植，保留主干或树冠的一级分枝，其余树冠全部截去。截口应保持平滑并及时用调和漆涂抹，防止伤口腐烂。

2）悬铃木多采用裸根移植，带根幅度为树木胸径的 8~10 倍，操作沟宽 40~60cm，粗大的骨干根用手锯锯断。挖掘可采用吊车协作完成，以提高移栽工效。为防止根系失水，应做好沾浆和覆盖工作。

3）栽植穴的直径应比根系生长范围大 30~40cm，深度 60~80cm，保证根系舒展、不窝根。在栽植前将劈裂的伤根修剪好，栽植穴的土壤以疏松、肥沃最为理想。栽植后立即浇一次水，为抵御夏季高温伤害，用草绳裹干至一级分枝点，每天喷水两次，以减少水分蒸腾，预防日灼。

▶ **提示：**

悬铃木移植成活后，截口部位萌生枝条较多，冬季修剪时应注意选留方向性好、生长健壮的枝条 5~8 根，以供来年定冠选择。

5. 雪松

雪松干形端庄，姿态雄伟，叶色翠绿，为独树一帜的优美景观树种。也可用作优雅的行道树种，是大树移植的重要的对象。

（1）移植方式。雪松萌枝力较弱，不宜重剪，只需疏除内膛枯密枝、重叠，干扰枝。因是全冠移植，将主干用草绳扎好后，须将侧枝缚向主干，以缩小树冠体积，便于运输。待栽植定位后再适当的修薄树枝层次，平衡地上部与地下部的生长矛盾。

（2）移植要点。

1）雪松移植时所带土球的大小与好坏是移植成败的关键，大土球有利于提高移植成活率。土球大小放样确定后，先铲除表土，再沿土球外沿开挖 60~100cm 宽的操作沟，深度视土球的厚度而定。遇到直径超过 2cm 的根系，均须剪断或锯断，不能用铁锹硬斩，以防震裂土球，而且，即便土球未散，只要根系发生松动，仍会极大影响移植成活率。为了施工方便，近距离运输可采用款包装的方法，土球用两层花箍网来加固。

2）对直径在 2.5m 左右的土球，第一层网用细麻绳，第二层网用草绳；直径在 3m 左右土球，两层网都用麻绳。

3）栽植穴的直径要比土球大 30~40cm，同时施放基肥。雪松不耐涝，若地下水位较高，则须设法引水，或行湿球栽植。栽植前，解除土球包扎物，将土分层回填并夯实。为防止土球下沉不均匀而引起树体倾斜，要在土球四周定 5 根粗 10cm、长 50~60cm 的暗桩，桩头可稍低于土球，并在其顶部用 8 号铁丝以星形缚扎好，以起到垂直固定树体的作用。另外，再在树干 2/3 的高处用三脚支架支撑，防止因树干摆动而影响新根生长，这对提高雪松大树移植成活率具有极为重要的意义。

4）种植后应立即浇水，如出现洞穴时，随时填补散土，不可留有空隙。最后，在土球部位覆盖草包，以利于保墒、保温，安全过冬。

常见乔灌木如图 2-19、图 2-20 所示。

图 2-19 桂树

图 2-20 樟树

十三、乔灌木养护

（1）修剪。从 5 月份开始，每月修剪 1 次，主要修萌枝、下垂枝、干枯枝、侧缘线以及下缘线，下缘线高 1.8~2.5m，开花植物应在花芽萌动前进行，乔木整形要与周围环境协调，以增强园林美化效果。

（2）施肥。一般在 2—3 月和 8—9 月采用对角埋施，肥穴规格为 30cm×30cm×40cm，施肥量根据树木种类和生长情况而定，一般 2~3kg/株，施肥种类采用复合肥与花生麸等基肥相结合。

（3）补植。对因市政工程、交通事故、病虫害等原因造成死亡的树木，应及时清走，补回与原树种种类相同、规格基本一致的植株，并加强管理。

（4）防台风。每年台风前（6—7 月份）要对乔木合理修剪，加固护树桩或支架，台风后立即扶树、护树、清理断枝、落叶。

（5）加护树桩（板）和绑带。对护树桩、护树板受到损坏或歪斜须及时进行扶正、加固或更换，同时每年将护树绑带放松 1~2 次，以防止橡胶带嵌入树皮内。

（6）松土、整理养护穴。新植乔木（1~3 年）及棕榈科植物保留植穴径 80cm，每年进行 1~2 次松土、培土，3 年以上乔木根已扎深可不保留植穴并回填土（棕榈科植物除外）。

（7）淋水。新种乔木在施肥时，要保证足够的水分。新补植乔木，一个周内每天淋水 1 次；棕榈科植物在冬季（11 月到次年 2 月）需 2 天淋水 1 次，其他乔木冬季 2~5 天淋水 1 次。

第二节 花坛、花境、花台

一、花坛

1. 花坛的类型

根据形状、组合以及观赏特性不同，花坛可分为多种类型，在景观空间构图中可用作主景、配景或对景。根据外形轮廓可分为规则式、自然式和混合式；按照种植方式和花材观赏特性可分为盛花花坛、模纹花坛；按照设计布局和组合可分为独立花坛、带状花坛和花坛群等。从植物景观设计的角度，一般按照花坛坛面花纹图案分类，分为盛花花坛、模纹花坛、造型花坛、造景花坛等。

（1）盛花花坛。盛花花坛主要由观花草本花卉组成，表现花盛开时群体的色彩美。这种花坛在布置时不要求花卉种类繁多，而要求图案简洁鲜明，对比度强。常用植物材料有一串红、早小菊、鸡冠花、三色堇、美女樱、万寿菊等。独立的盛花花坛可做主景应用，设立于广场中心、建筑物正前方、公园入口处、公共绿地中等。

（2）模纹花坛。模纹花坛主要由低矮的观叶植物和观花植物组成，表现植物群体组成的复杂的图案美。包括毛毡花坛、浮雕花坛和时钟花坛等形式。毛毡花坛由各种植物组成一定的装饰图案，表面被修剪的十分平整，整个花坛好像是一块华丽的地毯；浮雕花坛的表面是根据图案要求，将植物修剪成凸出和凹陷的式样，整体具有浮雕的效果；时钟花坛的图案是时钟纹样，上面装有可转动的时针。模纹花坛常用的植物材料有五色苋、彩叶草、香雪球、四季海棠等。模纹花坛可作为主景应用于广场、街道、建筑物前、会场、公园、住宅小区的入口处等。

（3）标题式花坛。标题式花坛在形式上与模纹式花坛一样，只不过是表现的形式主题不同。模纹式花坛以装饰性为目的，没有明确的主题思想。而标题式花坛则是通过不同色彩植物组成一定的艺术形象，表达其思想性，如文字花坛、肖像花坛、象征图案花坛等。选用植物与模纹式花坛一样。标题式花坛通常设置在坡地的斜面上。

（4）造型花坛。造型花坛又叫立体花坛，即用花卉栽植在各种立体造型物上而形成竖向造型景观。造型花坛可创造不同的立体形象，如动物（孔雀、龙、凤、熊猫等）、人物（孙悟空、唐僧等）或实物（花篮、花瓶、亭、廊），通过骨架和各种植物材料组装而成。因此一般作为大型花坛的构图中心，或造景花坛的主要景观，也有的独立应用于街头绿地或公园中心，如可以布置在公园出入口、主要路口、广场中心、建筑物前等游人视线的焦点上成为对景。

造景花坛是以自然景观作为花坛的构图中心，通过骨架、植物材料和其他设备组装成山、水、亭、桥等小型山水园或农家小院等景观的花坛。最早应用于天安门广场的国庆花坛布置，主要为了突出节日气氛，展现祖国的建设成就和大好河山，目前也被应用于园林中临时造景。

（5）草坪花坛。草坪花坛是以草地为底色，配置 1 年生或 2 年生花卉或宿根花卉、观叶植物等。草坪花坛既可是花丛式，也可是模纹式。在园林布置中，草坪花坛既点缀了草地，又起着花坛的作用。

常见花坛如图 2-21 所示。

（a）

（b）

（c）

（d）

图 2-21　常见花坛

2. 花坛的功能

（1）美化功能。花坛常在园林构图中作为主景或配景，具有美化环境的作用。花坛中，各种各样盛开的花卉给现代城市增添了缤纷的色彩，有些花卉还可随季节更替产生形态和色彩上的变化，可以达到很好的环境效果和心理效应。因此，花坛具有协调人与城市环境的关系和提高人们艺术欣赏兴趣的作用。

（2）装饰功能。花坛有时作为配景起到装饰的作用，往往设置在一座建筑物的前庭或内庭，以美化衬托建筑物。对一些硬质景观，如水池、纪念碑、山石小品等，可以起到陪衬装饰的作用，并且增加了其艺术的表现力和感染力。此外，作为基础装饰的花坛不能喧宾夺主，位置要选择合理。

（3）分隔空间功能。花坛也是分隔空间一种艺术处理手法，在城市道路设置不同形式的花坛，可以获得似隔非隔的效果。一些带形的花坛则起到划分地面、装饰道路的作用，因此同时在一些地段设置花坛，既可以充实空间，又可以增添环境美。

（4）组织交通功能。在分车带或道路交叉口设立坛体可以起到分流车辆或人员的作用，从而提高驾驶员的注意力，给人一种安全感。例如，在风景名胜区庐山牯岭正街路口设置的花坛，正是美化环境和组织交通的成功一例。

（5）渲染气氛功能。在过年、过节期间，运用具有大量有生命色彩的花卉组成花坛来装点街景，无疑增添了节日的喜庆热闹气氛。一些著名景区中，各种花坛及花卉造型千姿百态，百花争艳，美不胜收，给景区增添了无限风光。

（6）生态保护功能。花卉不仅可以消耗二氧化碳，供给氧气，而且可吸收氯、氟、硫、汞等有毒物质，因此可以称得上是净化空气的"天然工厂"。此外，有的鲜花具有香精油，其芳香的气味有抗菌的作用，飘散在空气中可以杀死结核杆菌、肺炎球菌、葡萄球菌等，还可以预防感冒，减少呼吸系统疾病的发生。

花坛大多布置在广场、庭院、大门前，道路中央、两侧、交叉点等处，是园林绿地中一些重点地区节日装饰的主要花卉布置类型。

3. 花坛常用花卉

花坛常用花卉见表2-8。此外，常用作花坛中心的花材还有苏铁、龙舌兰、三角花、橡皮树、蒲葵、桂花等。

表2-8   常 用 花 坛 花 卉

中名	株 高 /cm	花色 紫红	红	粉	白	黄	橙	蓝紫	紫蓝	花 期 /月份
藿香蓟	30~60							√		4—10
心叶藿香蓟	15~30							√		5，10
五色苋	根据修剪控制									观叶
红草五色苋	根据修剪控制									观叶
金鱼草	15~25（矮）；45~60（中）；90~120（高）	√	√	√	√	√				5—7，10
天门冬	40				√					观叶
荷兰菊	50							√		8—10
四季秋海棠	20~25			√	√					5—10
雏菊	10~15（20）		√	√	√					4—6
红叶甜菜	40									观叶，3—10
羽衣甘蓝	30~40									观叶
金盏菊	30~40					√	√			4—6
翠菊	10~30（矮）	√	√	√	√			√	√	5—10
蕉藕	200~300		√							8—10，茎叶紫色

续表

中名	株高/cm	花色								花期/月份
		紫红	红	粉	白	黄	橙	蓝紫	紫葺	
大花美人蕉	100~150		√	√		√				8—10
美人蕉	100~130		√							8—10
长春花	30~60		√	√	√					5—10
鸡冠花	15~30（矮）；80~120（高）	√	√		√	√				8—10
桂竹香	30~60		√	√	√					4—6
矢车菊	60~80	√	√		√			√	√	5—6
彩叶草	50~80									观叶
大丽花	20~40（矮）；60~150	√	√	√	√	√	√		√	8—10
须苞石竹	40~50	√	√		√					5—6
石竹	30~50		√	√	√					5—9
菊花	30~50（矮）；60~150	√	√	√	√	√	√			5—8；10—12
洋地黄	60~120	√								6—8
银边翠	50~80				√					7—10
一品红	60~70		√	√	√	√				11—3
千日红	20（矮）；40~60	√	√		√			√		6—10
霞草	30~50			√	√					4—6
麦秆菊	40~90		√	√	√	√	√			7—9
风信子	15~25	√	√	√	√					5—6
屈曲花	15~30				√					4—6
凤仙花	20（矮）；60~80；150（高）		√	√	√					6—10
苏丹凤仙	15~20（矮）；30~60		√	√						四季
何氏凤仙	50~100	√	√	√			√			四季
血苋	根据修剪控制									观叶
扫帚草	100~150，根据修剪可控制									观叶
香雪球	15~30				√					6—10
紫罗兰	40~60	√	√		√					4—5
勿忘草	30~60			√	√			√		5—6
葡萄风信子	15~20							√		3—5
喇叭水仙	35~40					√				3—4
水仙	30~40				√					1—2
二月蓝	30~40							√		3—5
天竺葵	30~60	√	√	√	√					5—6；9—10
矮牵牛	30~40		√	√	√		√		√	4—5；6—8
福禄考	15~40	√	√	√	√			√		6—8

中名	株高 /cm	花色								花期 /月份
		紫红	红	粉	白	黄	橙	蓝紫	紫堇	
半支莲	15～20	√	√	√	√	√	√			6—10
一串红	30～60		√							9—10；5—6
一串紫	30～50							√	√	8—10
高雪轮	30～60		√		√					5—6
矮雪轮	30			√	√					5—6
孔雀草	20～40					√	√			7—10
万寿菊	25~30（矮）；40~60（中）；70~90（高）					√	√			7—10
夏堇	30				√			√		6—10
郁金香	20～40	√	√	√	√	√			√	4—5
美女樱	30～40	√	√	√	√			√		5—10
三色堇	10～25	√				√			√	4—5
葱莲	15～25				√					7—11
韭莲	15～25			√						6—9
百日草	15~30（矮）；50~90	√	√	√	√	√				6—10

4. 花坛施工技术要点

（1）平面花坛。

1）整地。花坛施工，整地是关键之一。翻整土地深度，一般为 35～45cm。整地时，要拣出石头、杂物、草根。若土壤过于贫瘠，则应换土，施足基肥。花坛地面应疏松平整，中心地面应高于四周地面，以避免渍水。根据花坛的设计要求，要整出花坛所在位置的地表形状，如半球面形、平面形、锥体形、一面坡式、龟背式等。

2）放样。按设计要求整好地后，根据施工图样上的花坛图案原点、曲线半径等，直接在上面定点放样。放样尺寸应准确，用灰线标明。对中、小型花坛，可用麻绳或钢丝按设计图摆好图案模纹，画上印痕撒灰线。对图纹复杂、连续和重复图案模纹的花坛，可按设计图用厚纸板剪好大样模纹，按模型连续标好灰线。

3）栽植。裸根苗起苗前，应先给苗圃地浇 1 次水，让土壤有一定的湿度，以免起苗时伤根。起苗时，应尽量保持根系完整，并根据花坛设计要求的植株高矮和花色品种进行掘取，随起随栽。栽植时，应按先中心后四周、先上后下的顺序栽植，尽量做到栽植高矮一致，无明显间隙。模纹式花坛，则应先栽图案模纹，然后填栽空隙。植株的栽植，过稀过密都达不到丰满茂盛的艺术效果。栽植过稀，植株缓苗后黄土裸露而无观赏效果。栽植过密，植株没有继续生长的空间，以至互相拥挤，通风透光条件差，出现脚叶枯黄甚至霉烂。栽植密度应根据栽植方式、植物种类、分蘖习性等差异，合理确定其株行距。

带土球苗，起苗时要注意土球完整，根系丰满。若土壤过于干燥，可先浇水，再掘取。若用盆花，应先将盆托出，也可连盆埋入土中，盆沿应埋入地面。一般花坛，有的也可将种子直接播入花坛苗床内。

苗木栽植好后，要浇足定根水，使花苗根系与土壤紧密结合，保证成活率。平时还应除草，剪除残花枯叶，保持花坛整洁美观。要及时杀灭病虫害，补栽缺株。对模纹式花坛，还应经常整形修剪，保持图案清晰、美观。

活动式花坛植物栽植与平面式花坛基本相同，不同的是活动式花坛的植物栽植，在一定造型的可移动的容器内可随时搬动，组成不同的花坛图案。

（2）立体花坛。立体花坛是在立体造型的骨架上，栽植组成的各种植物艺术造型。

1）花坛的制作。立体花坛一般由木料、砖、钢筋等材料，按设计要求、承载能力和形态效果，做成各种艺术形象的骨架胎模。骨架扎制技术，直接影响花坛的艺术效果。因此，骨架的制作，必须严格按设计技术要求，精心扎制。

2）栽植土的固定。花坛骨架扎制好后，按造型要求，用细钢丝网或窗纱网或尼龙线网将骨架覆裹固定。视填土部位留1个或几个填土口，用土将骨架填满，然后将填土口封好。

3）栽植。立体花坛的主要植物材料，通常选用五色草。栽植时，用1根钢筋或竹竿制作成的锥子，在钢丝网上按定植距离，锥成小孔，将小苗栽进去。由上而下、由内而外顺序栽植。栽植完后，按设计图案要求进行修剪，使植株高度一致。每天喷水1～2次，保持土壤湿润。

提示：

1）立体花坛在施工时，要求花坛植物在色彩、表现形式、主题思想等因素方面能与环境相协调。把握好花坛与周围环境，即花坛与建筑物的关系、花坛与道路的关系、花坛与周围植物的关系。当立体花坛作为主景建造时，首先必须与主要建筑物的形式和风格取得一致性。例如，中国庭园式的建筑若是配上以线条构成的现代西方流行的几何图形和立体造型，就会失去原有的协调性，反而不能取得满意的效果。

2）施工时，立体花坛还必须在大小上和主建筑构成一定的比例，同时花坛的轴线还要与建筑物的轴线相协调，不能各行其道。根据建筑物的需要，立体花坛的设置可以采用对称形和自然形的布置。

3）立体花坛的施工还要考虑花色上的搭配。主要从两个方面来考虑，一是色彩的属性，二是色彩的配合。要点是各种色彩的比例、对比色的应用、深浅色彩的运用、中间色的运用、冷暖色的运用、花坛色彩和环境色彩之间的搭配运用等。

4）施工完成后的立体花坛要醒目、突出，能给人一种耳目一新的感觉，可以在原来的基础上突出色彩的表现，或者是造型上的表现。立体花坛在施工时，其花卉的色彩切忌与背景颜色混淆，趋于同一色调，倘若花坛设在一片绿色树林的前面，则不妨以鲜艳的红、橙、黄或中性色彩作为装饰。

（3）模纹花坛造景。模纹花坛表现的是植物的群体美。模纹花坛主要包括毛毡花坛、结彩花坛和浮雕花坛等类型。

1）整地翻耕。模纹花坛的整地翻耕，除了按照平面花坛的要求进行外，其平整要求更高，主要是为了防止花坛出现下沉和不均匀的现象，并且在施工时应增加1～2次的镇压。

2）上顶子。"上顶子"是指在模纹花坛的中心栽种龙舌兰、苏铁和其他球形盆栽植物，也可在中心地带布置高低层次不同的盆栽植物等。

3）定点放线。上顶子的盆栽植物种好后，先将花坛的其他面积翻耕均匀、耙平，然后按照图纸的纹样进行精确的放线。一般可以先将花坛表面等分为若干份，再分块按照图纸的花纹用白色的细沙撒在所划的花纹线上。同时，也有先用钢丝、胶合板等制成图案纹样，再用它在地表面上打样的方法。

4）栽植。栽植时，一般按照图案花纹采用先里后外、先左后右的顺序，先栽主要的纹样，再逐次栽其他的。如果是面积大的花坛，栽植困难，可以先搭格板或扣木匣子，然后操作人员踩在格板或木匣子上进行栽植。栽种前，尽可能先用木槌插好眼，再将花草插入眼内用手按实，定位比较精确。栽植后的效果要求做到苗齐，而且使地面达到"上看一平面，纵看一条线"的效果。为了强调浮雕的效果，施工人员可以事先用土做出型坯来，再把花草栽到起鼓处，形成起伏状。栽植时的株行距要视五色草的大小而定，一般要求白草的株行距为 3~4cm，大叶红草的株行距为 5~6cm，小叶红草、绿草的株行距为 4~5cm。模纹花坛的平均种植密度为每平方米栽草 250~280 株，最窄的纹样是栽白草不少于 3 行，绿草、黑草、小叶红不少于两行。此外，花坛镶边植物如香雪球、火绒子等栽植宽度为 20~30cm。

5）修剪和浇水。修剪是保证图案花纹效果的关键所在。草栽好后可以先进行 1 次修剪，再将草压平，以后每隔 15~20 天再修剪 1 次。修剪的方法有两种：一是平剪，即把纹样和文字都剪平，保持顶部略高一些，边缘略低；另一种则是浮雕形，即把纹样修剪成浮雕状，中间草高于两边的。

▶ 提示：

浇水工作不仅要及时，还要仔细。除栽好后浇 1 次透水外，以后每天早晚各喷 1 次水，保持正常需要。

5. 花坛的管理

（1）浇水。花坛栽植完成后，要注意经常浇水保持土壤湿润，浇水宜在早晚时间。

（2）中耕除草。花苗长到一定高度，出现了杂草时，要进行中耕除草，并剪除黄叶和残花。

（3）病虫害防治。若发现有病虫滋生，要立即喷药杀除。

（4）补栽。如花苗有缺株，应及时补栽。

（5）整形修剪。对模纹、图样、字形植物，要经常整形修剪，保持整齐的纹样，不使图案杂乱。修剪时，为了不踩坏花卉图案，可利用长条木板凳放入花坛，在长凳上进行操作。

（6）施肥。对花坛上的多年生植物，每年要施肥 2~3 次；对一般的一两年生草花，可不再施肥；如确有必要，也可以进行根外追肥，方法是用水、尿素、磷酸二氢钾、硼酸按 15 000：8：5：2 的比例配制成营养液，喷洒在花卉叶面上。

（7）花卉更换。当大部分花卉都将枯谢时，可按照花坛设计中所制订的花卉轮替计划，换种其他花卉。

二、花境

花境是以宿根和球根花卉为主，结合一二年生草花和花灌木，沿花园边界或路缘布置而成的一种园林植物景观，亦可点缀山石、器物等（图2-22）。花境外形轮廓多较规整，通常沿某一方向做直线或曲折演进，而其内部花卉的配置成丛或成片，自由变化。

花境源自欧洲，是从规则式构图到自然式构图的一种过渡和半自然式的带状种植形式。它既表现了植物个体的自然美，又展现了植物自然组合的群落美。一次种植可多年使用，不需经常更换，能较长时间保持其群体自然景观，具有较好的群落稳定性，色彩丰富，四

图 2-22　花境

季有景。花境不仅增加了园林景观，还有分割空间和组织游览路线的作用。

1. 花境的类型

（1）从设计形式上分。

1）花境主要有单面观赏花境、双面观赏花境和对应式花境 3 类。

2）单面观赏花境是传统的花境形式，多临近道路设置，常以建筑物、矮墙、树丛、绿篱等为背景，前面为低矮的边缘植物，整体上前低后高，供一面观赏。

3）双面观赏花境没有背景，多设置在草坪上或树丛间及道路中央，植物种植是中间高两侧低，供双面观赏。

4）对应式花境是在园路两侧、草坪中央或建筑物周围设置相对应的两个花境，这两个花境呈左右二列式，在设计上统一考虑，作为一组景观，多采用拟对称的手法，以求有节奏和变化。

（2）从植物选择上分。可分为宿根花卉花境、球根花卉花境、灌木花境、混合式花境、专类花卉花境 5 类。

1）宿根花卉花境由可露地越冬的宿根花卉组成，如芍药、萱草、鸢尾、玉簪、蜀葵、荷包牡丹、耧斗菜等。

2）球根花卉花境栽植的花卉为球根花卉，如百合、郁金香、大丽花、水仙、石蒜、美人蕉、唐菖蒲等。

3）灌木花境应用的观赏植物为灌木，以观花、观叶或观果的体量较小的灌木为主，如迎春、月季、紫叶小檗、榆叶梅、金银木、映山红、石楠。

4）混合式花境以耐寒宿根花卉为主，配置少量的花灌木、球根花卉或一二年生花卉。这种花境季相分明，色彩丰富，多见应用。

5）专类花卉花境由同一属不同种类或同一种不同品种植物为主要种植材料，要求花期、株形、花色等有较丰富的变化，如鸢尾类花境、郁金香花境、菊花花境、百合花境等。

2. 花境的功能

花境是模拟自然界中林地边缘地带多种野生花卉交错生长的状态，运用艺术手法设计的一种花卉应用形式。花境是一种带状布置形式，适合周边设置，能充分利用绿地中的带

状地段，创造出优美的景观效果。可设置在公园、风景区、街心绿地、家庭花园、林荫路旁等。

作为一种自然式的种植形式，花境也极适合用于园林建筑、道路、绿篱等人工构筑物与自然环境之间，起到由人工到自然的过渡作用，软化建筑的硬线条，丰富的色彩和季相变化可以活化单调的绿篱、绿墙及大面积草坪景观，起到很好的美化装饰效果。

3. 花境常用植物

花境常用植物见表2-9。此外，常用于花境的花灌木有南天竹、凤尾竹、日本五针松、倒挂金钟、八仙花、棣棠、月季、金钟花、珍珠梅、金丝桃、杜鹃花、蜡梅、棕竹、朱蕉、变叶木、十大功劳、红枫、龙舌兰、苏铁、铺地柏、山茶、矮生紫薇、贴梗海棠等。有些用于花坛的花卉也适于花境，如沿阶草、水仙、毛地黄、郁金香、美人蕉、葱莲、韭莲、大丽花等。

表 2-9　　　　　　　　　　　　　　花 境 常 用 植 物

中名	株 高 /cm	花 色								花 期 /月份
		紫红	红	粉	白	黄	橙	蓝紫	紫蓝	
千叶蓍草	60~100		√	√	√					6—10
凤尾蓍草	100					√				6—9
乌头	150~180							√		5—6
百子莲	40~80				√			√	√	7—8
大花葱	120	√	√							6—7
海芋	150~300									观叶
冠状银莲花	25~40	√	√							4—5
蜀葵	200~300	√	√	√	√					6—8
华北耧斗菜	60							√	√	4—5
黄花耧斗菜	90~120					√				7—8
杂种耧斗菜	90	√	√			√				5—8
花叶芦竹	200									观叶
一叶兰	30~40									观叶
落新妇	40~80	√								7—8
泡盛草	30~60				√					5—6
射干	50~100						√			7—8
白芨	30~60	√								3—5
风铃草	15~45				√			√		6—9
聚花风铃草	40~100				√					5—9
紫斑风铃草	20~50				√					6—9
大花美人蕉	100~130		√	√		√				8—10
大花金鸡菊	30~60					√				6—9
铃兰	20~30				√					4—5

续表

中名	株高/cm	花色								花期/月份
		紫红	红	粉	白	黄	橙	蓝紫	紫蓝	
文殊兰	60~100				√					7—9
番黄花	20~30					√				2—3
番红花	20~30	√			√					9—10
高飞燕草	100~200							√	√	7—9
菊花	60~150	√	√	√	√	√	√			10—12
西洋石竹	25	√	√	√	√					6—9
常夏石竹	30	√	√	√	√					5—10
瞿麦	60				√					5—10
荷包牡丹	30~60			√						4—5
松果菊	60~120		√							6—9
伞形蓟	70~90							√		6—8
宿根天人菊	60~90		√			√				6—10
雪钟花	10~20				√					2—3
丝石竹	90			√	√					6—8
萱草	30（矮）；60~100					√	√			6—8
黄花菜	60~100					√				7—8
蜀葵	100~200		√							7—9
芙蓉葵	100~200	√	√	√	√					6—8
玉簪	30~50				√					6—8
紫萼	30~50								√	6—8
鸢尾	30~40							√		5
德国鸢尾	60~90				√	√	√	√		5—6
银苞鸢尾	50~60							√		5—6
溪荪	30~60							√		5—6
马蔺	30~50								√	5
黄菖蒲	60~100					√	√			5—6
火炬花	100		√			√				6—10
大滨菊	60~100				√					6—7
雪滴花	10~30				√					3—4
蛇鞭菊	60~150	√								7—9
百合	60~120				√					8—10
宿根亚麻	6~7							√		6—7
二色羽扇豆	60~100		√					√		7—9
多叶羽扇豆	90~150	√	√	√	√	√	√	√	√	5—6

续表

中名	株高/cm	花色								花期/月份
		紫红	红	粉	白	黄	橙	蓝紫	紫蓝	
剪春罗	40~90						√			5—6
剪秋罗	50~60		√							7—9
大花剪秋罗	30~60		√							7—8
忽地笑	30~50					√				7—9
鹿葱	30~40			√						6—8
石蒜	30~60		√							9—10
长筒石蒜	60~80				√					7—8
芍药	60~120	√	√	√	√	√				5—6
东方罂粟	60~80		√	√	√	√	√			6—7
吊钟柳	40~60	√	√	√						7—10
丛生福禄考	10~15	√	√	√						3—5
宿根福禄考	60~120	√	√	√						7—9
桔梗	30~100							√		5—6
晚香玉	50~80						√			7—11
白头翁	10~40							√		3—5
花毛茛	20~40	√	√	√	√	√		√		4—5
金光菊	60~250									7—9
肥皂草	20~100		√	√	√					6—8
蓝盆花	30~50							√		4—5
华北蓝盆花	30~60							√		7—9
八宝	30~50			√						7—9
一枝黄花	40~90					√				7—9
唐松草	30~60				√					7—9

三、花台

在高于地面的空心台座（一般高 40~100cm）中填土或人工基质并栽植观赏植物，称为花台（图 2-23）。

1. 花台特点

花台面积较小，适合近距离观赏，有独立花台、连续花台、组合花台等类型，以植物的形体、花色、芳香及花台造型等综合美为观赏要素。花台的形状各种各样，多为规则式的几何形体，如正方形、长方形、圆形、多边形，也有自然形体的。

花台中的植物材料，最好选用花期长、小巧玲珑、花多枝密、易于管理的草本和木本

图 2-23　花台

花卉，也可和形态优美的树木配置在一起。常用的有一叶兰、玉簪、芍药、土麦冬、三色堇、孔雀草、菊花、日本五针松、梅、榔榆、小叶榕、杜鹃花、牡丹、山茶、黄杨、竹类、铺地柏、福禄考、金鱼草、石竹等。植床有固定式和可移动式两种，材料可以用石材、砖砌饰面，也可用玻璃钢（环氧树脂）做成可移动的花台。

2. 花台类型

（1）规则形花台。

1）花台台座外形轮廓为规则几何形体，如圆柱形、棱柱形以及具有几何线条的物体形状（如瓶状、碗状）等。常用于规则式绿地的小型活动休息广场、建筑物前、建筑墙基、墙面（又称花斗）、围墙墙头等。用于墙基时多为长条形。

2）规则形花台可以设计为单个花台，也可以由多个台座组合设计成组合花台。组合花台可以是平面组合（各台座在同一地面上），也可以是立体组合（各台座位于不同高度，高低错落）。立体组合花台设计既要注意局部造型的变化，又要考虑花台整体造型的均衡和稳定。

3）规则形花台还可与座椅、雕塑等景观和设施结合起来设计，创造多功能的景观。规则形花台台座一般用砖砌成一定几何形体，然后用水泥砂浆粉刷，也可用水磨石、马赛克、大理石、花岗岩、贴面砖等进行装饰。还可用块石干砌，显得自然、粗犷或典雅、大方。立体组合花台台座有时需用钢筋混凝土浇筑，以满足特殊造型与结构要求。

4）规则形花台台座一般比花坛植床造型华丽，以提高观赏效果，但不能喧宾夺主，偏离花卉造景设计的主题。除选用草花外，也较多运用小型花灌木和盆景植物，如月季、牡丹、迎春、日本五针松等。

（2）自然形花台。

1）花台台座外形轮廓为不规则的自然形状，多采用自然山石叠砌而成。我国古典庭园中的花台大多数为自然形花台。台座材料有湖石、黄石、宣石、英石等，常与假山、墙脚、自然式水池等相结合，也可单独设置于庭院中。

2）自然形花台设计时可自由灵活，高低错落，变化有致，与环境中的自然风景协调统一。台内种植小巧玲珑、形态别致的草本或木本植物，如沿阶草、石蒜、萱草、松、竹、梅、牡丹、芍药、南天竹、月季、玫瑰、丁香、菊花等，还可适当配置点缀一些山石，如石笋石、斧劈石、钟乳石等，创造具有诗情画意的园林景观。

第三节　草坪与地被植物

一、草坪

1. 草坪简介

草坪是指有一定设计、建造结构和使用目的的人工建植的草本植物形成的坪状草地，具有美化和观赏效果，或供休闲、游乐和体育运动等用。按照用途，草坪可分为以下几种类型。

2. 草坪的类型

（1）游憩性草坪。一般建植于医院、疗养院、机关、学校、住宅区、公园及其他大型绿地之中，供人们工作、学习之余休息和开展娱乐活动。这类草坪多采取自然式建植，没有固定的形状，大小不一，允许人们入内活动，管理较粗放。选用的草种适应性要强，耐践踏，质地柔软，叶汁不易流出以免污染衣服。面积较大的游憩性草坪要考虑配置一些乔木树种以供遮阴，也可点缀石景、园林小品及花丛、花带。

（2）观赏性草坪。园林绿地中专供观赏的草坪，也称装饰性草坪。常铺设在广场、道路两边或分车带中、雕像、喷泉或建筑物前以及花坛周围，独立构成景观或对其他景物起装饰衬托作用。这类草坪栽培管理要求精细，严格控制杂草生长，有整齐美观的边缘并多采用精美的栏杆加以保护，仅供观赏，不能入内游乐。草种要平整、低矮、绿色期长，质地优良，为提高观赏性，还可配置一些草本花卉，形成缀花草坪。

（3）运动场草坪。指专供开展体育运动的草坪，如高尔夫球场草坪，足球场草坪、网球场草坪、赛马场草坪、垒球场草坪、滚木球场草坪、橄榄球场草坪、射击场草坪等。此类草坪管理精细，要求草种韧性强、耐践踏，并耐频繁修剪，形成均匀整齐的平面。

（4）环境保护草坪。这类草坪主要是为了固土护坡，覆盖地面，起保护生态环境的作用。如在铁路、公路、水库、堤岸、陡坡处铺植草坪，可以防止雨水冲刷引起水土流失，对路基和坡体起到良好的防护作用。这类草坪的主要目的是发挥其防护和改善生态环境的功能，要求草种适应性强、根系发达、草层紧密、抗旱、抗寒、抗病虫害能力强，耐粗放管理。

（5）其他草坪。指一些特殊场所应用的草坪，如停车场草坪、人行道草坪。建植时多用空心砖铺设停车场或路面，在空心砖内填土建植草坪，这类草坪要求草种适应能力强、耐高度践踏和干旱。

3. 草坪常用草

根据草坪植物对生长适宜温度的不同要求和分布的地域，可以将其分为暖季型草坪草和冷季型草坪草。但即使是同一类型的草坪草，其耐践踏、耐寒、耐热等特性仍有较大差别（表2-10）。

表 2-10　　　　　　　　　　几种草坪草的适应性比较

草坪草	类型	耐践踏性			耐寒性			耐旱性			耐热性		
		强	中	弱	强	中	弱	强	中	弱	强	中	弱
结缕草	暖季型	√					√	√			√		
狗牙根	暖季型	√					√	√			√		
苇状羊茅	冷季型	√				√		√			√		
草地早熟禾	冷季型		√		√				√			√	
加拿大早熟禾	冷季型		√		√				√				√
普通早熟禾	冷季型			√	√				√				√
紫羊茅	冷季型			√	√				√				√
钝叶草	暖季型		√				√		√		√		
地毯草	暖季型			√	√				√		√		
匍茎剪股颖	冷季型			√	√				√			√	
细弱剪股颖	冷季型			√	√				√			√	
假俭草	暖季型			√			√		√		√		

（1）暖季型草坪草。又称夏绿型草，其主要特点是早春返青后生长旺盛，进入晚秋遇霜茎叶枯萎，冬季呈休眠状态，最适生长温度为 26~32℃。这类草种在我国适合于黄河流域以南的华中、华南、华东、西南广大地区，有的种类耐寒性较强，如结缕草、野牛草、中华结缕草，在华北地区也能良好生长。

常用的暖季型草还有狗牙根、地毯草、爱芬地毯草、细叶结缕草、沟叶结缕草、大穗结缕草、假俭草、百喜草等。

（2）冷季型草坪草。也称寒地型草，其主要特征是耐寒性强，冬季常绿或仅有短期休眠，不耐夏季炎热高湿，春、秋两季是最适宜的生长季节。适合我国北方地区栽培，尤其适应夏季冷凉的地区，部分种类在南方也能栽培。

常用的冷季型草有草地早熟禾、加拿大早熟禾、苇状羊茅、高羊茅、紫羊茅、细羊茅等。

4. 草坪植物的选择原则

草坪植物的选择应依草坪的功能与环境条件而定。游憩活动草坪和运动场草坪应选择耐践踏、耐修剪、适应性强的草坪草，如狗牙根、结缕草、沟叶结缕草等；干旱少雨地区要求草坪草具有耐旱、抗病性强等特性，如假俭草、狗牙根、野牛草等，以减少草坪养护成本；观赏草坪则要求草坪植株低矮，叶片细小美观，叶色翠绿且绿叶期长等，如天鹅绒、早熟禾、沟叶结缕草、紫羊茅等，此外还可选用块茎燕麦、斑叶藕草等叶面具有条纹的观赏草种；护坡草坪要求选用适应性强、耐干旱瘠薄、根系发达的草种，如结缕草、白三叶、百喜草、假俭草等；湖畔河边或地势低凹处应选择耐湿草种，如剪股颖、细叶苔草、假俭草、两耳草等；树下及建筑阴影环境选择耐阴草种，如两耳草、细叶苔草、羊胡子草等。

5. 草坪的配置

（1）草坪做基调。绿色的草坪是城市景观最理想的基调，是园林绿地的重要组成部分，在草坪中心配置雕塑、喷泉、纪念碑等建筑小品，可以用草坪衬托出主景物的雄伟。如同绘画一样，草坪是画面的底色和基调，而色彩艳丽、轮廓丰富、变化多样的树木、花卉、建筑、小品等，则是主角和主调。如果园林中没有绿色的草坪做基调，这些树木、花卉、建筑、小品无论色彩多么绚丽、造型多么精致，由于缺乏底色的对比与衬托，得不到统一的美感，就会显得杂乱无章，景观效果明显下降。目前，许多大中城市都辟建面积较大的公园休息绿地、中心广场绿地，借助草坪的宽广，烘托出草坪中心的纪念碑、喷泉、雕塑等景物的雄伟。但要注意不要过分应用草坪，特别是缺水城市更应适当应用。

（2）草坪做主景。草坪以其平坦、致密的绿色平面，能够创造开朗柔和的视觉空间，具有较高的景观作用，可以作为园林的主景进行配置。如在大型的广场、街心绿地和街道两旁，四周是灰色硬质的建筑和铺装路面，缺乏生机和活力，铺植优质草坪，形成平坦的绿色景观，对广场、街道的美化装饰具有极大的作用。公园中大面积的草坪能够形成开阔的局部空间，丰富了景点内容，并为游客提供安静的休息场所。机关、医院、学校及工矿

图 2-24 草坪与树群的配置

企业也常在开阔的空间建草坪，形成一道亮丽的风景。草坪也可以控制其色差变化，而形成观赏图案，或抽象或现代或写实，更具艺术魅力。

（3）草坪与其他植物材料的配置。

1）草坪与乔木树种的配置。草坪与孤植树、树丛、树群相配既可以表现树体的个体美，又能加强树群、树丛的整体美（图 2-24）。疏林草地景观是应用最多的设计手法，既能满足人们在草地上游憩娱乐的需要，树木又可起到遮阴功能。

树丛和树群与草坪配置时，宜选择高大乔木，中层配置灌木做过渡，可与地面的草坪配合形成丛林意境，如能借助周围自然地形，如山坡、溪流等，则更能显示山林意境。这种配置如果以树丛或树群为主景，草坪为基调，则一般要把树丛、树群配置于草坪的主要位置，或做局部的主景处理，要选择观赏价值高的树种以突出景观效果，如春季观花的木棉、樱花、玉兰，秋季观叶的乌桕、银杏、枫香以及紫叶李、雪松等都适宜做草坪上的主景树群或树丛。如果以草坪为主景，树丛、树群做背景，则应该把树丛、树群配置于草坪的边缘，增加草坪的开朗感，丰富草坪的层次。这时选择的树种要单一，树冠形状、高度与风格要一致，结构应适当紧密，形成完整的块面，并与草坪的色彩相适宜。

2）草坪与花灌木的配置。花灌木经常用草坪做基调和背景，如碧桃以草坪为衬托，加上地形的起伏，当桃花盛开时，鲜艳的花朵与碧绿的草地形成一幅美丽的图画，景观效果非常理想。大片的草坪中间或边缘用樱花、海棠、连翘、迎春或棣棠等花灌木点缀，能够使草坪的色彩变得丰富，并引起层次和空间上的变化，提高草坪的观赏价值。这种配置仍以草坪为主体，花灌木起点缀作用，所占面积不超过整个草坪面积的 1/3。

3）草坪与花卉的配置。常见的是"缀花草坪"，在空旷的草地上布置低矮的开花地被植物如鸢尾、葱莲、韭莲、水仙、石蒜、红花酢浆草、葡萄风信子草等，形成开花草

地，草坪与花卉呈镶嵌状态，增强观赏效果。缀花草坪的花卉数量一般不宜超过草坪总面积的 1/4~1/3，分布自然错落，疏密有致，以观赏为主，缀花处不能踩踏。

▶ 提示：

用花卉布置花坛、花带或花境时，一般用草坪做镶边或陪衬来提高花坛、花带、花境的观赏效果，使鲜艳的花卉和生硬的路面之间有一个过渡，显得生动而自然，避免产生突兀的感觉。

（4）草坪与山石、水生、道路、建筑的配置。

1）草坪配置在山坡上可以显现出地势的起伏，展示山体的轮廓，而用景石点缀草坪是常用的手法，如在草坪上埋置石块，半露上面，犹如山的余脉，能够增加山林野趣、影响整个草坪的空间变化。在水池、河流、湖面岸边配置草坪能够为人们创造观赏水景或游乐的理想场地，使空间扩大，视野开阔，便于游人停步坐卧于平坦的草坪之上，可稍事休息，又能眺望水面的秀丽景色。随着城市街道、高速公路两边及分车带草坪用量的增加，草坪和道路配置也越来越引起人们的重视。在道路的两边及分车带中配置草坪可以装饰、美化道路环境，又不遮挡视线，还能提供一个交通缓冲地带，减少交通事故的发生。选择草种要有较强的抗污染能力和适应性。

2）草坪与纪念碑、雕塑、喷泉及其他园林景点配置，具有很好的衬托效果。例如，天安门广场中心的人民英雄纪念碑，碑身安放在汉白玉雕栏的月台上，月台的四面铺植翠绿的冷季型草坪，使纪念碑整体在规整、开阔的草坪的衬托下，显得更加雄伟、庄严。又如北京植物园的展览温室是一座庞大的现代化建筑，造型优美，为不影响视觉效果，又能很好地衬托建筑，在四周布置了大面积的草坪，产生了很好的艺术效果。建筑物周围的草坪，可作为建筑的底景，作为和环境过渡的空间，增加艺术表现力，软化建筑的生硬性，同时也使建筑物的色彩变得柔和。

常见草坪如图 2-25 所示。

6. 草坪施工技术要点

（1）场地准备。铺设草坪和栽植其他植物不同，在建造完成以后，地形和土壤条件很难再行改变。要想得到高质量的草坪，应在铺设前对场地进行处理，主要应考虑地形处理、土壤改良及做好排灌系统。

1）土层的厚度。草坪植物是低矮的草本植物，没有粗大主根，与乔灌木相比，根系浅。因此，在土层厚度不足以种植乔灌木的地方仍能建造草坪。草坪植物的根系 80% 分布在 40cm 以上的土层中，而且 50% 以上是在地表以下 20cm 的范围内。虽然有些草坪植物能耐干旱，耐瘠薄，但种在 15cm 厚的土层上，会生长不良，应加强管理。为了使草坪保持优良的质量，减少管理费用，应尽可能使土层厚度达到 40cm 左右，最好不小于 30cm。在小于 30cm 的地方应加厚土层。

2）土地的平整与耕翻。这一工序的目的是为草坪植物的根系生长创造条件。步骤如下。

a. 杂草与杂物的清除。为了便于土地的耕翻与平整，更主要的是为了消灭多年生杂草。为避免草坪建成后杂草与草坪草争水分、养料，在种草前应彻底把杂草消灭。可用"草甘膦"等灭生性的内吸传导型除草剂 [0.2~0.4mL/m² （成分量）]，使用后 2 周可开

图 2-25　常见草坪

始种草。此外还应把瓦块、石砾等杂物全部清出场地外。瓦砾等杂物多的土层应用 10mm×10mm 的网筛过一遍，以确保杂物除净。

b. 初步平整、施基肥及耕翻。在清除了杂草、杂物的地面上应初步做一次起高填低的平整。平整后撒施基肥，然后普遍进行一次耕翻。土壤疏松、通气良好有利于草坪植物的根系发育，也便于播种或栽草。

c. 更换杂土与最后平整。在耕翻过程中，发现局部地段土质欠佳或混杂的杂土过多，则应换土。虽然换土的工作量很大，但必要时须彻底进行，否则会造成草坪生长极不一致，影响草坪质量。为了确保新建草坪的平整，在换土或耕翻后应灌一次透水或滚压一遍，使坚实不同的地方能显出高低，以利最后平整时加以调整。

3）排水及灌溉系统。

a. 草坪与其他场地一样，需要考虑排除地面水，因此，最后平整地面时，要结合考虑地面排水问题，不能有低凹处，以避免积水。做成水平面也不利于排水，草坪多利用缓坡来排水。在一定面积内修一条缓坡的沟道，其最底下的一端可设雨水口接纳排出的地面水，并经地下管道排走，或以沟直接与湖池相连。理想的平坦草坪的表面应是中部稍高，逐渐向四周或边缘倾斜。建筑物四周的草坪应比房基低 5cm，然后向外倾斜。

b. 地形过于平坦的草坪或地下水位过高或聚水过多的草坪、运动场的草坪等均应设置暗管或明沟排水，最完善的排水设施是用暗管组成一系统与自由水面或排水管网相连接。

c. 草坪灌溉系统是兴造草坪的重要项目，目前国内外草坪大多采用喷灌。为此，在场地最后整平前，应将喷灌管网埋设完毕。

（2）种植。

1）播种法。一般用于结籽量大而且种子容易采集的草种。如野牛草、羊茅、结缕草、苔草、剪股颖、早熟禾等都可用种子繁殖。要取得播种的成功，应注意以下几个问题。

a. 种子的质量。质量是指两方面，一般要求纯度在90%以上，发芽率在50%以上。

b. 种子的处理。有的种子发芽率不高并不是因为质量不好，而是因各种形态、生理原因所致。为了提高发芽率，达到苗全、苗壮的目的，在播种前可对种子加以处理。如细叶苔草的种子可用流水冲洗数十小时；结缕草种子用0.5%的NaOH溶液浸泡48h，用清水冲洗后再播种；野牛草种子可用机械的方法搓掉硬壳等。

c. 播种量和播种时间。草坪种子播种量越大，见效越快，播后管理越省工。种子有单播和2~3种混播的。单播时，一般用量为$10~20g/m^2$。应根据草种、种子发芽率等而定。混播则是在依靠基本种子形成草坪以前的期间内，混种一些覆盖性快的其他种子。

播种时间：暖季型草种为春播，可在春末夏初播种；冷季型草种为秋播，北方最适合的播种时间是9月上旬。

d. 播种方法。有条播及撒播。条播有利于播后管理，撒播可及早达到草坪均匀的目的。条播是在整好的场地上开沟，深5~10cm，沟距15cm，用等量的细土或砂与种子拌匀撒入沟内。不开沟为撒播，播种人应做回纹式或纵横向后退撒播。播种后轻轻耙土镇压使种子入土0.2~1cm。播前灌水有利于种子的萌发。

e. 播后管理。充分保持土壤湿度是保证出苗的主要条件。播种后根据天气情况每天或隔天喷水，幼苗长至3~6cm时可停止喷水，但要经常保持土壤湿润，并要及时清除杂草。

2）栽植法。用植株繁殖较简单，能大量节省草源，一般1m²的草块可以栽成5~10m或更多一些。与播种法相比，此法管理比较方便，因此已成为我国北方地区种植匍匐性强的草种的主要方法。

a. 种植时间。全年的生长季均可进行。但种植时间过晚，当年就不能覆满地面。最佳的种植时间是生长季中期。

b. 种植方法。分条栽与穴栽。草源丰富时可以用条栽，在平整好的地面以20~40cm为行距，开5cm深的沟，把撕开的草块成排放入沟中，然后填土、踩实。同样，以20~40cm为株行距穴栽也是可以的。

c. 提高种植效果的措施。为了提高成活率，缩短缓苗期，移植过程中要注意两点：一是栽植的草要带适量的护根土（心土）；二是尽可能缩短掘草到栽草的时间，最好是当天掘草当天栽。栽后要充分灌水，清除杂草。

3）铺栽法。这种方法的主要优点是形成草坪快，可以在任何时候（北方封冻期除外）进行，且栽后管理容易。缺点是成本高，并要求有丰富的草源。

a. 选草源。要求草生长势强，密度高，而且有足够大的面积为草源。

b. 铲草皮。先把草皮切成平行条状，然后按需要横切成块，草块大小根据运输方法及操作是否方便而定，大致有以下几种：45cm×30cm、60cm×30cm、30cm×12cm等。草块的厚度为3~5cm，国外大面积铺栽草坪时，也常见采用圈毯式草皮。

c. 草皮的铺栽方法。

无缝铺栽：这是不留间隔全部铺栽的方法。草皮紧连，不留缝隙，相互错缝。要求快速造成草坪时常使用这种方法。草皮的需要量和草坪面积相同（100%）。

有缝铺栽：各块草皮相互间留有一定宽度的缝进行铺栽。缝的宽度为 4~6cm，当缝宽为 4cm 时，草皮必须占草坪总面积的 70%。

方格形花纹铺栽：这种方法虽然建成草坪较慢，但草皮的需用量只需占草坪面积的 50%。

4）草坪植生带铺栽的方法。

a. 草坪植生带是用再生棉经一系列工艺加工制成的有一定拉力、透水性良好、极薄的无纺布，并选择适当的草种、肥料按一定的数量、比例通过机器撒在无纺布上，在上面再覆盖一层无纺布，经黏合滚压成卷制成。它可以在工厂中采用自动化的设备连续坐产制造，成卷入库，每卷 50m² 或 100m²，幅宽 1m 左右。

b. 在经过整理的地面上满铺草坪植生带，覆盖 1cm 筛过的生土或河沙，早晚各喷水一次，一般 10~15 天（有的草种 3~5 天）即可发芽，1~2 个月就可形成草坪，覆盖率 100%，成草迅速，无杂草。

5）吹附法。近年来国内外也有用喷播草籽的方法培育草坪，即用草坪草种子加上泥炭（或纸浆）、肥料、高分子化合物和水混合浆，储存在容器中，借助机械力量喷到需育草的地面或斜坡上，经过精心养护育成草坪。

（3）浇灌。

1）水源与灌溉方法。

a. 水源。没有被污染的井水、河水、湖水、水库存水、自来水等均可作为灌溉水水源。国内外目前试用城市中水做绿地灌溉用水。随着城市中绿地不断增加，用水量大幅度上升，给城市供水带来很大的压力。中水不失为一种可靠地水源。

b. 灌溉方法。有地面漫灌、喷灌和地下灌溉等。

地面漫灌是最简单的方法，其优点是简便易行，缺点是耗水量大，水量不够均匀，坡度大的草坪不能使用。采用这种灌溉方法的草坪表面应相当平整，且具有一定的坡度，理想的坡度是 0.5%~1.5%。这样的坡度用水量最经济，但大面积草坪要达到以上要求，较为困难，因而有一定局限性。

喷灌是使用设备令水像雨水一样淋到草坪上。其优点是能在地形起伏变化大的地方或斜坡使用，灌溉量容易控制，用水经济，便于自动化作业。主要缺点是建造成本高。但此法仍为目前国内外采用最多的草坪灌水方法。

地下灌溉是靠用细管作用从根系层下面设的管道中的水由下向上供水。此法可避免土壤紧实，并使蒸发量及地面流失量减到最低程度。节省水是此法最突出的优点。然而由于设备投资大，维修困难，因而使用此法灌水的草坪甚少。

2）灌水时间。在生长季节，根据不同时期的降雨量及不同的草坪适时灌水是极为重要的，一般可分为三个时期。

a. 返青到雨季前。这一阶段气温逐渐上升，蒸腾量大，需水量大，是一年中最关键的灌水时期。根据土壤保水性能的强弱及雨季来临的时期可灌水 2~4 次。

b. 雨季。基本停止灌水。这一时期空气湿度较大，草的蒸腾量下降，而土壤含水量已提高到足以满足草坪生长需要的水平。

c. 雨季后至枯黄前。这一时期降水量少，蒸发量较大，而草坪仍处于生命活动较旺盛阶段，与前两个时期相比，这一阶段草坪需水量显著提高，如不能及时灌水，不但影响草坪生长，还会引起提前休眠。在这一阶段，可根据情况灌水 4~5 次。此外，在返青时灌返青水，在北方封冻前灌封冻水也都是必要的。总之，草种不同，对水分的要求不同，不同地区的降水量也有差异。因而，必须根据气候条件与草坪植物的种类来确定灌水时期。

3）灌水量。每次灌水的水量应根据土质、生长期、草种等因素而确定。以湿透根系层，不发生地面径流为原则。如北京地区的野牛草草坪，每次灌水的用水量为 0.04~0.10t/m²。

（4）施肥。

1）施肥种类。草坪植物主要是进行叶片生长，并无开花结果的要求，所以氮肥更为重要，施氮肥后的反应也最明显。在建造草坪时应施基肥，草坪建成后在生长季施追肥。

2）施肥季节。寒季型草种的追肥时间最好在早春和秋季。第一次在返青后，可起促进生长的作用；第二次在仲春。天气转热后，应停止追肥。秋季施肥可于 9 月、10 月进行。暖季型草种的施肥时间是在晚春。在生长季每月应追一次肥，这样可增加枝叶密度，提高耐踩性。最后一次施肥北方地区不能迟于 8 月中旬，而南方地区不应晚于 9 月中旬。

3）施肥量。表 2-11 是不同草种的草坪施肥量，可供参考。

表 2-11　　　　　　　　　　　　不同草种的草坪施肥量

喜肥程度	施肥量（按纯氮计）/［g/（月·m²）］	草　　种
最低	0~2	野牛草
低	1~3	紫羊茅、加拿大早熟禾
中等	2~5	结缕草、黑麦草、普通早熟禾
高	3~8	草地早熟禾、剪股颖、狗牙根

（5）修剪。

1）修剪次数。一般的草坪一年最少修剪 4~5 次，北京地区野牛草草坪每年修剪 3~5 次较为合适，而上海地区的结缕草草坪每年修剪 8~12 次较为合适。国外高尔夫球场内精细管理的草坪一年要经过上百次的修剪。据国外报道，多数栽培型草坪全年共需修剪 30~50 次，正常情况下 1 周 1 次，4—6 月常需 1 周剪轧 2 次。

2）修剪高度。修剪的高度与修剪的次数是两个相互关联的因素。修剪时的高度要求越低，修剪次数就越多，这是进行养护草坪所需要的。草的叶片密度与覆盖度也随修剪次数的增加而增加。应根据草的剪留高度进行有规律的修剪，当草达到限定高度的 1.5 倍时就要修剪，最高不得越过规定高度的 2 倍，各种草的最适剪留高度见表 2-12。

表 2-12　　　　　　　　　　　　各种草的最适剪留高度

相对修剪程度	剪留高度/cm	草　　种
极低	0.5~1.3	匍匐剪股颖、绒毛剪股颖
低	1.3~2.5	狗牙根、细叶结缕草、细弱剪股颖
中等	2.5~5.1	野牛草、紫羊茅，草地早熟禾、黑麦草、结缕草、假俭草
高	3.5~7.5	苇状羊茅、普通早熟禾
较高	7.5~10.2	加拿大早熟禾

3）剪草机。修剪草坪一般都用剪草机，多用汽油机或柴油机做动力，小面积草坪可用侧挂式割灌机，大面积草坪可用机动旋转式剪草机和其他大型剪草机。

（6）除杂草。

1）人工方法除草用人工"剔除"。

2）化学方法除草。

a. 用西马津、扑草净、敌草隆等起封闭土壤作用，抑制杂草的萌发或杀死刚萌发的杂草。

b. 用灭生性除草剂草甘膦、百草枯等在草坪建造前或草坪更新时除防杂草。

c. 用 2，4-D 类除草剂杀死双子叶杂草。

▶ **提示：**

除草剂的使用比较复杂，效果好坏随很多因素而变，使用不正确会造成很大的损失，因此使用前应慎重做试验和准备，使用的浓度、工具应专人负责。

（7）通气。

1）打孔技术要求。

a. 一般要求 50 穴/m^2，穴间距 15cm×5cm，穴径 1.5～3.5cm，穴深 8cm 左右。

b. 可用中空铁钎人工扎孔，也可采用草坪打孔机（恢复根系通气性）施行。

2）草坪的复壮更新。草坪承受过较大负荷或经受负荷作用，土壤板结，可采用草坪垂直修剪机，用铣刀挖出宽 1.5～2cm、间距为 25cm、深约 18cm 的沟，在沟内填入多孔材料（如海绵土），把挖出的泥土翻过来，并把剩余泥土运走，施入高效肥料，以至补播草籽，加强肥水管理，使草坪能很快生长复壮。

二、地被植物

1. 简介

地被植物是园林中用以覆盖地面的低矮植物。它可以有效控制杂草滋生、减少尘土飞扬、防止水土流失，把树木、花草、道路、建筑、山石等各景观要素更好地联系和统一起来，使之构成有机整体，并对这些风景要素起衬托作用，从而形成层次丰富、高低错落、生机盎然的园林景观。地被植物比草坪更为灵活，在地形复杂、树荫浓密、不良土壤等不适于种植草坪的地方，地被植物是最佳选择。如杭州花港公园牡丹园的白皮松林下覆盖着常春藤地被，生长强健而致密，其他杂草无法生长。

2. 地被植物的类别

地被植物指草本植物中株形低矮、株丛密集自然、适应性强、可粗放管理的种类。以宿根草本为主，也包括部分球根和能自播繁衍的一二年生花卉，其中有些蕨类植物也常用作耐阴地被。宿根植物有土麦冬、阔叶土麦冬、吉祥草、萱草类、玉簪、蟛蜞菊、石菖蒲、长春蔓、红花酢浆草、马蔺等。

3. 地被植物的配置

（1）适地适植，合理配置。按照园林绿地的不同功能、性质，在充分了解种植地环境条件和地被植物本身特性的基础上合理配置。如入口区绿地主要是美化环境，可以低矮整齐的小灌木和时令草花等地被植物进行配置，以靓丽的色彩吸引游人；山林绿地主要是覆盖黄土，美化环境，可选用耐阴类地被进行布置，路旁则根据道路的宽窄与周围环境，选择开花地被类，使游人能不断欣赏到因时序而递换的各色园景。

（2）高度搭配适当。地被植物是植物群落的最底层，选择合适的高度是很重要的。在上层乔灌木分枝高度都比较高时，下层选用的地被可适当高一些。反之，上层乔、灌木分枝点低或是球形植株，则应根据实际情况选用较低的种类。

（3）色彩协调、四季有景。地被植物与上层乔、灌木同样有着各种不同的叶色、花色和果色。因此，在群落搭配时要使上下层的色彩相互协调，叶期、花期错落，具有丰富的季相变化。

4. 地被植物的布置方式

（1）在假山、岩石园中配置矮竹、蕨类等地被植物，构成假山岩石小景。如选用铁线蕨、凤尾蕨等蕨类和菲白竹、箬竹、鹅毛竹、翠竹、菲黄竹等低矮竹类地被，既活化了山石，又显示出清新、典雅的意境，别具情趣。

（2）林下多种地被相配置，形成优美的林下花带。乔、灌木林下，采用两种或多种地被间植、轮植、混植，使其四季有景，色彩分明，形成一个五彩缤纷的树丛。

（3）以浓郁的常绿树丛为背景，配置适生地被，用宿根、球根或一二年生草本花卉成片点缀其间，形成人工植物群落。

（4）多种开花地被植物与草坪配置，形成高山草甸景观。在草坪上小片状点缀水仙、秋水仙、鸢尾、石蒜、葱莲、韭莲、红花酢浆草、马蔺、二月蓝、蒲公英等草本地被，以及部分铺地柏、偃柏、铺地蜈蚣等匍匐灌木，可以形成高山草甸景观。如此分布有疏有密、自然错落、有叶有花，远远望去，如一张绣花地毯，别有风趣。

（5）大面积的地被景观。采用一些花朵艳丽、色彩多样的植物，选择阳光充足的区域精心规划，采用大手笔、大色块的手法大面积栽植形成群落，着力突出这类低矮植物的群体美，并烘托其他景物，形成美丽的景观。如美人蕉、杜鹃花、红花酢浆草、葱莲以及时令草花。

（6）耐水湿的地被植物配置在山、石、溪水边构成溪涧景观。在小溪、湖边配置一些耐水湿的地被植物，如石菖蒲、蝴蝶花、鸢尾等，溪中、湖边散置山石，点缀一两座亭榭，别有一番山野情趣。

5. 地被植物的功能

园林地被植物是园林绿化的重要组成部分，是园林造景的重要植物材料，在提高园林绿化质量中起着重要的作用。它不仅能丰富园林景色，增加植物层次，组成不同意境，给人一种舒适清新、绿荫覆盖、四季有花的环境，让游人有常来常新的感觉，而且还由于叶面系数的增加，能够调节气候，减弱日光反射，降低风速，吸附滞留尘埃，减少空气中含尘量和细菌的传播，降低气温，改善空气湿度，覆盖裸露地面，防止雨水冲刷，护堤护坡，保持水土。

地被植物如图 2-26 所示。

图 2-26　地被植物

第四节　水 生、水 面 植 物

一、水生植物

1. 水生植物功能

（1）在园林水池中常布置水生植物来美化水生、净化水质，减少水分的蒸发。如水葱、水葫芦、田蓟、永生薄荷、芦苇、泽泻等，可以吸收水中有机化合物，降低生化需氧量。

（2）有些植物还能吸收酚、吡啶、苯胺，杀死大肠杆菌等，消除污染，净化水源，提高水质。

（3）很多水生植物，如槐叶萍、水浮莲、满江红、荷花、慈姑、菱、泽泻等，可供人们食用或牲畜饲料，因此在园林水生中大面积地布置水生植物还可取得一定的经济效益。

（4）由于水生植物生长迅速，适应性强，所以栽培管理方面节省人力、物力。

2. 水生植物的种类

根据水生植物在水中的生长状态及生态习性，分为四种类型。

（1）浮水植物。植物叶片漂浮在水面生长，称为浮水植物。浮水植物又按植物根系着泥生长和不着泥生长，分为两种类型：一种称为根系着泥浮水植物，如睡莲、王莲等；另一种称为漂浮植物，如凤眼莲、大漂、青萍等。根系着泥浮水植物用于绿化较多，价值较高。而根系不着泥生长的漂浮植物，因无根系固着生长，植株漂浮不定，又不易限制在某一区域，在水生富营养化的条件下容易造成极性生长，覆盖全池塘，形成不良景观，一般不用于池塘绿化，应被视作水生杂草，一旦发现要及时清除掉。

（2）挺水植物。植物的叶片长出水面，如荷花、香蒲、芦苇、千屈菜、鸢尾、伞草、慈姑等。这类植物具有较高的绿化用途。

（3）沉水植物。全部植物生长在水中，在水中生长发育，如金鱼藻、眼子菜等。

（4）湿生植物。这类植物的根系和部分树干淹没在水中生长。有的树种，在整个生活周期，它的根系和树干基部浸泡在水中并生长良好，如池杉。池杉的适应性较强，不仅在水中生长良好，而且在陆地也生长极佳。有的树种，在水陆交替的生态条件下能良好生长，如水杉、柳树、杨树等。

常见水生植物见表2-13。

表2-13　　　　　　　　　　　　　　园林中常见的水生植物

科别	类别	观赏特性				相　关　参　数
		挺水	浮叶	漂浮	沉水	
菖蒲	天南星科	√				高50~90cm，全株具香气。花黄绿色
石菖蒲	天南星科	√				高20~40cm，全株具香气。花黄绿色。有花叶品种
泽泻	泽泻科	√				高60~100cm。花白色，花期6~8月
满红江	满江红科			√		叶在早春和秋季紫红色，成片生长，非常壮观
水毛茛	毛茛科				√	沉水叶丝状，深绿色。花白色
水筛	水鳖科				√	高10~20cm，叶披针形。株型、叶色美丽。花白色
莼菜	莼菜科		√			花暗紫色，花期6~9月。叶亮绿色，背面带紫色
花蔺	花蔺科	√				高50~80cm。花粉红色，后变红色。花期7~9月
粗梗水蕨	水蕨科			√		高40~60cm。叶鲜绿色，叶形奇特
水蕨	水蕨科	√				高20~40cm。叶细裂，鹿角状，非常别致
金鱼藻	金鱼藻科				√	绿叶轮生，丝状。适于静水区，也可用于鱼缸装饰
野芋	天南星科	√				高60~100cm。叶带紫色
风车草	莎草科	√				高50~150cm。株丛优美。花淡紫色
纸莎草	莎草科	√				高100~200cm，株型优美，茎三棱状
凤眼莲	雨久花科			√		高20~30cm。花堇紫。粉紫。黄色，花期7~9月
芡实	睡莲科		√			花紫色，花期7~8月。叶大型，径120~250cm
杉叶藻	杉叶藻科				√	株丛优美。叶轮生，圆柱形
黑藻	水鳖科				√	叶轮生，两面有红褐色斑点。株丛美丽。观叶植物
水鳖	水鳖科		√			叶圆心形，上面绿色，下面有隆起气囊。花白色
燕子花	鸢尾科	√				高50~60cm。花白或蓝紫色，径12cm，花期5~6月
黄菖蒲	鸢尾科	√				高60~100cm。花黄色至乳白色，径8cm，花期4~6月
溪荪	鸢尾科	√				高40~60cm。花深紫色，径7cm，花期5~6月
浮萍	浮萍科			√		小型草本，植物体为一叶状体，常成片分布，喜静水
黄花蔺	花蔺科	√				高60~80cm。叶黄绿色。花淡黄色，花期夏秋
石龙尾	玄参科	√			√	丛生，沉水叶细裂，排列成优美的株丛。花紫红色
千屈菜	千屈菜科	√				高100~150cm。花紫红、桃红色，花期7~9月
雨久花	雨久花科	√				高50~90cm。花蓝紫色或稍白色，花期7~9月

续表

科别	类别	观赏特性				相 关 参 数
		挺水	浮叶	漂浮	沉水	
鸭舌草	雨久花科	√				高 30~40cm。花蓝色或带紫色，花期 7~9 月
狐尾藻	狐尾藻科	√			√	叶丝状细裂，深绿色，株丛优美，部分叶挺出水面
穗花狐尾藻	狐尾藻科				√	叶丝状细裂，株丛优美。穗状花序伸出水面
小茨藻	茨藻科				√	二叉状分枝，叶纤细、线形，边缘有刺齿
荷花	睡莲科	√				花白、粉、红等色。花期 6~9 月
睡莲	睡莲科		√			花白色，径 3~7.5cm，午后开放。花期 6~9 月
香睡莲	睡莲科		√			花白、红等色，径 8~13cm，午前开放，浓香
白睡莲	睡莲科		√			花白、粉、黄等色，径 12~15cm，白天开放
块茎睡莲	睡莲科		√			花白色，径 10~22cm，午后开放。幼叶紫色
埃及蓝睡莲	睡莲科		√			花浅蓝色，径 7~15cm，白天开放
埃及白睡莲	睡莲科		√			花白色，径 12~25cm，傍晚开放，午前闭合
印度红睡莲	睡莲科		√			花深紫红色，径 15~25cm，夜间开放
墨石哥黄睡莲	睡莲科		√			花浅黄色，径 10~15cm，白天开放。叶有褐斑
荇菜	龙胆科		√			花鲜黄色，径 3~3.5cm。花期 5~10 月
萍蓬草	睡莲科		√			花金黄色，径 2~3cm。花期 4~7 月
水芹	伞形科	√				1~2 回羽状复叶。花白色，复伞形花序
海菜花	水鳖科				√	叶披针形。花白色，花形特别。喜微酸性静水
芦苇	禾本科	√				高 200~300cm，可形成大片芦苇荡，也可生于旱地
大藻	天南星科			√		植物体为莲座状，灰绿色，外形颇似一朵花
梭鱼草	雨久花科	√				高 80cm。花淡蓝紫色，花序长 20cm。花期 5~10 月
菹草	眼子菜科				√	长达 100cm，叶色。株丛优美
马来眼子菜	眼子菜科				√	植株长达数米，可形成优势群落。观叶
慈姑	泽泻科	√				高 70~120cm。花白色，花期 7~9 月。叶戟形
小白菜	报春花科	√				高 20~30cm。可短期淹入水中，叶淡黄绿色。花白色
槐叶萍	槐叶萍科			√		叶形奇特，浮于水面如槐叶状
水葱	莎草科	√				高 100~200cm。秆粉绿色，有花叶品种，绿白相间
菱	菱科		√			叶阔卵形，背面紫红色。花白色。果实元宝形
茶菱	胡麻科		√			株丛浮水，优美。花白、粉红色。叶卵状三角形，对生
香蒲	香蒲科	√				高 150~350cm。叶带形，长达 180cm。花序奇特
水烛	香蒲科	√				高 100~200cm。叶长达 100cm。花序奇特
再力花	竹芋科	√				高 100~200cm，植株被白粉。花紫色，夏秋开花
黄花狸藻	狸藻科				√	食虫植物，能捕食水中细小动物。水中丝状叶密布，有捕虫囊，花黄色，伸出水面，形成特殊景观。花期 7 月
细叶狸藻	狸藻科				√	叶大而圆，叶缘直立。花白色并变红色，花期 6~10 月
王莲	睡莲科		√			

续表

科别	类别	观赏特性				相　关　参　数
		挺水	浮叶	漂浮	沉水	
苦草	水鳖科				√	叶条形，长达 20~200cm，带状。绿色。观叶
菰	禾本科	√				高 100~200cm，基部寄生真菌而变肥厚。能清洁水质

3. 水生植物配置的原则

水生的植物配置，必须符合生态性、艺术性和多样性的原则。

（1）多样性原则。根据水生面积大小，选择不同种类、不同形体和色彩的植物，形成景观的多样化和物种的多样化。

（2）生态性原则。种植在水边或水中的植物在生态习性上有其特殊性，植物应耐水湿，或是各类水生植物（图 2-27），自然驳岸更应注意。

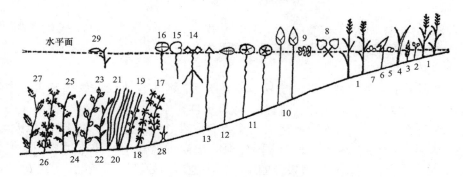

图 2-27　水生植物生态示意图

1—芦苇；2—花蔺；3—香蒲；4—菰；5—青萍；6—慈姑；7—紫萍；8—水鳖；9—槐叶萍；10—莲；
11—芡实；12—两栖蓼；13—茶菱；14—菱；15—睡莲；16—荇菜；17—金鱼藻；18—黑藻；
19—小茨藻；20—苦草；21—苦草；22—竹叶眼子菜；23—光叶眼子菜；24—龙须眼子菜；
25—菹草；26—狐尾藻；27—大茨藻；28—五针金鱼藻；29—眼子菜

（3）艺术性原则。水给人以亲切、柔和的感觉，水边配置植物时宜选树冠圆浑、枝条柔软下垂或枝条水平开展的植物，如垂枝形、拱枝形、伞形等。宁静、幽静环境的水生周围，宜以浅绿色为主，色彩不宜太丰富或过于喧闹；水上开展活动的水生周围，则以色彩喧闹为主。

4. 植物水生配置

（1）湖与湖相配置的植物。湖是园林中常见的水生景观，一般水面辽阔，视野宽广，多较宁静，如杭州西湖、济南大明湖、南京玄武湖、武汉东湖等。

湖的驳岸线常采用自由曲线，或石砌，或堆土，沿岸种植耐水湿植物，高低错落，远近不同，与水中的倒影内呼外应。进行湖面总体规划时，常利用堤、岛、桥等来划分水面，增加层次，并组织游览路线；在较开阔的湖面上，还常布置一些划船、滑水等游乐项目，满足人们亲水的愿望。水岸种植时以群植为主，注重群落林冠线的丰富和色彩的搭配。

广州华南植物园的内湖岸有几处很优美的植物景观，采用群植的方式，种植有大片的落羽杉林、假槟榔林、散尾葵树群等；西双版纳植物园内湖边的大王椰子及丛生竹也是湖边植物配置引人入胜的景观。

（2）池与湖相配置的植物。

1）池多由人工挖掘而成，或用固定的容器盛水而成，其面积一般较小。在较小的园林中常建池，为了获得"小中见大"的效果，水边植物配置一般突出个体姿态或色彩，多以孤植为主，创造宁静的气氛；或利用植物分隔水面空间，增加层次，同时也可创造活泼和宁静的景观。水面则常种植萍蓬草、睡莲、千屈菜等小型水生植物，并控制其任意蔓延。

2）池边植柳、碧桃、玉兰、黑松、侧柏、白皮松等，疏密有致，既不挡视线，又增加了植物层次。

3）池边一株苍劲、古拙的黑松，树冠及虬枝深向水面，倒影生动，颇有画意。

4）在叠石驳岸上配置了云南黄馨、紫藤、薜荔、爬山虎等，使得高于水面的驳岸略显悬崖野趣。

5）现代园林中，在规则式的区域，池的形状多为几何形式，外缘线多硬朗而分明，池边的植物配置常以花坛或修剪成圆球形整形灌木为主。

（3）泉相配置的植物。

1）泉是地下水的天然露头。由于泉水喷吐跳跃，吸引了人们的视线，可作为景点的主题，再配置合适的植物加以烘托、陪衬，效果更佳。

2）日本明治神宫的花园布置既艳丽又雅致，花园中有一天然的泉眼，并以此为起点，挖成一长条蜿蜒曲折的花溪，种满从全国各地收集来的石菖蒲。开花时节，游客蜂拥而至，赏花饮泉，十分舒畅。英国塞翁公园中，在小地形高处设置人工泉，泉水顺着曲折小溪流下，溪涧、溪旁种植各种矮生匍地的色叶裸子植物以及各种宿根、球根花卉，与缀花草坪相接，谓之花地，景观宜人。

（4）喷泉、跌水和瀑布。

1）喷泉和跌水本身不需配置植物，但其周围常配以花坛、草坪、花台或圆球形灌木等，并应选择合适的背景，如杭州曲院风荷内的喷泉，以水杉片林为背景，既起衬托作用，水杉的树形与喷泉的外形又协调一致。

2）瀑布在园林造景中通常指人造的立体落水。由瀑布造成的水景有着丰富的性格或表状，有小水珠的悄然滴流，也有大瀑布的轰然怒吼。瀑布的形态及声响因其流量、流速、高度差及落坡材质的不同而不同。

3）在城市景观中，瀑布常依建筑物或假山石而建。模拟自然界的瀑布风光，将其微缩，可置于室内、庭园或街头、广场，为城市中的人们带来大自然的灵气。

（5）堤与相配置的植物。

1）苏堤、白堤除红桃、绿柳、碧草的景色之外，各桥头配置不同的植物，以打破单调和沉闷。长度较长的苏堤上植物种类尤为丰富，仅就其道路两侧而言，就有重阳木、三角枫、无患子、樟树等，两侧还种植了大量的垂柳、碧桃、桂花、海棠等，树下则配置了大吴风草、金叶六道木、八角金盘、臭牡丹等地被植物，堤上还设置有花坛。

2）北京颐和园西堤以杨、柳为主，玉带桥以浓郁的树林为背景，更衬出自身洁白。在广州流花湖公园，湖堤两旁，各植两排蒲葵，水中反射光强，蒲葵的趋光性导致朝向水面倾斜生长，富有动势。

3）南宁南湖公园堤上各处架桥，最佳的植物配置是在桥的两端简洁地种植数株假槟榔，潇洒秀丽。水中三孔桥与假槟榔的倒影清晰可见。

（6）与溪流相配置的植物。

1）溪是一种动态景观，但往往处理成动中取静的效果。两侧多植以密林或群植树木，溪流在林中若隐若现。为了与溪水的动态相呼应，可以布置成落花景观，将李属、梨属、苹果属等单个花瓣下落的植物配于溪旁，秋色叶植物也是很好的选择。林下溪边常配喜阴湿的植物以及小型挺水植物，如蕨类、天南星科、虎耳草、冷水花、千屈菜、风车草等，颇具有乡村野趣。

2）现代园林中多为人工形成的溪流。杭州玉泉溪位于玉泉观鱼东侧，为一条人工开凿的弯曲小溪涧。引玉泉水东流入植物园的山水园，溪长60m余，宽仅1m左右，两旁散植樱花、玉兰、女贞、云南黄馨、杜鹃花、山茶、贴梗海棠等花草树木，溪边砌以湖石、铺以草皮，溪流从树丛中涓涓流出，春季花影婆娑，成为一条蜿蜒美丽的花溪。

（7）与河相配置的植物。

1）在园林中直接运用河流的形式并不多见。颐和园的后湖实为六收六放的河流，其两岸种植高大的乔木，形成了"两岸夹青山，一江流碧玉"的图画。在全长约1000m的河道上，夹峙两岸的峡口、石矶形成了高低起伏的河岸，同时也把河道障隔、收放成六个段落，在收窄的河边种植树冠庞大的槲树，分隔效果明显。沿岸还有柳树、白蜡，山坡上有油松、栾树、元宝枫、侧柏，加之散植的榆树、刺槐，形成了一条绿色的长廊，山桃、山杏点缀其间，行舟漫游，真有山重水复、柳暗花明之乐趣。

2）对于水。位变化不大的相对静止的河流而言，两边植以高大的植物形成群落，丰富的林冠线和季相变化可以形成美丽的倒影；而以防汛为主的河流，则宜选择固土护坡能力强的地被植物，如多种禾草、薹草、膨蜞菊等。

（8）与岛相配置的植物。

1）岛的类型众多，大小各异。有可游的半岛及湖中岛，也有仅供远眺或观赏的湖中岛。前者远、近距离均可观赏，多设树林以供游人活动或休息，临水边或透或封、若隐若现，种植密度不能太大，应能透出视线去观景。且在植物配置时要考虑导游路线，不能有碍交通；后者则不考虑导游，人一般不入内活动，只远距离欣赏，可选择多层次的群落结构形成封闭空间，以树形、叶色造景为主，注意季相的变化和天际线的起伏，但要协调好植物间的各种关系，以形成相对稳定的植物群落景观。

2）北京北海公园琼华岛植物种类丰富，以柳为主，间植刺槐、侧柏、合欢、紫藤等植物。四季常青的松柏不但将岛上的亭、台、楼、阁掩映其中，并以其浓重的色彩烘托出白塔的洁白。

3）杭州三潭印月可谓是湖岛内东西、南北两条湖堤将全岛划分为四个空间。湖堤上植有大叶柳、樟树、木芙蓉、紫藤、紫薇等乔灌木，疏密有致、高低有序，增强了湖岛的层次和景深，也丰富了林冠线，并形成了整个西湖的湖中有岛、岛中套湖的奇景。而这种虚实对比、交替变化的园林空间，在巧妙的植物配置下表现得淋漓尽致。

（9）驳岸相配置的植物。岸边的植物配置很重要，既能使山和水融成一体，又对水面空间的景观起重要作用。驳岸有土岸、石岸、混凝土岸等，或自然式，或规则式。

图2-28　苏州留园内的驳岸

自然式的土驳岸常在岸边打入树桩加固。我国园林中采用石驳岸及混凝土驳岸居多，线条显得生硬而枯燥，更需要在岸边配置合适的植物，借其枝叶来遮挡枯燥之处，从而使线条变得柔和。驳岸植物可与水面点缀的水生植物一起组成丰富的岸边景色（图2-28）。

1）土岸。

a. 自然式土岸曲折蜿蜒，线条优美，植物配置最忌选用同一树种、同一规格的等距离配置。应结合地形、道路、岸线配置，有近有远，有疏有密，有断有续，弯弯曲曲，富有自然情调。

b. 英国园林中自然式土岸边的植物配置，多半以草坪为底色，为引导游人到水边赏花，常种植大批宿根、球根花卉，如落新妇、围裙水仙、雪钟花、绵枣儿、报春花属以及蓼科、天南星科、鸢尾属、毛茛属植物，五彩缤纷、高低错落；为形成优美倒影，则在岸边植以大量花灌木、树丛及姿态优美的孤立树，尤其是变色叶树种，一年四季具有色彩。

c. 土岸常少许高出最高水面，站在岸边伸手可触及水面，便于游人亲水、戏水，给人以朴实、亲切之感，但要考虑到儿童的安全问题，设置明显的标志。

d. 杭州植物园山水园的土岸边，一组树丛配置具有四个层次，高低错落，春有山茶、云南黄馨、黄菖蒲和毛白杜鹃，夏有合欢，秋有桂花、枫香、鸡爪槭，冬有马尾松、杜英，四季有景，色、香、形具备。

2）石岸。

a. 规则式的石岸线条生硬、枯燥，柔软多变的植物枝条可补其拙。自然式的石岸线条丰富，优美的植物线条及色彩可增添景色与趣味。

b. 苏州拙政园规则式的石岸边多种植垂柳和云南黄馨，细长柔和的柳枝、圆拱形的云南黄馨枝条沿着笔直的石岸壁下垂至水面，遮挡了石岸的丑陋，石壁上还攀附着薜荔、爬山虎、络石等吸附类攀缘植物，也增加了活泼气氛；杭州西泠印社竹阁、柏堂前的莲池，规则的石岸池壁也爬满了络石、薜荔，使僵硬的石壁有了自然生气。但大水面规则式石岸很难处理，一般只能采用花灌木和藤本植物进行美化，如夹竹桃、云南黄馨、迎春等，其中枝条柔垂的花灌木类效果尤好。

自然式石岸具有丰富的自然线条和优美的石景，点缀色彩和线条优美的植物与自然山石头相配，可使景色富于变化，配置的植物应有掩有露，遮丑露美。忌不分美丑，全面覆盖，失去了岸石的魅力。

（10）水边的植物配置。

1）开敞植被带。开敞植被带是指由地被和草坪覆盖的大面积平坦地或缓坡地。场地上基本无乔木、灌木，或仅有少量的孤植景观树，空间开阔明快，通透感强，构成了岸线景观的虚空间，方便了水域与陆地空气的对流，可以改善陆地空气质量、调节陆地气温。另外，这种开敞的空间也是欣赏风景的透景线，对滨水沿线景观的塑造和组织起到重要作用。由于空间开阔，适于游人聚集，所以开敞植被带往往成为滨河游憩中的集中活动场所，满足集会、户外游玩、日光浴等活动的需要。

2）稀疏型林地。

a. 乔、灌木的种植方式可多种多样，或多株组合形成树丛式景观，或小片群植形成分散于绿地上的小型林地斑块。在景观上，稀疏型林地可构成岸线景观半虚半实的空间。

b. 稀疏型林地具有水陆交流功能和透景作用，但其通透性较开敞植被带稍差。不过，正因为如此，在虚实之间，创造了一种似断似续、隐约迷离的特殊效果。稀疏型林地空间通透，有少量遮阴树，尤其适合于炎热地区开展游憩、日光浴等户外活动。

3）郁闭型密林地。郁闭型密林地是由乔、灌、草组成的结构紧密的林地，郁闭度在0.7以上。这种林地结构稳定，有一定的林相外貌，往往成为滨水绿带中重要的风景林。在景观上，构成岸线景观的实空间，保证了水体空间的相对独立性。密林具有优美的自然景观效果，是林间漫步、寻幽探险、享受自然野趣的场所。在生态上，郁闭型密林具有保持水土、改善环境、提供野生生物栖息地等作用（图2-29）。

4）湿地植被带。湿地是指介于陆地和水体之间，水位接近或处于地表，或有浅层积水的过渡性地带。湿地具有保护生物多样性、蓄洪防旱、保持水土、调节气候等作用。其丰富的动植物资源和独特景观会吸引了大量游客观光、游憩，或科学考察。湿地上的植物类型和种类多样，如海滨的红树林及湖泊带的水松林、落羽杉林、芦苇丛等。

图2-29　水边的郁闭型密林

水生植物如图2-30所示。

图2-30　水生植物

5. 水生植物种植基本要求

（1）相对陆生植物而言，水生植物种类较少。在设计时，对挺水植物、浮水植物、沉水植物和湿生植物都要兼顾，形成高低错落有致、荷叶滚珠、碧波荡漾、莲花飘香、池杉傲立、杨柳摇曳、鱼儿畅游的水面景象。

（2）要了解水生植物的生态习性。大部分水生植物喜阳光（除沉水植物外），如睡莲每天需 6～8h 的直射光线，才能开花；荷花需 8h 以上的直射光线才能生长良好等。要避免这类植物种植在大树下或遮阳处。

（3）池塘的水面全部覆盖满水生植物并不美观，一般水生植物占全部水面的 20% ～ 40% 为宜，多留些水面，水生植物做点缀，显得宽敞。

（4）水生植物生长极快，对每种植物应用水泥或塑料板等材料做成各种形状的围池或种植池（或者用缸），限制水生植物在区域内生长蔓延，避免向全池塘发展，并防止水生植物种类间互相混杂生长。

（5）在池塘中和周边适宜处点缀亭、台、楼、榭等，能起到画龙点睛的作用，这在池塘的绿化设计中是非常重要的。

（6）要了解清楚池塘水位及各个位置的水深情况。水生植物的适宜水深不能超过 1.5m，大部分在 0.5～1.0m 的深度范围内生长良好。在浅水和池塘的边缘处，可适当地布置池杉、千屈菜、鸢尾、慈姑、伞草、珍珠菜等，在池塘溪旁可布置百合等。

6. 水生植物的栽植技术要求

（1）水面绿化面积的确定。为了保证水面植物景观疏密相间，不影响水体岸边其他景物倒影的观赏，不宜做满池绿化和环水体一周，保证 1/3 或 1/2 的绿化面即可。

（2）水中种植台、池、缸的设置。为了保证以上景观的实现，必须在水体中设置种植台、池、缸。

1）种植池高度要低于水面，其深度要根据植物种类不同而定。如荷花叶柄生长较高，其种植池离水面高度可设计 60～120cm 深，睡莲的叶柄较短，种植池可离水面 30～60cm，玉蝉花叶柄更短，其种植池可离水面 5～15cm。

2）用种植缸、盆可机动灵活地在水中移动，创造一定的水面植物图案。

（3）造型浮圈的制作。满江红、浮萍、槐叶萍、凤眼莲等植物，具有繁殖快、全株漂浮在水面上的特点，所以这类水生植物造景不受水的深度影响。可根据景观需要在水面上制作各种造型的浮圈，将其圈入其中，创造水面景观，点缀水面，改变水体形状大小，可使水体曲折有序。

（4）沉水植物的配置。水草等沉水植物，其根着生于水池的泥土中，其茎、叶全可浸在水中生长。这类植物置于清澈见底的小水池中，点缀几缸或几盆，再养几只观赏红鱼，更加生动活泼，别有情趣。这种水生植物动物齐全的水景，令人心旷神怡。

（5）水边植被景观的营造。利用芦苇、荸荠、慈姑、鸢尾、水葱等沼生草本植物，可以创造水边低矮的植被景观。总之，在水中利用浮叶水生植物疏密相间，断续，进退，有节奏地创造富有季相变化的连续构图。在水面上可利用漂浮水生植物，集中成片，创造水上绿岛。也可用落羽松、水松、柳树、水杉、水曲柳、桑树、栀子花、柽柳等耐水湿的树木在水体或岸边创造闭锁空间，以丰富水面的层次感，深远感，为游人划船等水上活动增加游点，创造遮阳条件。

种植施工要点：

1）核对设计图样。在种植水生植物前，要设计好各种植物所种植的位置、面积、高度，并设计好施工方法。

2）施工主要环节。为便于施工，在施工前最好能把池塘水抽干。池塘水抽干后，用石灰或绳画好要做围池（或种植池）的范围，在砌围池墙的位置挖一条下脚沟，下脚沟最好能挖到老底子处。先用砖砌好围池墙，再在围池墙两面砌贴 2~3cm 厚的水泥砂浆，阻止水生植物的根穿透围池墙。围池墙也可以使用各种塑料板，塑料板要进到泥的老底子处，塑料板之间要有 0.3cm 的重叠，防止水生植物根越过围池。围池墙做好后，再按水位标高添土或挖土。用土最好是湖泥土、稻田土、黏性土，适量施放肥料，整平后即可种植水生植物。种植水生植物，可以在未放水前，也可以在放水后进行。

3）施工季节。施工季节要选在多晴少雨的季节进行。大部分水生植物在 11 月至翌年 5 月挖起移栽。水生植物在生长季节也可移栽，但要摘除一定量的叶片，不要失水时间过长。生长期中的水生植物如需长途运输，则宜存放在装有水的容器中。

4）繁殖方法。睡莲、荷花、鸢尾、千屈菜等都以根茎繁殖和分栽，大根茎可以分切成几块，每块根茎上必须留有 1~2 个饱满的芽和节。

5）栽植要求。种植水生植物一般 0.5~1.0m^2 种植 1 蔸。栽植深度以不漂起为原则，压泥 5~10cm 厚。在种植时一定要用泥土压紧压好，以免风浪冲洗而把栽植的根茎漂出水面。根茎芽和节必须埋入泥内，防止抽芽后不入泥而在水中生长。

二、水面植物

水面包括湖、池、河、溪等的水面，大小不同，形状各异，既有自然式的，也有规则式的。水面具有开敞的空间效果，特别是面积较大的水面常给人空旷感。用水生植物点缀水面，可以增加水面的色彩，丰富水面的层次，使寂静的水面得到装饰和衬托，显得生机勃勃。水面因低于人的视线，与水边景观呼应而构成欣赏的主题。对于面积较小的水面而言，常以欣赏水中倒影为主。在不影响其倒影景观的前提下，视水的深度可适当点缀一些水生花卉，栽植不宜过密和拥挤，而且要与水面的功能分区相结合，在有限的空间中留出充足的开阔水面用来展现倒影和水中游鱼。

（1）根据水面性质和水生植物的习性，因地制宜选择植物种类，注重观赏、经济和水质改良三方面的结合。可以采用单一种类配置，如建立荷花水景区；也可以采用几种水生植物混合配置，但要讲究搭配，考虑主次关系，以及形体、高矮、姿态、叶形、叶色、花期、花色的对比和调和。

（2）不同的植物材料和配置方式可形成不同的景观效果。在广阔的湖面上大面积种植荷花，碧波荡漾，浮光掠影，轻风吹过泛起阵阵涟漪，景色十分壮观；在小水池中点缀几丛睡莲，却显得清新秀丽，生机盎然。王莲由于具有硕大如盘的叶片，在较大的水面种植才能显示其粗犷雄壮的气势（图 2-31）；繁殖力极强的凤眼莲则常在水面形成群丛的群体景观。

（3）从平面上，水面的植物配置要充分考虑水面的景观效果和水体周围的环境状况。清澈明净的水面，或在岸边有亭、台、楼、榭等园林建筑，或植有树姿优美、色彩艳丽的观赏树木时，一定要注意水面的植物不能过分拥塞，一般不要超过水面面积的 1/3，并严

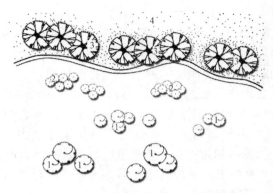

图 2-31 某公园映日潭水边和水面植物配置
1—王莲；2—睡莲；3—垂柳；4—草坪

格控制植物材料的蔓延，以便人们观赏水中优美的倒影，以扩大空间感，将远山、近树、建筑物等组成一幅"水中画"。

（4）控制植物材料蔓延可以采用设置隔离带或盆栽的方式。对污染严重、具有臭味或观赏价值不高的水面，则宜使水生植物布满水面，形成一片绿色景观，如可选用凤眼莲、大藻、莲子草。

（5）在竖向设计上，可以通过选择不同的水生植物种类形成高低错落、层次丰富的景观，尤其是面积较大时。具有竖线条的水生植物有荷花、风车草、香蒲、千屈菜、黄

菖蒲、石菖蒲、花菖蒲、水葱等，高的可达2m；水平的有睡莲、荇菜、凤眼莲、小萍蓬草、日本萍蓬草、白睡莲、王莲等。将横向和纵向的植物材料按照它们的生态习性选择适宜的深度进行栽植，是科学和艺术的完美结合，可构筑成美丽的水上花园。

（6）西方一些国家的园林中提倡野趣园。野趣最宜以水面植物配置来体现，通过种植野生的水生植物，如芦苇、蒲草、香蒲、慈菇、荇菜、浮萍、槐叶萍，水底植些眼子菜、玻璃藻、黑藻等，则水景野趣横生。

第五节 大 树 移 植

一、大树移植工程

大树进城，立竿见影，是一条快速发展绿化的捷径，促进了人与自然相互和谐的城市生态环境的提前形成。但这是在特定的历史条件或特殊的环境、地点所采用的特殊措施。大树移植并非易事，是一项技术性很强的工作，大树是宝贵的资源，移植一定要慎重。为保证大树的移植质量，最大限度地提高大树移植的成活率，避免资源、人力、财力的浪费，必须请有关专家论证，且掌握相关的林业科学知识，并具有较强的技术实力和机械设备，坚持科技先行，才能获得大树移植的成功。

简介：

大树是指胸径在 15～20cm 以上，或树龄在 20 年以上的大型树木，也称其为壮龄树或成年树木。大树移植是指对此类处于生长盛期的壮龄树进行的移植工作。由于树体大，为保证树木的成活，多采用带土球移植，具有一定规格和重量（如胸径 15～20cm 以上，高 6～15m，重量 250～10000kg 的大树），需要有专门机具进行操作实施。

我国在大树移植方面有很多的成功经验，近年随着城市建设和发展，对绿地建设水平及施工效果的要求越来越高，因此，大树移植的应用范围越来越广泛，成功率也越来越高。

二、大树移植的特点

（1）大树移植成活困难。大树树龄大，发育阶段深，根系的再生能力下降，损伤的根系难以恢复；起树范围内的根系里须根量很少，移植后萌生新根的能力差，根系恢复缓慢；由于树体高大，根系离枝叶距离远，移植后易造成水分平衡失调，极易造成大树的树体失水而亡。另外，根茎附近须根量少，起出的土球在起苗、搬运和栽植过程中易破碎。

（2）移植的时间长。一株大树的移植需要经过勘查、设计移植程序、断根缩坨、起苗、运输、栽植及后期的养护管理，需要的时间长，少则几个月，多则几年。

（3）大树移植的限制因素多。由于大树的树高冠密，树体沉重，因此在移植前要考虑吊运树体的运输工具能否承重，能否进入绿化地正常操作，交通线路是否畅通，栽植地是否有条件种植大树。这些限制因素解决不了，不宜进行大树移植。

（4）大树移植绿化成果见效快。通常在养护得当的条件下，高大树木的移植能够在短时间内迅速达到绿化美化的效果。

（5）成本高。由于树体规格大，技术要求严格，还要有安全措施，需要充足的劳力、多种机械以及树体的包装材料，移植后还须采取很多特殊养护管理措施，因此各方面需要大量耗资，从而提高了绿化成本。

三、大树移植时间

1. 北方

（1）在北方地区，最好在早春解冻后至发芽前栽植完毕，时间为 2 月下旬至 3 月中下旬。

（2）各地可根据当地气候特点确定其最佳栽植期。常绿带土球树种的移植也要选在其生命活动最弱的时期进行，要在春季新芽萌发前 20 天栽完。在北方地区引进移栽一些常绿树种不要在秋季进行，因为新植树木抗寒越冬的能力较差，易发生冻害死亡。

2. 南方

（1）在南方地区，2 月下旬至 3 月初为最佳时期，这段时间雨水充沛、空气湿润、温度适宜，此时栽下，4~6 月份有一段温湿度适宜的树木生长过渡期（梅雨期）。

（2）落叶树木的栽植时间以落叶后到发芽前这段时间最为适宜。这时树木落叶，进入休眠期，容易成活，但要注意避开解冻期。

（3）从上述移植大树的成活率来看，最佳移植大树的时间应是早春。因为此时树液开始流动，嫩梢开始发芽、生长，而气温相对较低，土壤湿度大，蒸腾作用较弱，有利于损伤的根系愈合和再生，移植后，发根早，成活率高，且经过早春到晚秋的正常生长后，树木移植时受伤的部分已复原，给树木顺利越冬创造了条件。同时还要注意选择最适天气，即阴而无雨、晴而无风的天气进行移植。

四、大树的选择

（1）选择大树时，定植地的立地条件应和树木的原生长条件相适应，如土壤性质、温度、光照等条件。树种不同，其生物学特性也有所不同，移植后的环境条件应尽量与该树种的生物学特性和环境条件相符。

（2）应该选择符合景观要求的树种，树种不同，其形态不同，在绿化上的用途也不同。例如，行道树应考虑干直、冠大、分枝点高、有良好蔽荫效果的树种，而庭院观赏树中的孤立树就应讲究树姿造型。

（3）应选择壮龄的树木，因为移植大树需要很多人力、物力。若树龄太大，移植后不久就会衰老，很不经济；若树龄太小，绿化效果又较差，所以既要考虑能马上起到良好的绿化效果，又要考虑移植后有较长时期的保留价值，一般慢生树种选 20~30 年生；速生树种选 10~20 年生；中生树可选 15 年生；果树、花灌木选 5~7 年生；一般乔木，则树高在4m 以上、胸径为 12~25cm 的最合适。

（4）如在森林内选择树木时，必须选疏密度不大的、最近 5~10 年生长在阳光下的树。这样的树易成活，且树形美观，景观效果佳。

（5）应选择生长正常的树木以及没有感染病虫害和未受机械损伤的树木。

（6）原环境条件要适宜挖掘、吊装和运输操作。

▶ 提示：

选定的大树，用油漆或绳子在树干胸径处做出明显的标记，以利于识别选定的单株和朝向；同时应建立登记卡，记录树种、高度、干径、分枝点高度、树冠形状和主要观赏面，以便进行分类和确定栽植顺序。

五、大树移植前的准备工作

1. 切根的处理

通过切根处理，促进侧须根生长，使树木在移植前即形成大量可带走的吸收根。这是提高移植成活率的关键技术，也可以为施工提供方便。

（1）多次移植。多次移植法适用于专门培养大树的苗圃。速生树种的苗木可以在头几年每隔 1~2 年移植一次，待胸径达 6cm 以上时，可每隔 3~4 年再移植一次。而慢生树种，待其胸径达 3cm 以上时，每隔 3~4 年移植一次，长到 6cm 以上时，则隔 5~8 年移植一次。这样树苗经过多次移植，大部分的须根都聚在一定的范围，因而再移植时，可缩小土球的尺寸和减少对根部的损伤。

（2）预先断根法。

1）预先断根法适用于一些野生大树或一些具有较高观赏价值的树木移植。一般在移植前 1~3 年的春季或秋季，以树干为中心，以 2.5~3 倍胸径为半径或以较小于移植时的土球尺寸为半径画一个圆或正方形，再在相对的两面向外挖 30~40cm 宽的沟（其深度则视根系分布而定，一般为 50~80cm），如图 2-32 所示。

2）对较粗的根应用锋利的锯或剪，齐平内壁切断，然后用沃土（最好是沙壤土或壤土）填平，分层踩实，定期浇水，这样便会在沟中长出许多须根。到第二年的春季或秋季再以同样的方法挖掘另外相对的两面，到第三年时，在四周沟中均长满了须根，这时便可移走。挖掘时应从沟的外缘开挖，断根的时间可根据各地气候条件有所不同。

（3）根部环状剥皮法。采取环状剥皮的方法，剥皮的宽度为 10~15cm，这样也能促进须根的生长，这种方法由于大根未断，树身稳固，可不加支柱。

2. 移植前修剪

为保证树木地下部分与地上部分的水分平衡，减少树冠水分蒸腾，移植前必须对树木进行修剪，修剪的方法各地不一，主要有以下几种。

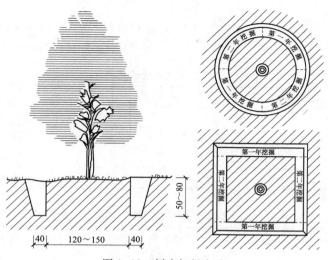

图 2-32　树木切根方法

（1）修剪枝叶。修剪时，凡病枯枝、过密交叉徒长枝、干扰枝均应剪去。此外，修剪量也与移植季节、根系情况有关。当气温高、湿度低、带根系少时，应重剪；而湿度大、根系也大时，可适当轻剪。此外，还应考虑到功能要求，如果要求移植后马上起到绿化效果的，应轻剪；而要求有把握成活的，则可重剪。

（2）摘叶。这是细致费工的工作，适用于少且名贵树种，移前为减少蒸腾可摘去部分树叶，移后即可再萌出新叶。

（3）摘心。此法是为了促进侧枝生长，一般顶芽生长的如杨、白蜡、银杏、柠檬桉等，均可用此法以促进其侧枝生长，但是木棉、针叶等树种都不宜摘心处理。

（4）其他方法。其他方法如剥芽、摘花摘果、刻伤和环状剥皮等也可以控制水分的过分损耗，抑制部分枝条的生理活动。

3. 编号定向

编号是当移栽成批的大树时，为使施工有计划地顺利进行，可把栽植坑及要移栽的大树均编上一一对应的号码，使其移植时可对号入座，减少现场混乱及事故。

定向是在树干上标出南北方向，使其在移植时仍能保证它按原方位栽下，以满足它对庇荫及阳光的要求。

4. 清理现场及安排运输路线

在起树前，应清除树干周围 2~3m 以内的碎石、瓦砾堆、灌木丛及其他障碍物，并将地面大致整平，为顺利移植大树创造条件。然后按树木移植的先后次序，合理安排运输路线，以使每棵树都能顺利运出。

5. 支柱、捆扎

为了防止在挖掘时由于树身不稳、倒伏引起工伤事故及损坏树木，在挖掘前应对需移植的大树进行支柱，一般是用 3 根直径 15cm 以上的大戗木，分立在树冠分支点的下方，然后再用粗绳将 3 根戗木和树干一起捆紧，戗木底脚应牢固支撑在地面上，与地面成 60°左右。支柱时应使 3 根戗木受力均匀，特别是避风向的一面。戗木的长度不定，底脚应立在挖掘范围以外，以免妨碍挖掘工作。

6. 工具和材料

根据不同的土球包装方法，准备所需的工具和材料。表 2-14 所示为软材包装所需的材料，表 2-15 和表 2-16 所示分别为木板方箱移植所需的工具和材料。

表 2-14 软材包装法所需的材料

土球规格（土球直径×土球高度）	蒲　包	草　绳
200cm×150cm	13 个	直径 2cm，长 1350m
150cm×100cm	5.5 个	直径 2cm，长 300m
100cm×80cm	4 个	直径 1.6cm，长 175m
80cm×60cm	2 个	直径 1.3cm，长 100m

表 2-15 木板方箱移植所需的工具

名　　称	规　格　要　求	用　　途
铁锹	圆口锋利	开沟刨土
小甲铲	短把、口宽、15cm 左右	修土球掏底
平铲	甲口锋利	修土球掏底
大尖镐	一头尖、一头平	刨硬土
小尖镐	一头尖、一头平	掏底
钢丝绳机	钢丝绳要有足够长度，2 根	收紧箱板
紧线器		
铁棍	刚性好	转动紧线器
铁锤		钉铁皮
扳手		维修器械
锄	短把、锋利	掏底
手锯	大、小各一把	断根
修枝剪		剪根

表 2-16 木板方箱移植所需的材料

材料		规　格　要　求	用　　途
木板	大号	上板长 2m、宽 0.2m、厚 0.03m 底板长 1.75m、宽 0.3m、厚 0.05m 边板上缘长 1.85m、下缘长 1.7m、宽 0.3m、厚 0.05m	移植土球，规格可视土球大小而定
	小号	上板长 1.65m、宽 0.3m、厚 0.05m 底板长 1.45m、宽 0.3m、厚 0.05m 边板上缘长 1.5m、下缘长 1.4m、宽 0.65m、厚 0.05m	
方木		10cm 见方	支撑
木墩		直径 0.2m，长 0.25m，要求料直而坚硬	挖底时四角支柱土球
铁钉		长 5cm 左右，每棵树约 400 根	固定箱板
铁皮		厚 0.1cm、宽 3cm、长 50~75cm，每距 5cm 打眼，每棵树需 36~48 条	连接物
蒲包			填补漏洞

六、大树移植的方法

1. 软材包装移植法

软材包装移植法是目前常用的方法，适用于移植胸径 10~15cm、土球直径不超过 1.3m 的大树。

（1）掘树。

1）土球规格。土球的大小依据树木的胸径来决定。一般来说，土球直径为树木胸径的 7~10 倍，土球过大，容易散球且会增加运输困难；土球过小，又会伤害过多的根系以影响成活。土球的具体规格可参考表 2-17。

表 2-17　　　　　　　　　　土　球　规　格

树木胸径/cm	土　球　规　格		
	土球直径/cm	土球高度/cm	留底直径/cm
10~12	胸径 8~10 倍	60~70	土球直径的 1/3
13~15	胸径 7~10 倍	70~80	

2）支撑。一般采用木杆或竹竿于树干下部 1/3 处支撑，要绑扎牢固。

3）拢冠。遇有分枝点低的树木，为了操作方便，于挖掘前用草绳将树冠下部围拢，其松紧以不损伤树枝为度。

4）画线。以树干为中心，按规定土球画圆并撒白灰，作为挖掘的界线。

5）挖掘。沿灰线外缘挖沟，沟宽 60~80cm，沟深为土球的高度。

6）修坨。挖掘到规定深度后，用铁锹修整土球表面，使上大下小（留底直径为土球直径的 1/3），肩部圆滑，呈苹果形。如遇粗根，应以手锯锯断，不得用铁锹硬铲而造成散坨。

7）缠腰绳。修好后的土球应及时用草绳（预先浸水湿润）将土球腰部系紧，称为"缠腰绳"。操作时，一人缠绕草绳，另一人用石块拍打草绳使其拉紧，并以略嵌入土球为度。草绳每圈要靠紧，宽度为 20cm。缠好腰绳的土球如图 2-33 所示。

8）开沟底。缠好腰绳后，沿土球底部向内刨挖一圈底沟，宽度为 5~6cm，便于打包时兜底，防止松脱。

9）打包。用蒲包、草袋片、塑料布、草绳等材料，将土球包装起来称为"打包"，如图 2-34 所示。

a. 用包装物将土球表面全部盖严，不留缝隙，并用草绳稍加围拢，使包装物固定。

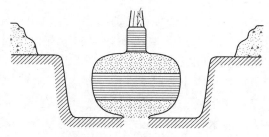

图 2-33　缠好腰绳的土球

b. 用双股湿草绳一端拴在树干上，然后放绳顺序缠绕土球，稍成倾斜状，每次均应通过底部沿至树干基部转折，并用石块拍打拉紧。每道间距为 8cm，土质疏松时则应加密。草绳应排匀理顺，避免互拧。

c. 竖向草绳捆好后，在内腰绳上部，再横捆十几道草绳，并用草绳将内、外腰绳穿连

图 2-34　包装好的土球

起来系紧。

10）封底。打完包之后，在内腰绳上部，轻轻将树推倒，用蒲包将底部堵严，用草绳捆牢。

（2）吊装、运输、卸车。

1）准备工作，备好起重机、货运汽车。准备捆吊土球的长粗绳，要求具有一定的强度和柔软性。准备隔垫用木板、蒲包、草袋及拢冠用草绳。

2）吊装前，用粗绳捆在土球下部（约 2/5 处）并垫以木板，再拴以脖绳控制树干。先试吊一下，检查有无问题，再正式吊装。

3）装车时应土球朝前，树梢向后，顺卧在车厢内，将土球垫稳并用粗绳将土球与车身捆牢，防止土球晃动。

4）树冠较大时，可用细绳拢冠，绳下塞垫蒲包、草袋等物，防止磨损枝叶。

5）装运过程中，应有专人负责，特别注意保护主干式树木的顶枝不受损伤。

6）卸车也应使用起重机，有利于安全和质量的保证。卸车后，如不能立即栽植，应将苗木立直，支稳，严禁苗木斜放或倒地。

（3）栽植。

1）挖穴。树坑的规格应大于土球的规格，一般坑径大于土球直径 40cm，坑深大于土球高度 20cm。遇土质不好时，应加大树坑规格并进行换土。

2）施底肥。需要施用底肥时，将腐熟的有机肥与土拌匀，施入坑底和土球周围（随栽随施）。

3）入穴。入穴时，应按原生长时的南北向就位（可能时取姿态最佳一面作为主要观赏面）。树木应保持直立，土球顶面应与地面平齐。可事先用卷尺分别量取土球和树坑尺寸，如不相适应，应进行调整。

4）支撑。树木直立平稳后，立即进行支撑。为了保护树干不受磨伤，应预先在支撑部位用草绳将树干缠绕护层，防止支柱与树干直接接触，并用草绳将支柱与树干捆绑牢固，严防松动。

5）拆包。将包装草绳剪断，尽量取出包装物，实在不好取时可将包装材料压入坑底。如发现土球松散，严禁松懈腰绳和下部包装材料，但腰绳以上的所有包装材料应全部取出，以免影响水分渗入。

6）填土。应分层填土、分层夯实（每层厚 20cm），操作时不得损伤土球。

7）筑土堰。在坑外缘取细土筑一圈高 30cm 灌水堰，用锹拍实，以备灌水。

8）灌水。大树移植后应及时灌水，第一次灌水量不宜过大，主要起沉实土壤地作用，第二次水量要足，第三次灌水后即可封堰。

2. 硬箱包装移植法

硬箱包装移植法适用于移植胸径为 15～25cm 的大树或更大的树，其土台规格可达 2.2m×2.2m×0.8m，土方量为 3.2m³（图 2-35）。

（1）准备。移植前，首先要准备好包装用的板材，如箱板、底板和上板，如图 2-36 所示；其次还应准备好所需的全部工具、材料、机械和运输车辆，并由专人管理。

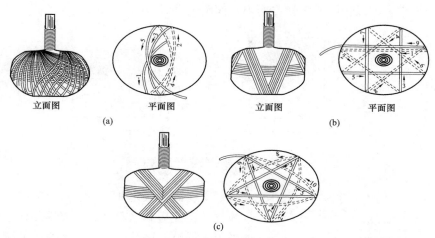

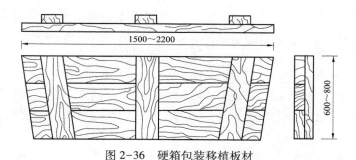

图 2-35　土球的包装方法

（a）橘子式包扎；（b）井字式包扎；（c）五角星式包扎

图 2-36　硬箱包装移植板材

（2）包装。包装前，应将树干四周地表的浮土铲除，然后根据树木的大小决定挖掘土台的规格，一般可按树木胸径的 7～10 倍作为土台的规格，具体见表 2-18。然后，以树干为中心，以比规定的土台尺寸大 10cm 画一正方形作为土台的雏形，从土台往外开沟挖渠，沟宽 60～80cm，以便于人下沟操作。挖到土台深度后，将四壁修理平整，使土台每边较箱板长 5cm。修整时，注意使土台侧壁中间略突出，以便上完箱板后，箱板能紧贴土台。

表 2-18　　　　　　　　　　　　　　　土　台　规　格

树木胸径/cm	15～17	18～24	25～27	28～30
木箱规格（长×高）/（m×m）	1.5×0.6	1.8×0.7	2.0×0.7	2.2×0.8

（3）立边板。

1）土台修好后，应立即上箱板，以免土台坍塌。先将箱板沿土台的四壁放好，使每块箱板中心对准树干，箱板上边略低于土台 1～2cm，作为吊运时土台下沉的余量。

2）安放箱板时，两块箱板的端部在土台的角上要相互错开，可露出一部分土台（图 2-37），再用蒲包片将土台包好，两头压在箱板下。然后在木箱的边板距上下口 15～20cm 处套好两道钢丝绳。每根钢丝绳的两头装好紧线器，两个紧线器要装在两个相反方向的箱板中央带上，以便收紧时受力均匀，如图 2-38 所示。

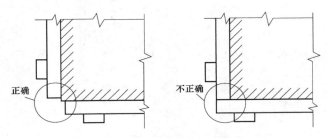

图 2-37　两块箱板的端部安放位置

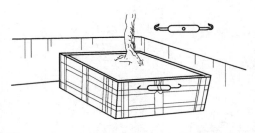

图 2-38　套好钢丝绳、安好紧线器准备收紧

紧线器在收紧时，必须两边同时进行，下绳的收紧速度应稍快于上绳。收紧到一定程度时，可用木棍捶打钢丝绳，如发出嘣嘣的弦音表示已收紧，即可停止。箱板被收紧后即可在四角上钉铁皮 8~10 道，每条铁皮上至少要有两对铁钉钉在带板上。钉子稍向外侧倾斜，以增加拉力。四角铁皮钉好，并用 3 根木杆将树支稳后，即可进行掏底。

（4）掏底与上底板。

1）掏底时，首先在沟内沿着箱板下挖 30cm，将沟土清理干净，用特制的小板镐和小平铲在相对的两边同时掏挖上台的下部。当掏挖的宽度与底板的宽度相符时，在两边装上底板。

2）在上底板前，应预先在底板两端各钉两条铁皮，然后先将底板一头顶在箱板上，垫好木墩。另一头用油压千斤顶顶起，使底板与土台底部紧贴。钉好铁皮，撤下千斤顶，支好支墩。

3）两边底板钉好后即可继续向内掏底，如图 2-39 所示。要注意每次掏挖的宽度应与底板的宽度一致，不可多掏。在上底板前如发现底土有脱落或松动，要用蒲包等物填塞好后再装底板。底板之间的距离一般为 10~15cm，如土质疏松，可适当加密。

（5）上盖板。在木箱口钉木板拉结，称为"上盖板"。钉装上板前，将土台上表面修成中间稍高于四周，并在土台表面铺一层蒲包片。木板一般 2~4 块，方向应与底板成垂直交叉，如需多次吊运，上板应钉成井字形。木板箱整体包装如图 2-40 所示。

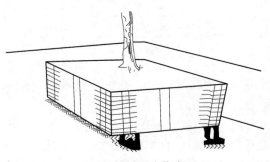

图 2-39　两边掏底

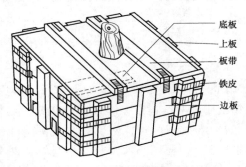

图 2-40　木板箱整体包装示意图

底板
上板
板带
铁皮
边板

3. 裸根移植法

适用于容易成活，胸径 10~20cm 的落叶乔木。移植时间应在落叶后至萌芽前的休眠期内。

（1）掘苗。

1）落叶乔木根系直径要求为胸径的 8~10 倍。

2）重剪树冠。对一些容易萌发的树种，如悬铃木、槐、柳、元宝枫等树种，可在定出一定的留干高度和一定的主枝后，将其上部全部剪去，称为"抹头"。

3）按根辐外缘挖沟，沟宽 0.6~0.8m，沟深按规定。挖掘时，遇粗根用手锯锯断，不可造成劈裂等损伤。

4）全部侧根切断后，于一侧继续深挖，轻摇树干，探明深层大根、主根部位，并切断，再将树身推倒，切断其余树根。然后敲落根部土壤，但不得碰伤根皮和须根。

（2）运输。

1）装车时，树根朝前，树梢朝后，轻拿轻放，避免擦伤树木。

2）树木与车厢、绳索等接触处，应铺垫草袋或蒲包等物加以保护。

3）为了防止风吹日晒，应用苫布将树根盖严拢实，必要时可浇水，保护根部潮湿。

4）卸车时按每株顺序卸下，轻拿轻放，严禁推下。

（3）栽植。

1）裸根大树运到现场后，应立即进行栽植。实践证明，随起、随运、随栽是提高成活最有效的措施。

2）树坑（穴）规格应略大于树根，坑底应挖松、整平，如需换土、施肥应一并在栽植前完成。

3）栽前应剪除劈裂受损之根，并复剪一次树冠，较大剪口应涂抹防腐剂。

4）栽植深度，一般较树干茎部的原土痕深 5cm，分层填实，并要筑好灌水土堰。

5）树木支撑，一般采用三支柱，树干与树枝间需用蒲包或草绳隔垫，相互间用草绳绑牢固，不得松动。

6）栽后应连续灌水 3 次，以后灌水视需要而定，并适时进行中耕松土，以利保墒。

4. 其他移植方法

（1）冻土球移植。在冻土层较深的北方，在土壤板结期挖掘土球可不进行包装，且土球坚固、根系完好、便于运输，有利于成活，是一种既方便又经济的移植大树的好方法。冻土球移植法适用于耐严寒的乡土树种。

1）在土壤封冻前灌水湿润土壤，待气温降至 -15~-12℃，冻土深达 20cm 时，开始挖掘。

2）冻土层较浅，下部尚未冻结时，需停放 2~3 天，待其冻结，再进行挖掘。也可泼水，促其冻结。

3）树木全部挖好后，如不能及时移栽，可填入枯草落叶覆盖，以免晒化或寒风侵袭冻坏根系。

4）一般冻土移栽重量较大，运输时也需使用起重机装卸，由于冬季枝条较脆，吊装运输过程中要格外注意采取有效保护措施，保护树木不受损伤。树坑（穴）最好于结冻前挖好，可省工省力。移植时应填入未结冰的土壤，夯实，灌水支撑，为了保墒和防冻，应于树干基部堆土成台。待春季解冻后，将填土部位重新夯实、灌水、养护。

（2）机械移植法。树木移植机是一种在汽车或拖拉机上装有操作尾部四扇能张合的匙状大铲的移树机械。树木移植机具有性能好、效率高、作业质量好，集挖、掘、吊运、栽植于一体的作业方式，真正成为随挖、随运、随栽的流水作业，成活率极高，是今后的发展方向。

大树移植如图2-41所示。

图2-41　大树移植

七、大树移植的起吊和装运

树木挖掘包好后，必须当天吊出树穴，装车运走。大树移植中，吊装是关键，起吊不当往往造成土球损坏、树皮损伤，甚至移植失败。吊装时要根据具体情况选择适当起吊设备，确保吊装过程中土球不受损坏，树皮免受损伤。可以选用起吊、装载能力大于树重的机车、滑轮和适合现场施用的起重机类型。软土地可选用履带式的起吊设备，其特点是履带与土地的接触面积大，易于在土地上移动。硬地可采用轮胎式吊车进行。大树的吊运和装车必须保证树木整体的完整和吊装人员的安全，根据大树移植方法的不同，其吊装方法也有一定差异。大树起吊常用的方法有吊干法、吊土球（木箱）法（图2-42）及平吊法。

根据大树移植时是否带土球及土球的包装方式的不同，对大树的吊装过程及注意事项分述如下。

图2-42　吊土球（木箱）法

1. 大木箱移植法的吊装

大木箱移植法多适用于雪松、油松、桧柏、白皮松、华山松、龙柏、云杉、樟子松、辽东冷杉、铅笔柏等干径为15～30cm的常绿大树，通常保留的土球大，对根系的保护性较好，栽植成活率较高。通常采用吊土球（木箱）法进行吊装。当吊装大树的重量超过2t时，需要使用起重机吊装。

（1）吊运。

1）起吊前先捆好树冠，从树干基部往上缠绕 2m 高度左右的草绳，预防吊装时钢丝绳擦伤树皮。吊装时，钢丝绳的着力点应选在树木的中下部，因此吊运带木箱的大树时，应先用一根较短的钢丝绳，在木箱下部 1/3 处横着将木箱围起，把钢丝绳的两端扣放在木箱的一侧，即可用吊钩钩好钢丝绳，缓缓起吊，使树身慢慢躺倒。在木箱尚未离地面（即树干倾斜角度为 45°左右时），应暂时停吊，在树干上围好蒲包片，捆上脖绳（应使用麻绳，不能用钢丝绳，以防磨伤树皮），将绳的另一端也套在吊钩上。

2）同时在树干分枝点上拴一根麻绳，以便吊装时用人力控制树冠的方向。拴好绳后，可继续将树缓缓起吊，准备装车。吊运时，应有专人指挥吊车，起吊人必须服从地面施工负责人指挥，相互密切配合，慢慢起吊，吊臂下和树周围除工地指挥者外不准留人。

3）吊装时需尽量避免来回晃动，减少枝叶擦伤，避免土球松散。

（2）装车。

1）树木吊起后，装运车辆必须密切配合装运。由于树木过于高大，为了避免运输时与涵洞、电线等的撞挂，必须使树体保持一定的倾斜角度放置。为防止下部树干折伤，在运输车上要做好木架，且土球下边要有垫层，使土球尽最大面积受力，且固定土球，使其不易滚动。装车时，应使大树树冠向车尾部，土球上端应与卡车后轴在一直线上，在车厢底板与木箱之间垫两块 10cm×10cm 的方木（其长度应较木箱略长），分放在捆钢丝绳处的前后。

2）木箱在车厢中落实后，再用两根较粗的木棍交叉成支架，放在树干下面，用以支撑树干，在树干与支架相接处应垫放蒲包片，以防磨伤树皮。待大树完全放稳之后，再将钢丝绳取出，关好车厢，用紧线器将木箱与车厢套紧。

3）树干应捆在车厢后的尾钩上，用木棍插紧；树冠应用草绳围拢，以免树梢垂下拖地，损伤冠型。

2. 带土球软包装移植法的吊装

（1）大树带土球移植法适用于油松、白皮松、雪松、华山松、桧柏、龙柏、云杉、樟子松、辽东冷杉、铅笔柏等干径为 10~20cm 的常绿大树，以及银杏、柿树、国槐、苹果、核桃、梨等落叶乔木，其方法比大木箱移植法简单，通常采用吊土球（木箱）法或吊干法进行吊装。

（2）吊装重量在 1t 左右的带土球大树，应利用起重机，运输可用 3t 以上的卡车。大树吊装前应先撤去支撑，捆拢树冠，将大树徐徐放倒，使土球离开原地，以便吊起。吊装时，要用粗麻绳，用钢丝绳易将土球勒坏。先将双股麻绳的一头留出 1m 左右结扣固定，再将双股绳分开，捆在土球由上向下 3/5 的位置上，将其绑紧；然后将麻绳两头扣在吊钩上，在绳与土球接触的地方用木块垫起，以免麻绳勒入土球，伤害根系。将大树轻轻吊起之后，再将脖绳（即拴在树干基部的麻绳）套在树干基部，另一头扣在吊钩上，即可起吊、装车。

（3）装车时，运输车辆的车厢内需铺衬垫物，树木应轻放于衬垫物上。通常将大树土球在前、树冠向后放在车辆上，可以避免运输途中因逆风而使枝梢翘起折断。为了放稳土球，应使用木块或砖头将土球的底部卡紧，同时用大绳或紧线器将土球固定在车厢内，使土球不会滚动，以免在运输过程中将土球颠散。大树土球处应盖草包等物进行保护。树身与车板接触之处，必须垫软物，并用绳索紧紧固定，以防擦伤树皮。树冠较大的大树，要用细麻绳或草绳将树冠围拢好，使树冠不至于接触地面，以免运输过程中碰断树枝，损伤冠形。

3. 裸根移植法的吊装

裸根移植法的吊装通常采用吊干法或平吊法，过重的裸根大树宜用起重机吊装。吊装时应轻抬、轻放，保护树根不被墩坏，也不要擦伤树皮，以免影响成活率。

八、大树的定植

1. 准备工作

（1）在定植前，应首先进行场地的清理和平整，然后按设计图纸的要求进行定点放线。在挖移植坑时，坑的大小应根据树种及根系情况、土质情况等而有所区别，一般应在四周加大 30~40cm，深度应比木箱加深 20cm。土坑要求上下一致，坑壁直而光滑，坑底要平整，中间堆 20cm 宽的土埂。

（2）由于城市广场及道路的土质一般均为建筑垃圾、砖瓦、石砾等，对树木的生长极为不利，因此，必须进行换土和适当施肥，以保证大树的成活和有良好的生长条件。换土一般是用 1∶1 的泥土和黄砂混合均匀施入坑内。

2. 卸车

（1）树木运到工地后要及时用起重机卸放，一般都卸放在定植坑旁，若暂时不能栽下的则应放置在不妨碍其他工作进行的地方。

（2）卸车时，用大钢丝绳从土球下两块垫木中间穿过，两边长度相等，将绳头挂于吊车钩上。为使树干保持平衡可在树干分枝点下方拴一大麻绳，拴绳处可衬垫草，以防擦伤。大麻绳另一端挂在吊车钩上，这样就可把树平衡吊起。土球离开车后，速将汽车开走，然后移动吊杆把土球降至事先选好的位置。

图 2-43 大树垂直入穴

（3）需放在栽植坑时，应由人掌握好定植方向，考虑树姿与附近环境的配合，并应尽量符合原来的朝向。当树木栽植方向确定后，立即在坑内垫一土台或土埂。若树干不与地面垂直，则可按要求把土台修成一定坡度，使栽后树干垂直于地面，如图 2-43 所示。

（4）落地前，迅速拆去中间底板或包装蒲包，放于土台上，并调整位置。在土球下填土压实，然后起边板，并填土压实。如坑深在 40cm 以上，应在夯实 1/2 时，浇足水，等水全部渗入土中后再继续填土。

（5）移植时大树根系会受到不同程度的损伤，为促其增生新根，恢复生长，可适当使用生长素。

九、挖栽植穴

（1）该项工作可于大树挖掘的同时或者之前进行。按照施工图纸的要求进行定点放线，根据土球的规格确定栽植穴的要求。此工程采用木箱移植法，栽植穴的大小应与木箱一致，栽植穴的规格为 2.5m×2.5m×1.0m。

（2）栽植穴的位置要求非常准确，严格按照定点放线的标记进行。以标记为中心，以3.0m为边长画一正方形，在线的内侧向下挖掘，按照深度1.0m垂直刨挖到底，不能挖成上大下小的锅底坑。

（3）若现场的土壤质地良好，在挖掘栽植穴时，将上部的表层土壤和下部的底层土壤分开堆放；栽植时，表层土壤填在树的根部，底层土壤回填上部。若土壤为不均匀的混合土，也应该将好土和杂物分开堆放，可堆放在靠近施工场地内一侧，以便于换土及树木栽植操作。

（4）栽植穴挖好后，要在穴底堆一个0.8m×0.5m×0.2m的长方形土台。栽植穴土壤中混有大量灰渣、石砾、大块砖石时，应配置营养土，用腐熟、过筛的堆肥和部分土壤搅拌均匀，施入穴底铺平，并在其上铺盖6~10cm的种植土，以免烧根。

十、大树移植后的管理

1. 水分管理

经过移栽的树木，由于根系的损伤和环境的变化，对水分的多少十分敏感。因此，新栽树木的水分管理是成活期养护管理的重要内容。

（1）灌水与排水。

1）树木栽植之后，及时沿树坑外沿开堰，堰高20~25cm，用脚将土埂踩实，以防浇水时出现跑水、漏水现象。

2）第一茬水要及时浇，最多不能超过一昼夜，气温高的时期，浇水的时间越早越好。头茬水一定要浇透，使根系与土壤能够紧密地结合在一起，在北方或干旱多风的地区，须在3~5天内连续浇3次水，使整个土壤层中水分充足。

3）在土壤干燥、灌水困难的地方，为节省水分，也可在树木栽植填入一层土时，先灌足水，然后填满土，进行覆盖保墒。

4）在春季，浇完3茬水后，可将水堰铲去堆垫在树干基部，既可起到保墒作用，也有利于提高土温，促进根系生长新根。在干旱多风的北方，进行秋季植树，堆土有利于防风、保墒。

5）浇水时，在出水口处最好放置塑料布、木板或石板类，让水落在布（板）上流入土壤中，以免造成冲刷，使水慢慢浸入土壤中，直至浸到根层部位的土壤，最终浇透水。

6）浇水时要注意：

a. 不要频繁地少量浇水，这样浇水只能湿润地表而无法下渗到深层，虽然水没少浇，但是没有渗到土壤的深处，蒸发量多而吸收量少，且导致根系在土表浅层生长，降低树木的抗旱与抗风能力。

b. 不要频繁超大量浇水，否则造成土壤长期通气不良，导致根系腐烂，影响树木的生长，还浪费水资源。

7）因此，植后浇水，既要保持土壤湿润，又不应浇水过度造成通气不良。

8）一般每周浇水一次，连浇3次后松土保墒。春季在树木没生长展叶之前，浇完前3茬水后，一般要保持土壤干燥，提高土温（图2-44）。

图2-44　围堰灌水

9）多雨季节要特别注意防止土壤积水，土壤含水过多，造成树木生长不良甚至死亡。

10）一般情况下，移栽后一年内应灌水 5~6 次，特别是高温干旱时更需注意抗旱。栽后浇水是保证树木成活的主要养护措施，须把握时机，避免因缺水而导致树木成活率下降。

（2）树冠喷水。

1）对于枝叶修剪较小的名贵大树，在高温干旱季节，即使保证土壤的水分供应，也易发生水分亏损。因此当发生树叶有轻度萎蔫症状时，有必要通过树冠喷水保持空气湿度，从而降低温度，减少蒸腾，促进树体水分平衡。

2）喷水宜采用喷雾或喷枪，直接向树冠或树冠上部喷射，让水滴落在枝叶上。同时，喷湿草绳，保持树干水分。喷水时间可在上午 10：00~16：00，每隔 1~2h 喷 1 次。对于移栽的大树，也可在树冠上方安装喷雾装置，必要时还应架设遮阳网，以防过强日晒。

2. 土壤管理

（1）土壤通气。园林树木栽植后，土壤的通气状况是影响树木生长的主要因素之一。由于树木生长环境的特殊性，造成一些场所土壤紧实、坚硬，但又不可能像种植农作物和管理农田那样每年多次对土壤进行耕作养护，要采取符合树木生长特点和适应城市环境的土壤通气措施。

1）深翻。

a. 这种措施是农业上传统的土壤耕作方法，农作物收割后可以无障碍地进行。但树木的根系一直生长在土壤中，影响深翻，而城市的一些绿化场所，如地面有铺装的地方，又不能深翻，要采取其他措施进行土壤通气。深翻适合片林、防护林、绿地内的丛植树、孤植树下边的土壤。

b. 深翻对熟化土壤、增强土壤的透气性、改善土壤的物理性状作用明显。深翻结合施肥能提高土壤肥力，促进土壤团粒结构的形成，增强土壤微生物活动，促使土壤矿物质被树木根系吸收。

c. 园林树木比苗圃的苗木根系深、分布广，深翻可以适当截断部分苗木根系，刺激树木侧根和须根的产生，扩大根系数量。深翻还可以有效地消灭地下害虫，破坏害虫的越冬场所，减少害虫数量。

d. 深翻的时间一般在秋季树木地上部分休眠后、土壤结冻前进行，这时根系还在活动，截断后有利于新根的生长发育，有利于冻死害虫，有利于土壤风化积水保墒。早春树木未萌发前也可进行深翻。深翻次数一般 3~5 年一次，没有必要年年深翻。

e. 深翻的深度视树种和树木年龄及土壤质地确定，浅根性树种深度可小，深根性树种深度可大，土质黏重可深，沙质土可浅，一般 60~100cm。在一些质地黏重、土层坚硬的地方，为消除树木根系周围的花盆效应，还应更深一些。

f. 深翻的范围视树木配置方式确定。如果是片林、林带，由于树木栽植密度较大可将林地土壤全部深翻。如果是孤植树，深翻范围应略大于树冠的投影范围。深度由根茎向外由浅至深，以不损伤 1.5~2cm 以上粗根为度。为防止一次损伤根系过多，可以分别对每棵树周围的土地分两次进行，将其分成四份，每次对称地深翻其中两份。

深翻时从根茎处以放射状逐渐向外进行，锹锋、镐刃最好与根茎放射线平行，以减少对主根的损伤。深翻可人工进行，在能使用专用机械作业的场所尽量使用机械作业，以减轻劳动强度，提高工作效率。机械作业应防止损伤根系和树干。深翻可结合施肥，减少单独施肥所增加的工作量。

2）松土。

a. 林下、绿地松土（人力或机械松土）。松土的作用是疏松表土，改善土壤通气状况，促进微生物活动，加快有机质分解，截断毛细管以减少土壤水分蒸发。松土一般在开春和秋末各进行一次，生长季松土一般在灌溉或降水后土壤出现板结时进行。公共绿地旅游旺季过后，一些地方由于游人踩踏严重，要及时松土。松土一般要结合除草。

⏵ **提示：**

松土的深度一般 3~10cm，靠近树木根茎部位应浅一些，防止损伤根系。松土的范围与深翻的范围相同。

b. 地面有铺装树的松土（打孔松土）。在人们活动比较集中的地方，如人行道、商业街、广场等，由于地面进行了铺装，仅给树木留下较小的裸露树盘。为保证土壤通气性能，有些地方的园林和城建部门采取了一些保护措施，比如用铁算子将树盘盖起来，一方面使街道美观整洁，另一方面防止了行人的踩踏，起到保护作用。但是由于成本较高，大多数地方没有保护措施，也没有松土措施。

c. 在这些地方可以用打孔的办法进行松土通气。在树盘范围内，以根茎为中心，以"+""-"等形状，以树干为中心画放射线，在线上每隔 50~60cm 打一孔。每条放射线的第一孔应距根茎 30~50cm，具体视树干的粗度确定，树干细可近一些，树干粗要远一些，以不过多的损伤根系为度。相邻两条放射线上的孔不应并列。孔的深度 60~120cm，具体情况根据土壤的紧实情况确定，有些地方土层坚硬，应较深一些。孔径大小一般为 3~6cm，如果仅以通气为目的，孔径以钢钎粗度即可，如果结合施肥，孔径应大一些。如果机械操作方便，大孔中的土最好挖出来，换上有机肥再回填。稍加振动的机械打孔方法有利于土壤疏松，有条件的地方可试用。

d. 有些地方保留的树盘比较小，可参考上述方法，孔的密度和位置适当调整，如果是方型树盘，可以在树盘的四角和边线的中点或适当位置进行打孔。总之，既要保证松土通气，又不能过多伤害树木根系。

⏵ **提示：**

在有草坪的树下，因不能采用锄、犁等方式进行松土，可采用打孔的方法松土。打孔的范围可适当扩大，一般略大于树冠投影范围，放射线可加密一些。

（2）施肥。

1）在移栽树木的薪根未形成和没有较强的吸收能力之前，不应施肥，最好等到第一个生长季结束以后进行。

2）还可以进行根外（叶面）追肥，在叶片长至正常叶片大小的一半时开始喷雾，每隔 10 天喷一次，重复 4~5 次效果较好。

3. 灾害防范

（1）防护自然灾害。风、霜、雪、雨所构成的自然灾害往往给新栽树木带来较大的伤

害，因此防护自然灾害也是养护管理中一项必不可少的重要任务。

1）防日灼。日灼又分冬季日灼和夏季日灼。冬季日灼是冻害的一种，向阳的树干或主枝的皮层，白天受太阳直射，温度上升，细胞解冻，而夜间温度急剧下降，细胞冻结，冻融交替，使皮层组织死亡。夏季日灼是树干或主枝的皮层受太阳直射，局部温度过高而导致灼伤。防止日灼的办法除了树干涂白外，还可用草绳和稻草包扎树干。

2）防冻害。冬季的寒流侵袭以及早霜、晚霜、雪害等都能给新栽树木造成冻害。因此，在生长季要加强肥水和土壤管理，增强树体抗寒能力，晚秋严禁施用氮肥，秋耕要避免伤根过多而削弱树势。对不耐寒的树木可进行根部培土、设立风障、用草绳或稻草包扎等防护措施。

3）防风寒。在暴风、台风来临之前，可将树冠酌量修剪，减少受风面；设立支柱或加固原有支柱。在大风之后，被风刮斜的树木应及时松土、扶正夯实；被风刮倒或连根拔起的树木应重截树冠、重新栽种或送苗圃加强养护，第二年重新补栽。

4）防雪害。冬季降雪时，常因树冠积雪，折断树枝或压倒植株，尤以枝叶密集的常绿树受害最严重。因此，在降雪时，对树冠易于积雪的树木，要及时振落树冠过多的积雪，防止雪害，将损伤降低到最低限度。雪后应对被雪压倒的树木枝条及时扶起，压断的枝条小心锯去。

新栽树木的养护管理工作是一项综合性工作，只有综合运用各种措施，才能收到显著效果。此外还要注意各种树木对养护管理的不同要求，区别对待，不搞一刀切。

（2）防治病虫害。

1）病虫防治应以"防重于治"为原则，加强预防工作。要把住苗木关，及时修去苗木病虫枝叶；同时做好松土除草、修剪、施肥等一系列养护管理工作，创造树木生长的优良条件，增加树木抵抗病虫的能力。

2）病虫害盛发季节，要勤加检查，当病虫密度超过允许限度时，要及时喷药防止蔓延。使用药剂时要注意药剂浓度，特别是一些对某些药物敏感性强的植物，尤应如此。例如樱花，对敌敌畏、乐果反应特别敏感，浓度超过 1∶1000 倍时，便产生严重药害。

3）树木的害虫种类较多，常见的有刺蛾、天牛、金龟子、卷叶蛾、蚜虫、介壳虫、红蜘蛛、梨网蝽以及地下害虫蛴螬、地老虎等。常见病害有黑斑病、叶斑病、锈病、褐斑病等。还有一些由于土壤、气候关系或管理不善而发生的生理性病害等。病虫害的详细防治方法，可参阅有关专业书籍。

十一、大树移植工程质量标准

表 2-19 为大树移植工程质量标准，供参考。

表 2-19　　　　　　　　　　大树移植分项工程质量检验评定

		项　　目
保证项目	1	植物材料的品种、规格必须符合设计要求
	2	大树移植前，必须按规定进行切根或移植处理
	3	严禁带有重要病、虫、草害

		项　目	
基本项目	1	放样定位	符合设计要求
	2	树穴	每边大于根系40cm
			深度等于土球厚
			翻松底土
			树穴上下垂直
	3	改良措施	（保）排水系统
			透气管
	4	土球包装物	基本清除
	5	栽植	根茎地表面等高或略高
			根系完好
			分层均匀培土
			分层捣实
			及时浇足搭根水
	6	定向及排列	观赏面丰满完整
			边缘线符合设计要求
	7	绑扎和支撑	树干与地面基本垂直
			设桩　整齐稳定
			拉绳　牢固一致
			绑扎处夹衬软垫
			绑扎材料
	8	裹杆	单一品种、高低一致
			匀称整齐
	9	修剪	树形匀称，无枯枝、断枝
			切口平整、留枝叶正确
			大切口防腐处理

第六节　园林植物修剪与整形

一、修剪、整形简介

修剪是指对植物的某些器官（如枝、叶、花、果等）加以剪截或疏删，以达到调节生长、开花结果目的的措施。整形则是指用剪、锯、捆绑、扎等手段，使植物长成具有特定形状的措施。

整形是修剪树木的整体外表，修剪则是在整形的基础上继续培养和维护良好树形的重要手段，两者简称树木的修整。

二、园林植物修整的目的

1. 提高园林植物移栽的成活率

苗木在起运时，难免会伤害到根部，同时在苗木移栽后，受伤的根部不能及时供给地上部分充足的水分和养料，最终造成树体吸收和蒸腾的比例失调，因此，在起苗之前或起苗之后，应该适当地剪去过长根、劈裂根、病虫根，疏去徒长枝、过密枝、病弱枝，需要的话，还要适当地摘除部分叶片，尤其在大树移植时，高温季节要截去若干主、侧枝，以确保苗木栽植后能顺利成活。

2. 美化树形

（1）每种植物都有其自然美的树形，但从园林景点的需要来说，仅仅单纯的自然树形是不能满足园林绿化的要求的，因此必须通过适当的人工修剪整形，使得植物在自然美的基础上，体现出自然与艺术揉为一体的美。例如现代园林中规则式建筑物前的绿化，不仅需要具有自然美的树形来烘托，还需要具有艺术美的树形，换言之，是将植物修整成规则或不规则的特殊形体，以进一步衬托出建筑物的线条美。

（2）从树冠结构上来说，经过人工修剪整形后的植物，会具有更科学、更合理的各级枝序、分布和排列。此外，合理的修整，使得各层的主枝不仅在主干上分布有序，错落有致，还各占一定方位和空间，达到互不干扰、层次分明、主从关系明确、结构合理的效果，最终使得树形更为美观。

3. 协调比例

（1）园林中放任生长的植物往往树冠庞大，然而在园林景观中，由于园林植物有时只作为配景应用，或起到陪衬的作用，反而不需要过于高大。此时可以通过合理的修剪整形来作一定的调整，及时调节植物与环境之间的比例，保持它在景观中应有的位置，以便和某些景点或建筑物形成相互烘托、相互协调的关系，或者形成强烈的对比效果。例如，在建筑物窗前的绿化布置，往往要求美观大方和利于采光，因此在跟前常配植一些灌木或球形树；而与假山配植的树木，采用修剪整形的方法，是为了控制植物的高度，达到以小见大的效果，更加能衬托出山体的高大。

（2）就植物本身来说，树冠占整个树体的比例是否得当，直接影响到树形的观赏效果。因此，合理的修剪整形，表面上是协调冠高比例，实质上是确保树木的观赏效果。

4. 调整树势

（1）通过修剪还可以促进局部的生长。树木枝条的位置各异，因而枝条的生长也是有强有弱，容易造成偏冠、倒状的结果。此时，要及早通过修剪来改变强枝的先端方向，并开张角度，使其处于平缓的状态，达到减弱生长或去强留弱的效果。修剪过程中，修剪量不能过大，以免削弱树势。

（2）对于不同的树木种类，具体是"促"还是"抑"各有不同，也因修剪方法、时期和树龄等而异，既可使过旺部分弱下去，又可促使衰弱部分壮起来。

5. 调节矛盾

城市中的市政建筑设施复杂，常常与植物发生矛盾。尤其是一些行道树，常常是上有架空线，下有管道电缆线，还有地面的人流车辆等问题，合理的整形修剪可以使树枝上不挂电线，下不妨碍交通人流。

6. 增加开花结果量

正确的修剪可以使树体的养分集中，并使新梢生长充实，同时促进大部分的短枝和辅养枝生长成为花果枝，形成较多的花芽，从而可以达到花开满树、果实满膛的目的。此外，通过适当的修剪不仅可以调整营养枝和花果枝的比例，促使其提早开花结果，还可克服大小年的现象，从而提高树木的观赏效果。

7. 保证园林植物健康生长

适当的修剪整形可以使得树冠内各层枝叶获得新鲜的空气和充分的阳光。与此同时，通过适当的疏枝，不仅增强了树体通风透光的能力，还提高了园林植物的抗逆能力，减少了病虫害的发生概率。冬季的集中修剪，主要是同时剪去病虫枝和干枯枝，既能保持绿地的清洁，又能防止病虫的蔓延，从而促使园林植物更加健康地生长。

此外，树木衰老时，可以进行重剪，主要是剪去树冠上绝大部分侧枝，或分次锯掉主枝，以刺激树干皮层内韵隐芽萌发，有利于新老枝之间的更替，从而达到恢复树势、更新复壮的目的。

8. 改善透光条件

自然生长的植物，往往会出现树冠郁闭、枝条密生、内膛枝细弱老化、冠内相对湿度大大增加等现象，而且给喜湿润环境病虫（介壳虫、蜘蛛等）的繁殖和蔓延提供了有利的条件。此时，合理的修剪、疏枝，可以使树冠内通风透光，大大减少病虫害的发生。

9. 创造最佳环境美化效果

（1）园林景观设计中，常常将观赏树木以孤植或群植的形式互相搭配造景，多配植在一定的园林空间中或建筑、山水、桥等园林小品附近，以创造出相得益彰的艺术效果。

（2）正确合理的整形修剪可以更好地控制树木的形体大小比例，达到以上目的。例如，在狭小的庭园中或假山旁配植观赏树木，然后用修剪整形的手段来控制其形体大小比例，以达到小中见大的效果。

（3）当多种树木相互搭配时，通过修剪的手法可以创造出有主有从、高低错落的别致景观。

（4）一些优美的庭园花木，经过多年的生长，就会长得繁茂拥挤，有的甚至会影响到游人的散步行走，从而失去其绿化和美丽的观赏价值，因此必须经常对其修剪整形，保持其美观与实用的作用。

三、园林植物修整的原则

1. 园林绿化原则

园林绿化的不同目的，要求有不同的修剪整形，因为不同的修剪整形措施会造成不同的绿化后果。因此，园林植物在修整前，必须首先明确园林绿化的目的和对该植物的要求。例如，作为桧柏而言，将它孤植在草坪上作为观赏与作为绿篱栽植，明显有完全不同的修剪整形要求，因而具体的修剪整形方法也就大相径庭。

2. 树种的生长发育习性原则

不同树种具有差异很大的生长习性，因此必须采用不同的修剪整形措施。例如，对一些喜光树种，如梅、李、桃、樱等，可采用自然开心的修剪整形方式，易于多结果实；对于一些顶端生长势不太强、发枝力很强、易于形成丛状树冠的树种，如栀子、桂花、榆叶梅、毛樱桃等，可修剪整形成圆球形或半球形等形状，有利于生长势的调整；对于呈尖塔形、圆锥形树冠的乔木，如银杏、钻天杨、毛白杨等，由于其顶芽生长势强，枝条形成明显的主从关系，因此可采用保留中央领导干的整形方式，将其修剪整形成圆柱形、圆锥形等；对于像龙爪槐等具有曲垂而开展习性的树种，可以采用将主枝盘扎为水平圆盘状的方式，以利于树冠呈开张的伞形。

提示：

植物所具有的萌芽发枝力的大小和愈伤能力的强弱都对修剪整形的耐力有着很大的影响。萌芽发枝能力很强的树种，耐修剪的次数多，如女贞、悬铃木、大叶黄杨等。而一些萌芽发枝力弱或愈伤能力弱的树种，如玉兰、枸骨、梧桐、桂花等，由于修剪耐力小，因此应只作少行修剪或轻度修剪。

3. 植物生长地点的环境条件及特点原则

植物的生长发育与环境条件具有密切的关系，即使园林绿化目的要求相同，而环境的条件不同，具体的修剪整形也会有所不同。

四、园林植物的修剪

1. 方法

（1）修眠季。

1）截。截从狭义上讲是指一年生枝剪去一部分，又称"短截"。短截根据修剪的程度可以分为轻短截、中短截、重短截、极重短截和回缩。

提示：

轻短截。轻短截是指轻剪枝条的顶梢，即剪去枝条全长的1/5~1/4，主要应用于花果类植物强壮枝的修剪。通过轻短截去掉枝条顶梢后，可以刺激其下部多数半饱满芽的萌发，既分散了枝条的养分，又促进其产生大量的短枝，同时这些短枝会容易形成花芽。

中短截。中短截是指剪到枝条中部或中上部饱满芽处，即剪去枝条全长的1/3~1/2，主要用于某些弱枝复壮以及骨干枝和延长枝的培养。中短截后的剪口芽强健而壮实，养分又相对集中，因此可以起到刺激其多发强旺营养枝的作用。

重短截。重短截是指剪到枝条下部半饱满芽处，即剪去枝条全长的2/3~3/4，主要用于弱树、老树、老弱枝的复壮更新。重短截由于是剪掉枝条的大部分，因此刺激作用大，一般都萌发成强旺的营养枝。

极重短截。极重短截是指在枝梢基部留1~2个瘪芽，其余全部剪去，主要用于树木的更新复壮。由于极重短截后的剪口芽在基部，质量较差，因此一般只能萌发出中短营养枝，但个别也能萌发旺枝。

回缩。回缩又称缩剪，是指将多年生枝条剪去一部分，多用于枝组或骨干枝更新，以及控制树冠辅养枝等。

短截可以改变顶端优势，故可采用"强枝短剪，弱枝长剪"的做法，来调节枝势的平衡。

培养各级骨干枝主要采用短截的方法，可以控制树冠的大小和枝梢的长短。短截时，要根据空间与整形的要求，注意剪口芽的位置和方向，剪口芽要留在可以发展的、有空间的地方，而且留芽的方向要注意是否有利于树势的平衡。轻短截能刺激树木顶芽下面的侧芽萌发，使得分枝数增多一，增加了枝叶量，并且有利于有机物的积累，更好地促进花芽的分化。

短截比疏剪更能增强同一枝上的顶端优势，即在短截后其枝梢上下部水分、氮分布的梯度增加，要比疏剪的明显。故强枝在过度短截后，往往会出现顶端新梢徒长，而下部新梢过弱，不能形成花枝。

短截后，由于缩短了枝叶与根系营养运输之间的距离，因此便于养分的运输。根据有关数据的测定，植物在休眠季短截后，新梢内水分和氮的含量要比对照的高，而糖类的含量则较低，充分说明了短截有利于枝条的营养生长和更新复壮。

2）疏。疏是指将一年生枝从基部剪除，又称疏剪或疏删。生长季所采用的抹芽、摘叶、去萌等修剪方法也属于疏的范畴。疏的主要作用如下。

老弱枝。老弱枝中，有的是衰老的枝条，有的是生长细弱短小的枝条，还有的是既老又小的枝条。老弱枝的生长势都很衰弱，而且合成的有机物不能达到自给自足，多数由于营养不良而不能形成花芽。

伤残枝。伤残枝是由于某种原因而将枝条折断或撕裂或擦伤枝皮而形成的，无论是哪种情况，均会影响树木的正常生长，同时影响到美观效果。对于伤残枝，能救治的一定要设法救治并补偿损失，不能救治的则应及早地剪除。

病虫枝。病虫枝是指一些被病菌感染或遭蛀虫害而生长不良的枝条。剪除病虫枝是为了防止病虫害的蔓延，以使树木健康地生长。例如具有日灼病的苹果、梨、花楸、樱花，具有梢霉病的针叶树，具有炭疽病的悬铃木，具有枯萎病盼槭树和榆树等，在疏剪时都应从感病位置疏除。此外，部分遭小蠹虫、天牛、介壳虫等危害的枝条也应及时剪除。

▶ 提示：

在病虫枝的修剪中，要特别注意病害的传播，即不要让修剪工具把病原体从感病植株上传播到健康的植株上，因此修剪过感病植株的剪、锯、斧、凿等工具的切削面必须用70%的酒精进行彻底的消毒。此外，为了防止一些寄生有机体的传播，还应避免在叶面有露水或雨水的情况下修剪。

枯枝。枯枝是指因多种原因而致干枯死亡的枝条。枯枝的剪除可以使树木呈现出健康、整洁的外貌，同时是为了满足观赏与卫生的要求。

徒长枝。徒长枝是指从植株的基部或茎干上的某一部位抽生的直立性枝条。徒长枝枝条粗大，节间长、芽小，生长特别旺盛，叶片大而薄，含水量多，组织不充实。在疏剪时，如果树冠上有位置，可以将其控制改造成枝组；但若是对原有的树形起破坏作用，则要及早疏除。

过密枝。产生过密枝通常是由于芽的萌发力强而使树冠内的小枝生长过多，导致拥挤而杂乱所形成的。过密枝枝条强弱不均，大多会使养分分散，因此应根据需要来疏除弱枝。

交叉枝。交叉枝不但影响枝条的生长，而且使枝条紊乱，最终影响整个植株的美观性。

萌蘖枝。萌蘖枝是指从根或干上由不定芽萌发抽生的枝条。萌蘖枝一般呈丛生状，数量较多，因此如果不用来更新复壮或填补株丛空缺，就一定要全部自基部进行疏除。萌蘖枝的处理方法主要取决于它的数量、大小以及树木的种类，还有在树上的位置及其形成原因等。萌蘖枝生长势强，而且消耗大量的营养，因此若是不剪除则会使植株抽生的枝梢短而少，严重影响到植株的生长势。一般来说，任何行道树或观赏乔木等主干上的萌条都应该疏除。在对树木中干或大枝进行更新时，会发生许多萌蘖枝，此时，除了选留主要的培养枝外，还应保留适当数量的其他枝条做以后的处理，目的是遮阴保护树皮，避免其发生日灼现象。

a. 变的措施中，采用弯枝的方法可以加大分枝的角度，同时减少了枝条上下端的生长势差异，防止发生枝条下部光秃现象。树木弯枝时，对骨干枝弯枝具有扩大树冠、缓和生长、充分利用空间、改善光照条件、促进开花结果等作用。树木造型应用中，采用弯枝的方法可以将树木整剪成各种各样的动物形体，如熊、孔雀、大象、松鼠等，也可整剪成一些非几何形体式。

b. 运用"变"的措施时，不能单纯地只用一种方法，而是将几种方法综合应用，这样才能取得预期的效果。

c. 放。"放"是利用单枝生长势逐年递减的自然规律，对营养枝不剪，分为"甩放"和"长放"。甩放的目的是促使形成花芽，把握性较大，不会出现越放越旺的情况，一般多应用于长势中等的枝条。长放后由于枝条留芽多，抽生的枝条也相对增多，最终使得生长前期的养分过于分散，而多形成中短枝，但正是由于生长后期所积累的养分较多，反而能促进花芽分化和结果。但是，长放后的营养枝，其枝条增粗比较快，尤其是背上的直立枝，越放越粗，一旦运用不妥，就会出现树上长树的现象，因此必须注意防止此类现象的产生。

丛生的花灌木多采用长放的修剪措施，如整剪连翘时，往往在树冠的上方长放 3~4 条的长枝，以便形成潇洒飘逸的树形，远远望过去，是随风摆动的长枝，非常好看。桃花、榆叶梅、西府海棠等花木的幼树，往往采取长放的措施，使该枝条迅速增粗，赶上其他枝的生长势，以便平衡树势，增强较弱枝条的生长势。杜鹃、迎春、金银花等花木多采用甩放的修剪方法，但在一般情况下，对于背上的直立枝不采用甩放的措施，需要用甩放时必须结合运用其他的修剪措施，如扭梢、弯枝或环剥等。

d. 伤。伤通常是指把枝条用各种方法破伤皮部、韧皮部和木质部。生长季多采用伤的方法，如刻伤、扭梢、环剥、折裂和拿枝等。刻伤又分为目伤、横伤和纵伤。

e. 变。变是指通过改变枝向来缓和枝条生长势的方法，在生长季和休眠季均可应用。变的方法很多，如屈枝、盘枝、弯枝、拉枝、压平等，均可以改变枝条的角度和方向，促使先端优势转位。

（2）生长季的修剪方法。

1）摘心。摘心俗称卡尖或捏尖，是指将新梢顶端摘除的技术措施。

摘心多用于花木的整剪，还常用于草本花卉上。例如，园林绿化中较常应用的草本花卉，大丽花经过摘心可以培育成多本大丽花；大丽菊要想达到一株可着花数百朵乃至上千朵，必须经过无数次的摘心才可以；在一串红小苗出现 3~4 对真叶时进行摘心，可以促其生出 4 个以上的侧枝从而使一串红植株饱满匀称，如此才能更好地布置花坛和花径。

2）抹芽和除梢。抹芽又称除芽，是指将多余的芽在萌发后及时从基部抹除。除梢是指在萌芽抽生成嫩枝时，将其剪除或掰除。抹芽和除梢不仅可以改善树冠内通风透光与留下芽的养分供应状况，以增强其生长势，还可以避免冬季修剪所造成的过多过大的伤口。例如，对于行道树，会在每年夏季对主干上萌发的隐芽进行抹除，这样做一方面是为了减少不必要的营养消耗，以保证行道树健壮地生长；另一方面是为了使行道树的主干通直，避免对交通的影响。有时还可将主芽抹除，目的是为了抑制顶端过强的生长势或延迟发芽期，促使副芽或隐芽的萌发。

3）摘叶。摘叶是指带叶柄将叶片剪除。通过摘叶可以改善树冠内的通风透光条件，如观果的树木果实在充分见光后着色好，增加了果实美观程度，同时提高了其观赏效果。摘叶还有利于防止病虫害的发生，如对枝叶过密的树冠进行摘叶。摘叶同时还具有催花的作用，如广州在春节期间的花市上都会有几十万株桃花上市，但在此时期，并不是桃花正常的花期，原来，花农根据春节时间的早晚，在前一年的 10 月中旬或下旬就对桃花进行了摘叶的工作，才使得桃花在春节期间开放。还有在国庆节开花的北京连翘、令丁香、榆叶梅等本应春季开花的花木，也是通过摘叶法进行了催花。

4）去蘖。去蘖又称除萌，是指嫁接繁殖或易生根蘖的树木。观花植物中，桂花、月季和榆叶梅在栽培养护过程中经常要除萌，目的是防止萌蘖长大后扰乱树形，并防止养分无效地消耗；蜡梅的根盘也常萌发很多萌蘖条，除萌时应根据树形来决定适当的保留部分，再及早地去掉其他的，以保证养分、水分的集中供用；而对牡丹、芍药，由于牡丹植株基部的萌蘖很多，因此除了有用的以外，其余的均应去除，而芍药花蕾比较多，可以将过多的、过小的花蕾疏除，以保证花朵大小一致。

5）摘蕾、摘果。有关摘蕾、摘果，如果是腋花芽，则属于疏剪的范畴；若是项花芽，则属于截的范畴。

a. 摘蕾。如对聚花月季往往要摘除主蕾或过密的小蕾，目的是使花期集中，同时开出多而整齐的花朵，突出观赏效果；杂种香水月季由于是单枝开花，因此常将侧蕾摘除，目的是使主蕾得到充足的营养，以便开出美丽而肥硕的花朵；牡丹则通常在花前摘除侧蕾，以使营养集中于顶花蕾，不仅花开得大，而且色艳。此外，月季每次花后都要剪除残花，因为花是种子植物的生殖器官，如果留下残花令其结实，则植株会为了完成它最后的发育阶段，将全部的生命活力都用于养育种实上，而这个全过程一旦完成，月季的生长和发育就会缓慢下来，开花的能力也随之衰退，甚至停止开花。

b. 摘果，如丁香花若是作为观花植物应用时，在开花后应进行摘果，若是不进行摘果，由于其很强的结实能力，在果实成熟后，会有褐色的蒴果挂满树枝，非常不美观。又如紫薇，紫薇又称百日红，紫薇花谢后若不及时摘除幼果，其花期就不可能达到百日之久，而是只有 25 天左右。

6）折裂。折裂是指在早春芽略萌动时，对枝条施行折裂处理，目的是为了曲折枝条，使之形成各种各样的艺术造型。折裂的具体做法是：首先用刀斜向切入，在深达枝条直径的 1/2~2/3 处，小心地将枝弯折，然后利用木质部折裂处的斜面相互顶住，以防伤口水分过多地损失，往往会在伤口处进行包裹。

7）扭梢、拿枝。扭梢是指将生长旺的梢向下扭曲，使木质部和皮层因被扭伤而改变了枝梢方向；拿枝是指用手对旺梢自基部到顶部慢慢地捏一捏，响而不折，但伤及木质部，两者都是将枝梢扭伤的措施。扭梢和拿枝不仅可以促进中、短枝的形成，有利于花芽的分化；还可以阻碍养分的运输，从而使生长势变得缓和。

8）环剥。环剥即环状剥皮，是指将枝干的皮层与韧皮部剥去一圈的措施。

▶ **提示：**

实施环剥部位以上的枝条一定要留足够的枝叶量。易流胶、伤流过旺的树一般不能采用。

由于环剥技术是在生长季应用的临时性修剪措施，而且在冬剪时要将环剥以上的部分逐渐剪除，因此在主干、中干、主枝、侧枝等骨干枝上不能应用环状剥皮的措施。

环剥一般在花芽分化期、落花落果期、果实膨大期等时候应用，即以春季新梢叶片大量形成后最需要同化养分的时候。

环剥不宜过宽或过窄，一般宽度在 2~10mm，环剥的宽度要根据枝的粗细和树种的愈伤能力而决定。过宽则不能愈合，对树木生长不利；过窄则愈合过早，达不到环剥的目的。

环剥也不宜过深和过浅，过深会伤其木质部，容易造成环剥枝条折断或死亡的结果；过浅则韧皮部残留，环剥效果不明显。

9）屈枝。屈枝是指在生长季将新梢施行屈曲、绑扎或扶立等诱引技术措施。屈枝虽未损伤到任何组织，但当直立诱引时，可以增强植株的生长势；水平诱引时，则会产生中等的抑制作用，反而使组织充实，花芽易形成，或者使枝条中、下部形成强健的新梢；当向下屈曲诱引时，则有较强的抑制作用，常应用于对观赏树木造型。

10）圈枝。圈枝是指在幼树整形时为了使主干弯曲或呈疙瘩状，而常采用的技术措施。圈枝可以使生长势缓和，植株生长不高，并能提早开花。

11）撬树皮。此方法是为了在树干上某部位有疣状隆起，好似高龄古树的老态龙钟。实施时，是在植株生长最旺的时期，用小刀插入树皮下轻轻撬动，以使皮层与木质部分离，几个月后，这个部分就会呈现出疣状隆起。

12）断根。断根即将植株的根系在一定范围内全部切断或部分切断。断根常用于植株的抑制栽培，由于在断根后可刺激根部发生新的须根，因此在移栽珍贵的大树或移栽山野里自生的大树时，往往会在移栽前 1~2 年进行断根，目的是为了在一定的范围内促发新根，非常有利于大树的移栽成活。

2. 修剪时间

园林植物的修剪工作，随时都可以进行，如剪枝、抹芽、摘心、除蘖等。有些植物由于伤流等原因，要求在伤流最少的时期内进行，因此绝大多数植物以冬剪和夏剪为宜。

（1）休眠期修剪。

1）冬剪时期，植物各种代谢水平都很低，体内养分大部分回归根部或主干，修剪后营养损失最少，且修剪的伤口不易被细菌感染腐烂，对植物生长影响较小，因此修剪的程度可以大。

2）由于冬季修剪对观赏树种树冠的构成、枝梢的生长、花果枝的形成等有重要的影响，因此修剪时要考虑到树龄。对幼树的修剪通常以整形为主；对观叶树通常以控制侧枝生长、促进主枝生长为目的；对花果树则重点培养构成树形的主干、主枝等骨干枝，以便早日成形，提前观花观果。

3）冬季寒冷地区树木的冬剪最好在早春萌芽前进行，避免剪口受冻抽干。而对一些入冬前需要防寒保护的花灌木和藤本植物，如月季、牡丹、葡萄等，可在秋季落叶后进行修剪，再埋土或作包裹防护。

4）冬季温暖地区的树种宜在树木落叶后到第二年树液流动前的时期进行修剪，这样剪口愈合慢，但不致受冻抽干。

5）在热带和亚热带地区，冬季由于树木生长较慢，因此是修剪大枝干的最佳时期。

6）在北方冬季严寒的地区，由于修剪后的伤口易受冻害，因此以早春修剪为宜，但不能过晚。早春修剪宜在植物根系旺盛活动之前，营养物质尚未由根部向上输送时进行，这样可减少养分的损失，而且对花芽、叶芽的萌发影响不大。对于有伤流现象的树种，如葡萄、核桃、槭类、四照花等，由于在萌发后有伤流发生，而且伤流使植物体内的养分与水分流失过多，易造成树势衰弱，甚至枝条枯死的现象，因此应在春季伤流期前修剪。例如，由于核桃在落叶后11月中旬开始发生伤流，因此应在果实采收后，叶片枯黄之前进行修剪。

（2）生长期修剪。

1）夏剪时期，植物的各种代谢水平均较高，而且光和产物多分布于生长旺盛的嫩枝、叶、花和幼果处，因此修剪会造成大量养分的损失。这一时期的修剪程度不宜过大，因为修剪程度过大，会由于叶面积的大量减少而导致光合产物锐减，极大地减缓生长发育进程。

2）行道树及花果树的夏剪，主要是为了控制直立枝、徒长枝、竞争枝、内膛枝的发生和长势，以集中营养供骨干枝旺盛生长的需要。

3）夏剪要求修剪程度轻，因此要灵活掌握，特别注意以下原则。

a. 春季和夏初开花的花灌木类，如蔷薇、迎春、玉兰、连翘、樱花、丁香花、榆叶梅、贴梗海棠、垂丝海棠、棣棠花等，应在花后对花枝进行短截，以促进新的花芽分化，为下一年的开花做准备。

b. 夏季开花的花木，如木槿、紫薇、迎夏、金银花、珍珠梅、木本绣球等花木，在开花后期就应立即修剪，否则当年的生侧枝就不能形成新的花芽，会影响来年的花量。

c. 观叶类树木如金叶女贞、小叶黄杨、红叶小檗等，在生长旺季要随时对过长的枝条进行短截，以促生更多的侧枝，避免树冠中空。而对于棕榈类树木，则应随时剪除下部衰老、枯黄、破碎的叶片。

d. 绿篱的夏季修剪主要是为了保持整齐美观，剪下的嫩枝同时可作插穗。由于常绿植物没有明显的休眠期，因此可四季修剪，但在一些冬季寒冷的地区，由于修剪的伤口不易愈合，易受冻害，一般应在夏季进行。

3. 修剪目标

（1）下垂枝。

1）与正常枝生长方向相反，下垂枝向下方伸长，影响了树形的美观和整齐。

2）在修剪下垂枝时，注意分清楚内芽和外芽。在靠近内芽一侧修剪，因为整理不成圆形，树形会很难看；而在靠近外芽一侧修剪，因有利于修剪成伞形，反而比较美观。

（2）徒长枝。

1）徒长枝枝条多近直立生长，在视觉上不是很美观。但其生长能力强，若是放任不管，则会消耗掉大量的养分，造成其他枝条发育不良。

2）一般在夏季进行徒长枝的修剪，夏季修剪不好时，往往会再次萌发出大量的徒长枝，因此冬剪时还需要再对徒长枝进行处理。徒长枝如果没有未来的发展空间，一般应完全剪除；但若是生长部位空虚，则可留20~30cm的长度短截，待侧枝萌发后再选留方向合适的枝条。

（3）竞争枝。

竞争枝是指由剪口以下第二、三芽萌发生长直立旺盛，与延长枝竞争生长的枝条。竞争枝在修剪时，应结合实际情况进行短截，以培养结果枝组，当然也可以从基部剪除或拉平作为辅养枝或者换头。

（4）重叠枝、交叉枝和内膛枝。

这些枝条是指那些会造成相互之间生长空间拥挤的枝条。修剪时，如果一个枝条从距离和角度上判断会伸入其他枝条生长空间，而造成局部空间枝条密集时，则通常把较为弱小的枝条切除掉，目的是为了使另一个强壮的枝条拥有需要的生长空间。

（5）干扰枝。

易于对建筑、其他植物或汽车和人活动等产生干扰的枝条，称为干扰枝，修剪时必须剪除。

（6）枯死枝和患病枝。

枯死枝和患病枝通常不会挂有树叶或果实，很可能是畸形的或树皮的颜色不正常。这些枝条在修剪时，要坚决地切除掉，不会影响到树木的健康成长。对于有些不容易辨别出来的枯死枝和患病枝，可以等到树木开花的时候，如果这些枝条上没有生长任何东西，就可以断定是枯死枝和患病枝。

（7）根蘖。

如果不考虑进行丛生型造型时，根蘖一般都要剪除掉，否则会影响上部枝条的正常生长。根蘖的修剪宜选择在冬季进行，而且要刨开土层，从基部剪除，否则第二年还会再长出来。

4. 修剪要点

园林植物修剪时，在适宜的时期采用适当的修剪方法是必要的，注意以下技术要点。

（1）剪口的形态。

1）剪截修剪造成的伤口称为剪口，距离剪口最近的芽称为剪口芽。在修剪树木大小不同的枝条时，由于伤口差异大，因此对树木伤口的愈合有一定影响，应特别注意剪口形态的不同对伤口愈合与剪口芽生长的影响。剪口主要有四种形态，具体如下。

2）斜剪口。斜剪口是指剪口的斜切面应与芽的方向相反，位于芽端上方，下端与芽的腰部相齐，其上端略高于芽0.5cm。斜剪口剪口面虽然比平剪口的大，但有利于养分、水分对芽的供应，而且上下伤口的愈伤组织上下朝伤口生长，使得剪口面不易干枯而很快愈合，不仅有利于芽体的生长发育，伤口愈合后的观赏效果也较好。

3）平剪口。平剪口是指位于侧芽顶尖上方，与下部枝条呈垂直状态的剪口。平剪口创伤面小，愈合速度较快，多适用于细小枝条且修剪技术简单易行。由于芽的另一侧在茬口较高，从下部长出的愈伤组织往上将整个伤口全部包上还需要较长时间，因此较粗枝条的伤口愈合得较慢。

4）大斜剪口。大斜剪口一般只在削弱枝势时使用。大斜剪口的切口上端虽在芽尖上方，但下端却达芽的基部下方，因而剪口长，水分蒸发过多，不利于剪口芽的水分和营养供应，严重削弱了剪口芽的生长势，甚至导致失水死亡，而剪口芽下面一个芽却因水分和营养供应而生长势加强。

5）留桩剪口。留桩剪口是指在剪口芽的上方留一段小桩，既可以是水平的也可以是倾斜的，目的是促进剪口芽萌发的枝条呈弧形生长。留桩剪口很难愈合，可以造成养分不易进入小桩，而使剪口芽前的小桩干枯。这种剪口由于在休眠期可以避免失水而导致剪口芽削弱或干枯，避免了因失水而不利于萌发生长，因此在冬季适用于某些修剪易伤口失水的树种修剪。

（2）剪口芽的位置。

1）剪口芽的强弱和选留位置不同，其抽生的枝条强弱和姿势也不一样。即剪壮芽发壮枝；剪弱芽发弱枝。

2）如果将剪口芽萌发的枝条作为主干的延长枝培养，则剪口芽应选留能使新梢顺主干延长方向直立生长的芽。同时要与上年的剪口芽相对，即主干延长枝一年选留在左侧，另一年就要选留在右边，可以使其枝势略持平衡，避免造成年年偏向一方生长，主干延伸后成直立向上的姿势。

3）如果将剪口芽萌发的枝条作为主枝延长枝培养，则为了扩大树冠，宜选留外侧芽作剪口芽，如此，芽萌发后可抽生斜生的延长枝。但如果主枝过于平斜，即开张角度过大，生长势则会变弱，就要在短截时选留上芽作为剪口芽，有利于萌发抽生斜向上的新枝，从而增强生长势。

▶ 提示：

在实际的修剪工作中，选留剪口芽要根据树木的具体情况而定，以选留不同部位和不同饱满程度的剪口芽进行剪截，达到平衡树势的目的。

（3）大枝的剪除。

1）将干枯枝、病虫枝、伤残枝、无用的老枝等全部剪除时，为了尽量缩小伤口，应自分枝点的上部斜向下部剪下，残留分枝点下部凸起的部分，这样伤口会不大、容易愈合，隐芽萌发也不多；但若是残留其枝的一部分，则将来留下的一段残桩枯朽会随其母枝的长大渐渐陷入其组织内，导致伤口迟迟不能愈合，也很可能成为病虫害的巢穴。

2）在回缩多年生大枝时，由于往往会萌生出徒长枝，因此可先行疏枝或重短截，削弱其长势后再回缩，防止徒长枝的大量抽生。同时在剪口下留弱枝当头，既有助于生长势的缓和，又可减少徒长枝的发生。如果回缩的多年生枝较粗，则必须用锯子锯除，可从下方先浅锯伤，再从上方锯下，这样可以避免锯到半途因枝自身的重量向下而折裂，反而造成伤口过大，不易愈合。由于这样锯断的树枝，其伤口大且表面粗糙，因此还需要用刀进行修削平整，以利其愈合。此外，为了防止伤口的水分蒸发或因病虫侵入而引起伤口的腐烂，还应及时涂保护剂或用塑料布包扎。

3）剪枝的时候，一定要求将剪口剪得与枝条平齐，且不能留桩。因为如果剪口不平，容易留茬或留桩，不但不利于伤口的愈合，还会引起干腐病的发生。

（4）剪枝的要点。

1）剪枝时，由于枝剪带有长柄的先端，因此在修剪比视线低的场所时，要把刃的内侧朝上使用；而在高的场所进行时则把刃的内侧朝下。此外，想一次就剪掉许多枝的，常常会出现漏剪枝或崩刃的现象，因此宜用刀锋的一半左右来剪。对于散球形与球形绿篱造型，一般在5—6月与9月要进行两次剪枝。

2）剪枝时，首先要把从树冠露出的徒长枝等剪掉，然后再按操作规则去做。

五、园林植物的整形

1. 方法

（1）自然式整形。

自然式整形是在树木本身特有的自然树形基础上，稍加人工的调整与干预。自然式整形的树木生长良好，发育健壮，而且能充分发挥出其应有的观赏特性。自然式整形多用于庭荫树、风景树或有些行道树的整形。自然树形通常有以下几种形状。

扁圆形：如槐树、桃花、复叶槭等。

圆球形：如馒头柳、珊瑚朴、圆头椿、黄刺玫等。

圆锥形：如桧柏、云杉、雪松等。

圆柱形：如杜松、箭杆杨、钻天杨等。

卵圆形：如银杏、苹果、毛白杨等。

广卵形：如樟树、罗汉松、广玉兰等。

伞形：如合欢、垂枝桃、鸡爪槭、龙爪槐等。

不规则形：如迎春、连翘、沙地柏等。

（2）人工式整形。根据园林绿化的特殊要求，有时会将树木整剪成有规则的几何形体，如方形、圆形、多边形等，或是整剪成一些非规则式的各种形体，如鸟、兽等。人工式整形违背了树木生长发育的自然规律，因此抑制强度较大；而且所采用的植物材料要求萌芽力和成枝力均强，并且要及时修剪枯干的枝条，更换已死的植株，如此才能保持树木的整齐一致。

此类整形方式主要选择枝条茂密、柔软、叶形细小且耐修剪的树种，如圆柏、侧柏、榕树、冬青、女贞、迎春、榆树、枸骨、罗汉松、珊瑚树等。制作时，先是通过铅丝、绳索等用具，采用盘扎扭曲等手段，根据一定的物体造型，将其主枝、侧枝构成骨架，然后通过绳索的牵引将其小枝紧紧地抱合，或者直接按照仿造的物体进行细致的整形修剪，最后整剪成各种雕塑式形状。

（3）自然与人工混合式整形。这类混合的整形方式是指修剪者根据树种的生物学特性及对生态条件的要求，将树木整剪成与周围环境协调的树形，多应用于花木类中。这种整形方式虽然是在自然树形的基础上加以人工的干预，但干预的程度影响着树木的生长发育。如有的干预程度大，对树木的生长发育就具有一定的抑制作用，而且比较费工，因此要在土、肥、水管理的基础上才能达到预期的效果。自然与人工混合式整形一般只用于观花、观枝、观果的花木类上，主要目的是为了使枝色鲜亮，花与果繁密、硕大、颜色鲜艳等。

通常的分类形式包括有中干形和无中干形两种。

1）有中干形。根据主枝配列方式，有中干形一般又可分为分层形和疏散形两种，多应用在大的乔木和果树上。

2）无中干形。无中干形又可分为自然开心形、自然杯状形、多主干形和多主枝形、丛球形和棚架形。

2. 园林植物整形的时间

园林植物整形时间基本与修剪时间相同，不再详述。

3. 整形技术要点

整形是修整苗木的整体形态，目的是为了保持树木均衡的树势和良好的树形，同时也保证了良好的开花结果性状。在整形时应注意以下要点。

（1）改变分枝的角度。过强的枝条大都直立向上生长，因此着生角度较小。可以通过修剪来改善其着生角度，并削弱生长势，以达到调整枝条生长方向的目的。园林植物的整形实践中，除了对一些大枝采用拉绳、木棍支撑等方法加以调节外，还可在早期就正确地选留剪口芽，以便使新生枝在树冠上合理地分布。

（2）强枝强剪，弱枝弱剪。

1）对于生长势较弱的枝条应进行轻剪，以促使剪口芽萌发，使原来的老枝继续向前延长生长，从而保持树冠上各部位枝条的长势均衡。而对生长过强的枝条应进行重剪，目的是促使剪口下面的几个侧芽同时萌发，分散营养，以削弱原有枝条的生长势。

2）但是对于一些生长延伸过长、中部空缺的延长大枝不要一次修剪过重，否则会刺激隐芽大量萌发，长出许多无用的徒长枝而消耗掉大量的营养，因此应当分次进行，使它们和同级枝条的长度最终保持一致。

（3）更换中央领导枝或中央主枝。

1）当树势较弱时，由于树冠中部或下部的侧枝大多比较稀少，叶片也寥寥无几，因此最好的选择是把乔木类树种的中央领导枝或中央主枝锯掉，以促使树冠中下部的侧芽或隐芽萌发形成丰满的树冠。这种方法又称"换头"，既可以防止树冠中空，又能压低开花结果的部位，从而改变树冠的外貌，使其向四周发展。

2）竞争枝的处理。竞争枝在整形时，应当选留一根生长比较正常的枝条而剪掉另外一根，以使局部树势保持平衡。

3）辅养枝的处理。辅养枝如果不是过分稠密或者不相互交叉干扰，应当尽量保留它们，以便充分利用树冠当中的空膛来增加叶片面积。这样也对形成花芽、开花结果及树体的生长速度有利。但若是过密或交叉干扰，则应以疏除为主。

4. 剪口的保护

整形修剪时应注意尽量减小剪口创伤的面积，并且保持创面平滑、干净。

创伤面积若较大，可先用利刀削平创面，然后用2%的硫酸铜溶液消毒，再涂上保护剂，这样可以有效地防止伤口由于日晒雨淋、病菌入侵而腐烂。伤口保护剂中，效果较好的有以下几种。

（1）液体保护剂。液体保护剂主要用松香10g、松节油1g、动物油2g、酒精6g（按质量计）配制而成。制作时，首先把松香和动物油一起放入锅内加热，待其熔化后立即停火，稍微冷却后再倒入酒精和松节油，搅拌均匀，最后倒入瓶内密封贮藏。液体保护剂适用于面积较小的创口，在使用时用毛刷涂抹即可。

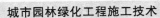

（2）保护蜡。保护蜡是用黄蜡 1500g、松香 2500g、动物油 500g 配制而成的。制作时，首先把动物油放入锅中加温火熔化，再将松香粉与黄蜡放入，并进行不断搅拌至全部熔化，熄火冷凝后即成，最后取出装入塑料袋密封备用。保护蜡一般适用于面积较大的创口，使用时只需稍微加热令其软化，即可用油灰刀蘸涂。

（3）油铜素剂。油铜素剂是用豆油 1000g、热石灰 1000g 和硫酸铜 1000g 配制而成的。制作时，首先将硫酸铜、熟石灰预先研成细粉末，然后将豆油倒入锅内煮至沸热，再加入硫酸铜和熟石灰，搅拌均匀，冷却后即可使用。

第三章

园林置石、假山工程施工

第一节　置　石

一、置石简介

置石为山石不加堆叠，呈零星布置，形成可观赏的独立性、组合性或附属性的景致。主要表现山石的个体美或局部的组合美，不具备完整的山形，可单独成景，也可结合挡土、护坡、种植或器设而具有实用功能。置石构成形式简单，体现较丰富的意境。

二、置石的功能

1. 置石的人文作用

我国人民对山石有着特殊的爱好，有"山令人古，水令人远，石令人静"的说法，给石赋予了拟人化的特征。置石虽是一种静物，却具有一种动势，在动态中呈现出活力，生气勃勃，能勃发出一种审美的精神效果。园林中常用置石创造意境，寓意人生哲理，使人们在环境中感受到积极向上的精神动力，具有积极的人文作用。

2. 置石的使用作用

（1）作为艺术造景，供人们观赏游憩。现代社会人们想回到自然中去，由于条件限制，故在城市绿地中叠山置石，通过艺术加工，营造山林景色，供人们观赏、游憩。

（2）置石在园林空间组合中起着重要的分隔、穿插、连接、导向及扩张空间的作用。例如置石分隔水面空间，既不一览无余，又可丰富水面景观；置石还可障隔视线，组织空间，增加景深和层次。

（3）作为园林环境局部的主景乃至景观主题序列和构建地形骨架。例如，苏州留园东花园的"冠云峰"以及上海豫园玉华堂前的"玉玲珑"，都是自然式园林中局部环境的主景，具有压倒群芳之势。周围的配景置石起陪衬主题的作用，并营造局部环境地形骨架，使主景突出，主配相得益彰。

（4）园林绿地中为防止地表径流冲刷地面，常用置石做"谷方"和"挡水石"，既可减缓水流冲力，防止水土流失，又可形成生动有趣的景观。

（5）石材的纹理、轮廓、造型、色彩、意韵在环境中可起到点睛作用。

（6）运用山石小品点缀园林空间，常见的有：

1）做铭牌石（也叫指路石）。

2）做驳岸、挡土墙、石矶、踏步、护坡、花台，既造景，又具实用功能。

3）利用山石能发声的特点，可作为石鼓、石琴、石钟等。

4）作为室外自然式的器设。如石屏风、石榻、石桌、石凳、石栏或掏空形成种植容器、蓄水器等，具有很高的实用价值，又可结合造景，使园林空间充满自然气息。

5）利用山石营建动物生活环境，如动物园用山石建造猴山、两栖动物生活环境。

6）作为名木古树的保护措施或树池。

（7）置石与园林建筑相结合，陪衬建筑物，可在某种程度上打破建筑物的呆板、僵硬，使其趋于自然、曲折，常见以下几种作用。

1）山石踏跺和蹲配。

2）抱角和镶隅。

3）粉壁置石。

4）花架、回廊转折处的廊间山石小品。

5）漏窗、门洞透景石。

6）云梯。

此外，置石还可作为园林建筑的台基、支墩、护栏和镶嵌门窗、装点建筑物入口。

置石如图 3-1 所示。

图 3-1　置石

三、现代园林置石的风格与特点

山石是没有生命的建材，在现代园林中它并不是必不可少的要素，但由于置石组景具有独特的观赏价值，给人以丰富的想象空间和精神享受。因此，它在现代园林中也具有重要的构景作用。所以，置石也应适应现代园林发展的趋势，以创造有生态效益的环境为目的，进行"生态"置石。置石常结合植物、水体、建筑、道路与广场、地形组成各种园林景观。从各地园林优秀的置石作品看来，现代园林置石存在一些共同的风格与特点，可试概括为以下几点。

（1）山石的选用及布置符合总体规划的要求，因形就势，目的明确，追求与环境谐调，注重表现自然野趣和朴实的审美效果。山石是天然之物，有自然的纹理、轮廓、造型、质地纯净，朴实无华，巧布于环境中，可增添园林中质朴自然的气息。

（2）置石形式"置"多于"叠"，石组配置多做水平方向的列、布，少做竖向的叠、垒。

（3）置石造景在空间上表现简洁、明朗，注重景观效果与使用功能的结合。例如斜坡上做不规则排列的置石可打破规则的地平线，使地形有起有伏，增加坡地景观，并有道路的功能和护坡作用。

（4）置石追求神似，也擅于拟形象物，增添情趣与活力。

（5）置石注重意蕴和情调的表现。常在大范围、大面积的植物造景或以植物造型为主的环境中点缀置石，创建"片石多致，寸石生情、小中见大"的自然景观。

（6）置石常利用其名称、题刻，或与神话传说、历史故事、具有纪念意义的事件、活动相结合来造景，创造意境，使人们触景生情，情景交融，引人遐思。

（7）用石简洁，择要处而置，提倡以少胜多，以简胜繁，反对大堆大砌及"满铺"。山石是自然环境与建筑空间的一种过渡，一种中间体，虽"无园不石"，但只能作局部景点点缀、提示、寄托、补充，切勿滥施，导致造价昂升，失去造园生态意义。

（8）因地制宜的采石、置石，建造有地方特色的置石作品。

四、置石的设计原则

1. 同质

同质指山石拼叠时，品种、质地要一致。有时叠山造石，将黄石、湖石混在一起拼叠，由于石料的质地不同，必然不伦不类，失去整体感。

2. 同色

相同的石材，其颜色也会有差异。叠石时，要力求色泽上的一致或协调。

3. 合纹

纹是山石表面的纹理脉络。山石合纹不仅是指山石原有纹理的衔接，还包括外轮廓的接缝处理。当石料处于单独状态时，外形的变化是外轮廓，当石与石相互拼叠时，山石间的石缝就变成了山石的内在纹理脉络。所以，在山石拼叠技法中，以石形代石纹的手法就叫作"合纹"。

4. 接形

根据山石外形特征，将其互相拼叠组合，既保证变化又浑然一体，就叫作"接形"。

五、置石的设计形式

1. 特置

特置也叫孤置、孤赏，有的也称峰石，大多由单块山石布置成为独立性的石景。特置要求石材体量大，有较突出的特点，或有许多折绉，或有许多或大或小的窝洞，或石质半透明，扣之有声，或奇形怪状，形像某物。特置的具体形式见表3-1。

表 3-1　　　　　　　　　　　　　　特 置 的 具 体 形 式

形　　式	图　　例
有基底的特置	

续表

形　式	图　例
坐落在自然山石上的特置	

2. 对置

对置是在建筑轴线两侧或道路旁对称位置上置石，如图 3-2 所示，但置石的外形为自然多变的山石。在大石块少的地方，可用三五小石拼在一起，用来陪衬建筑物或在单调绵长的路旁增添景观，对置石设计必须和环境相协调。

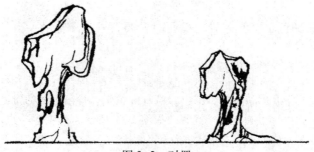

图 3-2　对置

3. 散置

散置即"散漫置之"，常"攒三聚五"，有常理而无定势，只要组合得好就行。常有高有低，有主有次，有聚有散，有断有续，曲折迂回，有顾盼呼应，疏密有致，层次分明。如图 3-3 所示，用于自然式山石驳岸的岸上部分，草坪上，园门两侧，廊间，粉墙前，山坡上，小岛上，水池中或与其他景物结合造景。散置石需要寥寥数石就能勾画出意境来。

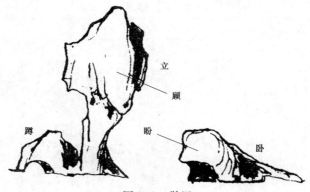

图 3-3　散置

4. 群置

群置也叫"大散点"，在较大的空间内散置石，如果还采用单个石与几个石头组景，就显得很不起眼，而达不到造景的目的。为了与环境空间上取得协调，需要增大体量，增加数量。但其布局特征与散置相同，而堆叠石材比前者较为复杂，需要按照山石结合的基本形式灵活运用，以求有丰富的变化，如图 3-4 所示。

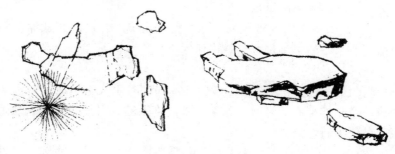

图 3-4　群置

5. 山石器设

山石器设在园林中比较常见，其特点如下：不怕日晒雨淋，结实耐用；既是景观又是具有实用价值的器具；摆设位置较灵活，可以在室内，也可以在室外，如图 3-5 所示，如果在疏林中设一组自然山石的桌凳，人们坐在树荫下休息、赏景，就会感到非常惬意，而从远处看，又是一组生动的画面。

图 3-5　山石器设

6. 置石的施工技术安全

（1）选石。选石是置石施工中一项很重要的工作，其要点如下。

1）选择具有原始意味的石材。如：未经切割过，并显示出风化的痕迹的石头；被河流、海洋强烈冲击或侵蚀的石头；生有锈迹或苔藓的岩石。这样的石头能显示出平实、沉着的感觉。

2）最佳的石料颜色是蓝绿色、棕褐色、紫色或红色等柔和的色调。白色缺乏趣味性，金属色彩容易使人分心，应避免使用。

3）具有动物等形象的石头或具有特殊纹理的石头最为珍贵。

4）石形选择要选自然形态的，纯粹圆形或方形等几何形状的石头或经过机器打磨的石头均不为上品。

5）造景选石时无论石材的质量高低，石种必须统一，不然会使局部与整体不协调，导致总体效果不伦不类，杂乱不堪。

6）选石无贵贱之分，应该"是石堪堆"。就地取材，有地方特色的石材最为可取。

（2）置石吊运。

1）选好石品后，按施工方案准备好吊装和运输设备，选好运输路线，并查看整条运输线路有否桥梁，桥梁能否满足运输荷载需要。在山石起吊点采用汽车起重机吊装时，要注意选择承重点，做到起重机的平衡。

2）置石吊到车厢后，要用软质材料，如稻草、黄泥、甘蔗叶等填充，山石上原有的泥土杂草不要清理。整个施工现场要注意工作安全。

（3）拼石。

1）当所选到的山石不够高大，或石形的某一局部有重大缺陷时，就需要使用几块同种的山石拼合成一个足够高大的峰石。如果只是高度不够，可按高差选到合适的石材，拼合到大石的底部，使大石增高。

2）如果是由几块山石拼合成一块大石，则要严格选石，尽可能选接口处形状比较吻合的石材，并且在拼合中尤其要注意接缝严密和掩饰缝口，使拼合体完全成为一个整体。

3）拼合成的山石形体仍要符合瘦、漏、透、皱的要求。

（4）基座设置。

1）基座可由砖石材料砌筑成规则形状，基座也可以采用稳实的墩状座石做成。座石半埋或全埋在地表，其顶面凿孔作为榫眼。

2）埋在地下的基座，应根据山石预埋方向及深度定好基址开挖面，放线后按要求挖方，然后在坑底先铺混凝土一层，厚度不得小于15cm，才准备吊装山石。

（5）置石吊装。

1）置石吊装常用汽车起重机或葫芦吊，施工时，施工人员要及时分析山石主景面，定好方向，最好标出吊装方向，并预先摆置好起重机，如果碰到大树或其他障碍时，应重新摆置，使得起重机长臂能伸缩自如。吊装时要选派一人指挥，统一负责。当置石吊到预装位置后，要用起重机挂钩定石，不得用人定或支撑摆石定石。此时可填充块石，并浇注混凝土充满石缝。之后将铁索与挂钩移开，用双支或三支方式做好支撑保护，并在山石高度的2倍范围内设立安全标志，保养7天后方可开放。

2）置石的放置应力求平衡稳定，给人以宽松自然的感觉。石组中石头的最佳观赏面均应朝向主要的视线方向。对于特置，其特置石安放在基座上固定即可。对于散置、群置一般应采取浅埋或半埋的方式安置置石。

3）置石布置好后，应当像是地下岩石、岩石的自然露头，而不要像是临时性放在地面上似的。

4）散置石还可以附属于其他景物而布置。如半埋在树下、草丛中、水边、路边等。

（6）修饰。

1）一组置石布局完成后，可利用一些植物和石刻来加以修饰，使之意境深邃，构图完整，充满诗情画意。但必须注意一个原则：尽可能减少过多的人工修饰。石刻艺术是我国文化宝库中的重要组成部分，园林人文景观的"意境"多以石刻题咏来表现。

2）石刻应根据置石来决定字体形式、字体大小、阴刻阳刻、疏密曲直，做到置石造景与石刻艺术互为补充，浑然一体。植物修饰的主要目的是采用灌木或花草来掩饰山石的缺陷，丰富石头的层次，使置石更能与周边环境和谐统一。

3）但种植在石头中间或周围泥土中的植物应能耐高温、干旱。如丝兰、苏铁、麦冬、蕨类等。

（7）置石应注意的问题。

园林中的景观，需以对游人具有高尚的美的教育和启迪为前提。置石更应如此，我们今天在园林中置石要抛弃其中的糟粕，取其精华。针对以上缺点和不足，在实践中可以采取以下方法来初步解决。

1）设计时注意把握整体感，讲究章法，尊重自然，师法自然，重塑自然界的山石形象。

2）尊重文化、艺术、历史，把握置石的目的、功能、风格和主题思想，使置石充分体现地方特色和历史文化内涵，建造有"灵魂"的置石作品。

3）置石贵在神似，拟形像物中的置石又贵在似与不似之间，不必刻意去追求外形的雷同，意态神韵更能吸引人们的眼光。

4）不论地面、水中置石应力求平衡稳定，石应埋入土中或水中一部分像是从土中、水中生长出来的一样，给人以稳定、自然之感。

5）选石、布石应把握好比例尺度，要与环境相谐调。在狭小局促的环境中，石组不可太大，否则会令人感到窒息，宜用石笋之类的石材置石，配以竹或花木，作竖向的延伸，减少紧迫局促感；在空旷的环境中，石组不宜太小、太散，那会显得过于空旷，与环境不协调。

6）可利用植物和石刻、题咏、基座来修饰置石，转移游人注意力，减弱人工痕迹。但石刻、题咏的形式、大小、字体、疏密、色彩必须与造景相协调，才能产生诗情画意，基座要有自然式、规则式之分。植物宜常绿、耐旱、耐高温、低矮，用以掩饰山石的缺陷，不能喧宾夺主。

7）不可盲目追求名贵、特殊的石材，应就地取材，具有地方特色的石材最为可取，置石不应沽名钓誉或用名贵的石材堆砌，生拼硬凑，那样置石不具有活力。同一环境中石种必须统一，不可五彩缤纷，才能使局部与整体协调，否则整体效果不伦不类，杂乱不堪。

8）设计方案要进行多方案比较，施工前后可用各种方法进行模型比较，确定最佳方案和最佳观赏面，减少返工次数。

9）置石应在游人视线焦点处放置，但不宜居于几何中心，宜偏于一侧，将不会使后来造景形成对称、严肃的排列组合。

第二节 园 林 假 山

一、假山简介

假山是以造园游览为主要目的，运用传统工艺，充分地结合其他多方面的功能作用，以自然山水为蓝本，以土、石等为材料，并加以艺术的提炼和夸张，通过砌、垫、挑、压、拨等手法，将湖石、黄石等材料叠置成模拟自然山水的假山，以供观赏、美化环境。

假山施工是最具明显再创造特点的工程活动。小型假山工程和石景工程有时并不进行设计，而是直接在施工过程中临场发挥，一面构思一面施工，最后完成假山作品的艺术创造。在大中型的假山工程中，一方面要根据假山设计图进行定点放线，随时控制假山各部分的立面形象及尺寸关系；另一方面还要根据所选用石材的形状、皱纹特点，在细部选型和技术处理上有所创造和发展。

假山如图 3-6 所示。

图 3-6　假山

二、假山的功能

假山与石景的造园作用不是单方面的，它既有作为景物应用于造景的观赏一面，又有作为实用小品而发挥使用功能的实用一面。

1. 组织划分、分隔空间

（1）利用假山对园林空间进行分隔和划分，将空间分成大小不同、形状各异、富于变化的各种空间形态。通过假山的穿插、分隔、夹拥、围合等，在假山区可以创造出山路的流动空间、山坞的闭合空间、山洞的拱穹空间、峡谷的纵深空间等各具特色的空间形式。

（2）假山还能够将游人的视线或视点引到高处或低处，创造仰视和俯视空间景象。

2. 因地制宜、协调环境

园林假山能够提供的环境类型比平坦地形要多得多。在假山区，不同坡度、不同坡向、不同光照条件、不同土质、不同通风条件的情况随处可寻，这就给不同生态习性的多种植物都提供了众多的良好的生长环境条件，有利于提高假山区的生态质量和植物景观质量。

3. 造景小品、点缀风景

（1）假山与石景景观是自然山地景观在园林中的艺术再现。在庭院中、园路边、广场上、水池边、墙角处，甚至在屋顶花园等多种环境中，假山和石景还能作为园林小品，用来点缀风景、增添情趣，起到造景与点景的作用。

（2）自然界的奇峰异石、悬崖峭壁、层峦叠嶂、深峡幽谷、泉石洞穴、海岛石礁等景观形象都可以通过假山石景在园林中再现出来。

三、假山的设计原则

叠石掇山，虽石无定形，但山有定法，所谓"法"，就是指山的脉络气势。大凡成功的叠山家无不以天然山水为蓝本，再参以画理，外师造化，中发心源，才营造出巧夺天工的假山作品。在园林中堆叠假山，由于受占地面积和空间的限制，在假山的总体布局和造型设计上常常借鉴绘画中的"三远"原理，以在咫尺之内，表现千里之致。

1. 高远

根据透视原理，采用仰视的手法，而创作的峭壁千仞、雄伟险峻的山体景观。如苏州耦园的东园黄石假山，用悬崖高峰与临池深渊，构成为典型的高远山水的组景关系；在布局上，采用西高东低，西部临池处叠成悬崖峭壁，并用低水位、小池面的水体做衬托，以达到在小空间中，有如置身高山深渊前的意境联想；再加上采用浑厚苍老的竖置黄石，仿效石英砂质岩的竖向节理，运用中国画中的斧劈皴法进行堆叠，显得挺拔刚坚，并富有自然风化的美感意趣。

2. 深远

表现山势连绵，或两山并峙、犬牙交错的山体景观，具有层次丰富、景色幽深的特点。如果说高远注重的是立面设计，那么深远要表现的则为平面设计中的纵向推进。在自然界中，诸如由于河流的下切作用等，所形成的深山峡谷地貌，给人以深远险峻之美。园林假山中所设计的谷、峡、深涧等就是对这类自然景观的摹写。

3. 平远

根据透视原理来表现平冈山岳、错落蜿蜒的山体景观。深远山水所注重的是山景的纵深和层次，而平远山水追求的是逶迤连绵，起伏多变的低山丘陵效果，给人以千里江山不尽、万顷碧波荡漾之感，具有清逸、秀丽、舒朗的特点。正如张涟所主张的"群峰造天，不如平冈小坂，陵阜陂，缀之以石"。苏州拙政园远香堂北与之隔水相望的主景假山（即两座以土石结合的岛山），正是这一假山造型的典型之作；其模仿的是沉积砂岩（黄石）的自然露头岩石的层状结构，突出于水面，构成了平远山水的意境。

▶ **提示：**

在园林假山设计中，都是在一定的空间中，从一定的视线角度去考虑的，它注重的是视距与被观赏物（假山）之间的体量和比例关系。有时同一座假山，如果从不同的视距和视线角度去观赏，就会有不同的审美感受。

四、假山的类型

1. 石包山

以石为主，外石内土的小型假山，常构成小型园林中的主景。

2. 土包山

以土为主，以石为辅的堆山手法。常将挖池的土掇山，并以石材做点缀，达到土、石、植物浑然一体，富有生机。

3. 掇山小品

根据位置、功能常分为以下几种。

（1）厅山：厅前堆山，以小巧玲珑的石块堆山，单面观，其背粉墙相衬，花木掩映。

（2）壁山：以墙堆山，在墙壁内嵌以山石，并以藤蔓垂挂，形似峭壁山。

（3）池石：池中堆山，园林第一胜景也。若大若小，更有妙境，就水点其步石，从巅架以飞梁，洞穴潜藏，穿石径水，峰峦缥缈，漏月招云。

五、假山的布置

1. 山水结合，相得益彰

山水是中国自然园林的主要组成部分。水无山不流，山无水不活，山水结合，刚柔相济，动静结合。"水得地而流，地得水而柔""山无水泉则不活""有水则灵"等都是强调山水的结合。应避免出现"枯山""童山"或乱石一堆，缺乏自然的活力，而要形成山水环抱之势。上海豫园黄石大假山，以幽深曲折的山涧破山腹然后流入山下的水池；苏州环秀山庄，山峦拱伏构成主体，弯月形水池环抱山体两面，一条幽谷山涧穿贯山体再入池。这些都是山水结合的成功之作。

2. 相地合宜，造山得体

山的体量、质地、造型、组合形式等均应与自然环境相协调。大园可造游览之大山，庭院多造观赏的小山，大者须雄伟，高耸者须秀拔，低矮者须平远。

3. 巧于因借，混假于真

要因地制宜、充分利用环境条件造山，根据周围环境条件，因形就势，灵活地加以利用。在真山附近造假山是用"混假于真"的手段取得"真假难辨"的造景效果。例如，位于无锡惠山东麓的寄畅园借九龙山、惠山于园内作为远景，在真山前面造假山，如同一脉相贯；颐和园后湖则在万寿山之北隔长湖造假山，真假山夹水对峙，取假山与真山山麓相对应，极尽曲折收放之变化，令人莫知真假，特别是自东向西望时，西山为远景，效果更为逼真。

4. 主宾分明，相辅相成

先立主体，确定主峰的位置和大小，再考虑如何搭配次要景物，进而突出主体景物。布局时，应先从园之功能和意境出发，再结合用地特征来确定宾主关系，切忌不顾大局和喧宾夺主。拙政园、网师园、秋霞圃等皆以水为主，以山辅水，建筑的布置主要考虑和水的关系，同时也照顾和山的关系。而瞻园、个园、静心斋等却以山为主景，以水和建筑辅助山景。

5. "三远"变化，移步换景

假山在处理主次关系的同时还必须结合"三远"的理论来安排。宋代郭熙《林泉高致》说："山有'三远'：自山下而仰山巅谓之高远；自山前而窥山后谓之深远；自近山而望远山谓之平远。"苏州环秀山庄的湖石假山就是从整体着眼，局部着手，在有限的地盘上掇出极似自然的山水景。整个山体可分三部分，主山居中而偏东南，客山远居园之西北角，东北角又有平岗拱伏，这就有了布局的三远变化。

6. 远看山势，近观石质

既要强调布局和结构的合理性，又要重视细部处理。"势"指山水轮廓、组合与所体现的态势特征。山的组合，要有收有放，有起有伏；山渐开而势转，山欲动而势大；山外有山，形断而意连；远观整体轮廓，求得合理的布局。"质"指的是石质、石性、石纹、石理。掇山所用山石的石质、纹理、色泽、石性均须一致，造型变化使假山符合自然之理，做假成真。

7. 寓情于石，情景交融

掇山很重视内涵与外表的统一，常采用象形、比拟和激发联想的手法创造意境。所谓

"片山有致，寸石生情"。中国自然山水园的外观是力求自然的，但其内在的意境又完全受人的意识支配。如："一池三山""仙山琼阁"等寓为神仙境界；"峰虚五老""狮子上楼台""金鸡叫天门"等地方特色传统程式；"十二生肖"及其他各种象形手法；"武陵春色"等寓意隐逸的追索等。

六、假山的施工

1. 前期准备

（1）室内熟读图纸。熟读图纸是完成施工的必须，要以设计图纸作为施工的主要依据。由于假山工程的特殊性，它的设计很难完全到位，一般只能表现山形的大体轮廓或主要剖面。为更好地指导施工，设计者大多同时做出模型。又由于石头的奇形怪状而不易掌握，因此，全面了解设计内容和设计者的意图是十分重要的。

（2）室外察看现场。施工前必须反复详细地勘察现场，主要内容为"两看一相端"。一看土质、地下水位，了解基地土允许承载力，以确保山体的稳定。在假山施工中，确定基土承载力的方法主要是凭经验，即根据大量的实践经验，粗略地概括出各种不同条件下承载力的数值，以确定基础处理的方法。二看地形、地势、场地大小、交通条件、给排水的情况及植被分布等，以决定采用何种施工方法，如施工机具的选择、石料堆放及场地安排等。一相端即相石，是指对已购来的假山石用眼睛详细端详，了解它们的种类、形状、色彩、纹理、大小等，以便于根据山体不同部位的造型需要统筹安排，做到心中有数。尤其是对于其中形态奇特，体量巨大、挺拔、玲珑等有特色的石块，一定要熟记，以备重点部位使用。相石的过程是对石材使用的总体规划，使石材本身的观赏特性得以充分地发挥的设计过程。

（3）施工材料的准备。

1）山石备料。要根据假山设计意图确定所选用的山石种类，最好到产地直接对山石进行初选，初选的标准可适当放宽。石形变异大的、孔洞多的和长形的山石可多选些，石形规则、石面非天然生成而是爆裂面的、无孔洞的矮墩状山石可少选或不选。在运回山石过程中，对易损坏的奇石应给予包扎防护。山石材料应在施工之前全部运进施工现场，并将形状最好的一个石面向着上方放置。山石在现场不要堆起来，而应平摊在施工场地周围待选用。如果假山设计的结构形式是以竖立式为主，则需要长条形山石比较多；在长形石数量不足时，可以在地面将形状相互吻合的短石用水泥砂浆对接在一起，成为一块长形山石留待选用。山石备料的数量多少应根据设计图估算出来。为了适当扩大选石的余地，在估算的吨位数上应再增加1/4~1/2的吨位数，这就是假山工程的山石备料总量。

2）山石的选用是假山施工中一项很重要的工作，其主要目的就是要将不同的山石选用到最合适的位点上，组成最和谐的山石景观。选石工作在施工开始直到施工结束的整个过程中都在进行，需要掌握一定的识石和用石技巧。

（4）假山工程量估算。假山工程量一般以设计的山石实用吨位数为基数来推算，并以工日数来表示。

1）假山采用的山石种类不同、假山造型不同、假山砌筑方式不同，都要影响工程量。由于假山工程的变化因素太多，每工日的施工定额也不容易统一，因此准确计算工程量有一定难度。

2）根据十几项假山工程施工资料统计的结果，包括放样、选石、配制水泥砂浆及混凝土、吊装山石、堆砌、刹垫、搭拆脚手架、抹缝、清理、养护等全部施工工作在内的山石施工平均工日定额，在精细施工条件下，应为 0.1~0.2t 每工日；在大批量粗放施工情况下，则应为 0.3~0.4t 每工日。

（5）工具与施工机械准备。首先应根据工程量的大小，确定施工中所用的起重机械。准备好杉杆与手动葫芦，或者杉杆与滑轮、绞磨机等；做好起吊特大山石的使用吊车计划。其次，要准备足够数量的手工工具，具体见表 3-2。

表 3-2   假山施工手工工具

类型	工　具
动土工具	铁锹、铁镐、铁碥、蛙式跳夯等
抖灰工具	细孔筛子、竹筐、手推车、灰斗、水桶、抖灰板、砖砌灰池等
抬石工具	松木（或柏木、榆木）直杠、架杠
扎系石块	粗麻扎把绳、大黄麻绳、小棕绳和铁链
挪移石块	长铁橇、手撬（短撬）
碎石	大小铁锤

（6）场地安排。

1）确保施工场地有足够的作业面，施工地面不得堆放石料及其他物品。

2）选好石料摆放地，一般在作业面附近，石料依施工用石先后有序地排列放置，并将每块石头最具特色的一面朝上，以便于施工时认取。石块间应有必要的通道，以便于搬运，尽量避免小搬运。

3）施工期间，山石搬运频繁，必须组织好最佳的运输路线，并确保路面平整。

4）保证水、电供应。

2. 假山放线

（1）假山模型的制作。

1）熟悉设计图纸，图纸包括假山底层平面图、顶层平面图、立面图、剖面图及洞穴、结顶等大样图。

2）选用适当的比例（1：20~1：50）大样平面图，确定假山范围及各山景的位置。

3）制模材料。可选用泥沙或石膏、橡皮泥、水泥砂浆及泡沫塑料等可塑材料。

4）制作假山模型。主要体现山体的总体布局及山体的走向、山峰的位置、主次关系和沟壑洞穴、溪涧的走向，尽可能做到体量适宜、布局精巧，体现出设计的意图，为假山施工提供参考。

（2）假山定位与放线。

1）首先在假山平面设计图上按 5m×5m 或 10m×10m（小型的石假山也可用 2m×2m）的尺寸绘出方格网，在假山周围环境中找到可以作为定位依据的建筑边线、围墙边线或园路中心线，并标出方格网的定位尺寸。

2）按照设计图方格网及其定位关系，将方格网放大到施工场地的地面。在假山占地面积不大的情况下，方格网可以直接用白灰画到地面；在占地面积较大的大型假山工程中，也可以用测量仪器将各方格交叉点测设到地面，并在点上钉下坐标桩。放线时，用几条细绳拉直连上各坐标桩，就可标示出地面的方格网。

3）以方格网放大法，用白灰将设计图中的山脚线在地面方格网中放大绘出，把假山基底的平面形状（也就是山石的堆砌范围）绘在地面上。假山内有山洞的，也要按相同的方法在地面绘出山洞洞壁的边线。

4）依据地面的山脚线，向外取 50cm 宽度绘出一条与山脚线相平行的闭合曲线，这条闭合曲线就是基础的施工边线。

3. 基础施工

基础是影响假山稳定和艺术造型的根本，掇山必先有成竹在胸，才能准确确定假山基础的位置、外形和深浅。否则假山基础既起出地面，再想改变就很困难，因为假山的重心不可超出基础之外。

（1）基础类型。假山如果能坐落在天然岩上是最理想的，其他的都需要做基础。做法具体见表 3-3。

表 3-3　　　　　　　　　　　　　假 山 基 础 做 法

做法	说　明	图　例
桩基	这是一种传统的基础做法，尤其是水中的假山或山石驳岸用得很广泛	压顶石厚300mm 石钉嵌紧 混凝土桩
灰土基础	北方园林中位于陆地上的假山多采用灰土基础，灰土基础有比较好的凝固条件。灰土一旦凝固便不透水，可以减少土壤冻胀的破坏。灰土基础的宽度应比假山底面宽度宽出约 0.5m 左右，术语称为"宽打窄用"，以确保假山的重力沿压力分布的角度均匀地传递到素土层。灰槽深度一般为 50~60cm。2m 以下的假山一般是打一步素土，一步灰土（一步灰土即灰土 20~30cm，踩实后再夯实到 10~15cm 厚度左右）。2~4m 高的假山用一步素土、两步灰土。石灰一定要选新出窑的块灰，在现场泼水化灰。灰土的比例采用 3：7，素土应选择黏重不含杂质的土壤	水泥砂浆砌山石 3：7灰土二步 素土夯实
毛石或混凝土基础	现代的假山多采用浆砌毛石或混凝土基础。这类基础耐压强度大，施工速度快	1：2.5水泥砂浆砌山石 C15混凝土厚100mm 砂石垫层厚300mm 素土夯实

（2）基础浇注。确定了主山体的位置和大致的占地范围，就可以根据主山体的规模和土质情况进行钢筋混凝土基础的浇注了。浇注基础，是为了确保山体不倾斜不下沉。如果基础不牢而使山体发生倾斜，也就无法供游人攀爬了。

▶ 提示：

调查了解山址的土壤立地条件，地下是否有阴沟、管线等。

叠石造山如以石山为主配植较大植物的造型，预留空白要确定精确。只靠山石中的回填土常常无法保证足够的土壤供植物生长需要，加上满浇混凝土基础，就形成了土层的人为隔断，地气接不上来，水也不易排出去，使得植物不易成活和生长不良。因此，在准备栽植植物的地方根据植物大小需预留一块不浇混凝土的空白处，即是留白。

从水中堆叠出来的假山，主山体的基础应与水池的底面混凝土同时浇注形成整体。如果先浇主山体基础，待主山基础完成后再做水池池底，则池底与主体山基础之间的接头处容易出现裂缝而产生漏水，而且日后处理极难。

如果山体是在平地上堆叠，则基础一般低于地平面至少2m。山体堆叠成形后再回填土，同时沿山体边缘栽种花草，使山体与地面的过渡更加自然生动。

4. 山脚施工

（1）拉底。拉底就是在山脚线范围内砌筑第一层山石，即做出垫底的山石层。

（2）拉底的方式。

1）满拉底。就是在山脚线的范围内用山石满铺一层。适宜规模较小、山底面积也较小的假山，或在北方冬季有冻胀破坏地方的假山。

2）周边拉底。则是先用山石在假山山脚沿线砌成一圈垫底石，再用乱石碎砖或泥土将石圈内全部填起来，压实后即成为垫底的假山底层。适合于基底面积较大的大型假山。

（3）山脚线的处理。

1）露脚。即在地面上直接做起山底边线的垫脚石圈，使整个假山就像是放在地上似的。这种方式可以减少山石用量和用工量，但假山的山脚效果稍差一些。

2）埋脚。是将山底周边垫底山石埋入土下约20cm深，可使整座假山像是从地下长出来的。在石边土中栽植花草后，假山与地面的结合就更加紧密，更加自然了。

（4）起脚。

1）除了土山和带石土山之外，假山的起脚安排是宜小不宜大，宜收不宜放。起脚一定要控制在地面山脚线的范围内，宁可向内收一点，也不要向山脚线外突出。这就是说山体的起脚要小，不能大于上部准备拼叠造型的山体。即使由于起脚太小而导致砌筑山体时的结构不稳，还有可能通过补脚来加以弥补。如果起脚太大，以后砌筑山体时导致山形臃肿、呆笨，没有一点险峻的态势，就难以挽回了。如果要通过打掉一些起脚山石来改变臃肿的山形，就极易将山体结构震动松散，导致假山的倒塌。

2）先选到山脚突出点的山石，并将其沿着山脚线先砌筑上，待多数主要的凸出点山石都砌筑好了，再选择和砌筑平直线、凹进线处所用的山石。这样，既确保了山脚线按照设计而成弯曲转折状，防止山脚平直的毛病，又使山脚突出部位具有最佳的形状和最好的皴纹，增加了山脚部分的观赏效果。

（5）做脚。做脚就是用山石砌筑成山脚，它是在假山的上面部分山形山势大体施工完成以后，在紧贴起脚石外缘部分拼叠山脚，以弥补起脚造型不足的一种操作技法。所做的山脚石虽然无须承担山体的重压，但却必须根据主山的上部造型来造型，既要表现出山体如同土中自然生长出来的效果，又要特别增强主山的气势和山形的完美。

▶ **提示：**

假山山脚不论采用哪一种造型形式，它在外观和结构上都应当是山体向下的延续部分，与山体是不可分割的整体。即使采用断连脚、承上脚的造型，也还要"形断迹连，势断气连"，要在气势上连成一体。

在具体做山脚时，可以采用以下 3 种做法，具体见表 3-4。

表 3-4　　　　　　　　　　　　山 脚 的 做 法

做法	说　　明	图　　例
点脚法	主要运用于具有空透型山体的山脚造型。点脚就是先在山脚线处用山石做成相隔一定距离的点，点与点之上再用片状石或条状石盖上，这样，就可在山脚的局部造出小的洞穴，加强了假山的深厚感和灵秀感。在做脚过程中，要注意点脚的相互错开和点与点间距离的变化，不要造成整齐的山脚形状。同时，也要考虑到脚与脚之间的距离与今后山体造型用石时的架、跨、券等造型相吻合、相适宜。点脚法除了直接作用于起脚空透的山体造型外，还常用于如桥、廊、亭、峰石等的起脚垫脚	
连脚法	就是做山脚的山石依据山脚的外轮廓变化，成曲线状起伏连接、使山脚具有连续、弯曲的线形。一般的假山都常用这种连续做脚方法处理山脚。采用这种山脚做法，主要应注意使做脚的山石以前错后移的方式呈现不规则的错落变化	
块面脚法	这种山脚也是连续的，但与连脚法不同的是，块面脚要使做出的山脚线呈现大进大退的形象，山脚突出部分与凹陷部分各自的整体感都要很强，而不是连脚法那样小幅度的曲折变化。块面脚法一般用于起脚厚实、造型雄伟的大型山体。 山脚施工质量好坏对山体部分的造型有直接影响。山体的堆叠施工除了要受山脚质量的影响外，还要受山体结构形式和叠石手法等因素的影响	

5. 辅助结构

（1）材料。

1）青刹。一般有青石类的块刹与片刹之分。块状的无显著内外厚薄之分，片状的有明显的厚薄之分，一般常用于一些缝中。

2）黄刹。一般湖石类之刹称为黄刹，常无平滑断面或节理石，多呈圆团状或块状，适用于太湖石的叠石当中。

无论哪种刹石，都要求质地密结，性质坚韧，不易松脆，且大小不一，小者掌指可取，大者双手难持，可随机应变。

（2）应用方式。

1）单刹。一块刹石称为单刹。由于单块最为稳固，不论底面大小，刹石力求单块解决问题，严防碎小。

2）重刹。用单刹不足以支撑的情况下，可重叠使用，重一、重二、重三均可，但必须卡紧，使其无脱落之危险。

3）浮刹。凡不起主力作用而填入底口者，力求形体优美，便于抹灰，这种刹石为浮刹。

（3）操作要点。

1）叠石底口朝前者为前口，朝后者为后口，刹石应前后左右照顾周全，需在四面找出吃力点，以便于控制全局。

2）尽可能因口选刹，以免就刹选口（"口"是指底石面准备填刹的地方）。

3）打刹必须在确定山石的位置以后再进行，因此应先用托棍将实体顶稳，不能滑脱。

4）安放刹石和叠石相同，均力求大面朝上。

5）向石底放刹，必须左右横握，不得上下手拿，以免压伤。

6）用刹常薄面朝内插入，随即以平锤式撬棍向内稍加锤打，以求达到最大吃力点，俗称"随紧"或"随口锤"。

7）如果叠石处于前悬状态，必须使用刹块，这时必须先打前口再打后口，否则，会因次序颠倒而导致叠石塌落现象。

8）施工人员应一手扶石，一手打刹，随时察觉其动态与稳固情况。

9）如果几个人围着刹石同时操作，则每面刹石向内锤打，用力不得过猛，得知稳固即可停止，否则常由于用力过大，毫厘之差而使其他刹石失去作用，或由于用力过大，而砸碎刹石。

10）石之中，刹石外表可凹凸多变，以增加石表之"魂"，在两个巨石跌落时相接，刹的表面应当缓其接口变化，使上下叠石相接自如，不致生硬。

（4）支撑。

1）山石吊装到山体一定位点上，经过位置、姿态的调整后，就要将山石固定在一定的状态上，这时就要先进行支撑，使山石临时固定下来。支撑材料应以木棒为主，以木棒的上端顶着山石的某一凹处，木棒的下端则斜着落在地面，并用一块石头将棒脚压住。

2）一般每块山石都要用2~4根木棒支撑。铁棍或长形山石也可以作为支撑材料。用支撑固定方法主要是针对大而重的山石，这种方法对后续施工操作将会造成一些阻碍。

（5）捆扎。

1）为固定调整好位置和姿态的山石，还可以采用捆扎的方法。捆扎方法比支撑法简单，而且对后续施工基本没有影响。这种方法最适宜体量较小的山石的固定，对体重特大的山石则还应该辅之以支撑方法。

2）山石捆扎固定一般采用8号或10号铁丝。用单根或双根铁丝做成圈，套上山石，并在山石的接触面垫上或抹上水泥砂浆后再进行捆扎。捆扎时铁丝圈先不必收紧，应适当松一点，然后再用小钢钎将其绞紧，使山石无法松动。

3）对于质地较松软的山石，可以用铁耙钉打入两相联结的山石上，将两块山石紧紧地抓在一起，每一处连接部位都应该打入2~3个铁耙钉。对质地坚硬的山石连接，要先在地面用银锭扣连接好后，再作为一整块山石用在山体上。或者，在山崖边安置坚硬的山石时，使用铁吊架，也能达到固定山石的目的。

4）山石接口部位有时会有凹缺，使石块的连接面积缩小，也使连接两块山石之间成断裂状，没有整体感。这时就需要"填肚"。填肚就是用水泥砂浆把山石接口处的缺口填补起来，一直要填到与石面平齐。

（6）勾缝与胶结。

1）石灰运用于假山工程以前，只能是干砌或用素泥浆砌来勾缝和胶结。用灰浆砌假山，并用粗墨调色勾缝。此外勾缝的做法还有桐油石灰（或加纸筋）、石灰纸筋、明矾石灰、糯米浆拌石灰等多种。

2）湖石勾缝再加青煤，黄石勾缝后刷铁屑盐卤等，使之与石色相协调。现代掇山广泛使用水泥砂浆，勾缝有勾明缝和暗缝两种做法。一般是水平方向缝都勾明缝，在需要时将竖缝勾成暗缝，即在结构上结成一体，而外观上若有自然山石缝隙。

3）勾明缝不能过宽，最好不要超过 2cm，如果缝过宽，可用随形之石块填后再勾浆。

6. 山石胶结与勾缝

（1）胶结材料。现代假山施工已不用明矾石灰和糯米浆石灰等做胶合材料，而基本上全用水泥砂浆或混合砂浆来胶合山石。水泥砂浆的配制是用普通灰色水泥和粗沙，按 1:（1.5~2.5）比例加水调制而成，主要用来黏合石材、填充山石缝隙和为假山抹缝。有时，为了增加水泥砂浆的和易性和对山石缝隙的充满度，可以在其中加进适量的石灰浆，配成混合砂浆。但混合砂浆的凝固速度不如水泥砂浆，因此在需要加快叠山进度的时候，尽量不使用混合砂浆。

（2）刷洗。在胶结进行之前，应当用竹刷刷洗并且用水管冲水，将待胶合的山石石面刷洗干净，防止石上的泥沙影响胶结质量。

（3）操作技术要点。

1）水泥砂浆要在现场配制现场使用，不要用隔夜后已有硬化现象的水泥砂浆砌筑山石。最好在待胶结的两块山石的胶结面上都涂上水泥砂浆后，再相互贴合与胶结。两块山石相互贴合并支撑、捆扎固定好了，还要再用水泥砂浆把胶合缝填满，不留空隙。

2）山石胶结完成后，自然就在山石结合部位构成了胶合缝。胶合缝必须经过处理，才能对假山的艺术效果具有最小的影响。

7. 假山抹缝处理

1）用水泥砂浆砌筑后，对于留在山体表面的胶合缝要给予抹缝处理。抹缝一般采用柳叶形的小铁抹（即"柳叶抹"）做工具，再配合手持灰板和盛水泥砂浆的灰桶，就可以进行抹缝操作。

2）抹缝时要注意，应使缝口的宽度尽可能窄些，不要使水泥浆污染缝口周围的石面，尽可能减少人工胶合痕迹。对于缝口太宽处，要用小石片塞进填平，并用水泥砂浆抹光。在假山胶合抹缝施工中，抹缝的缝口形式一般采用平缝和阴缝两种，具体见表3-5。

表 3-5　　　　　　　　　　　　　抹 缝 的 缝 口 形 式

缝口形式	说　　明
平缝	是缝口水泥砂浆表面与两旁石面相互平齐的形式。由于表面平齐，能够很好地将被黏合的两块山石连成整体，而且不增加缝口宽度，所露出的水泥砂浆比较少，有利于减少人工胶合痕迹。应当采用平缝的抹缝情况有：两块山石采用"连""接"或数块山石采用"拼"的叠石手法时、需要强化被胶合山石之间的整体性时、结构形式为竖立式的假山横向缝口抹缝时、结构形式为层叠式的假山竖向缝口抹缝时等，都要采用平缝形式

缝口形式	说　明
阴缝	是缝口水泥砂浆表面低于两旁石面的凹缝形式。阴缝能够最少地显露缝口中的水泥砂浆，而且有时还能够被当作石面的皴纹或皱褶使用。在抹缝操作中一定要注意，缝口内部一定要用水泥砂浆填实，填到距缝口石面 5~12mm 处即可将凹缝表面抹平抹光。缝口内部如果不填实在，则山石有可能胶结不牢，严重时也可能倒塌。可以采阴缝抹缝的情况一般是：需要增加山体表面的皴纹线条时、结构形式为层叠式的假山横向抹缝时、结构形式为竖立式的假山竖向抹缝时，需要在假山表面特意留下裂纹时等

8. 胶合缝处理

（1）采用沙子和石粉来掩盖胶合缝。

1）除了采用与山石同色的胶结材料抹缝处理可以掩饰胶合缝之外，还可以采用沙子和石粉来掩盖胶合缝。通常的做法是：抹缝之后，在水泥砂浆凝固硬化之前，马上用与山石同色的沙子或石粉撒在水泥砂浆缝口面上，并稍稍摁实，水泥砂浆表面就可粘满沙子。待水泥完全凝固硬化之后，用扫帚扫去浮沙，即可得到与山石色泽、质地基本相似的胶合缝口，而这种缝口很不容易引起人们的注意，这就达到了掩饰人工胶结痕迹的目的。

2）采用沙子掩盖缝口时，灰黄色的山石要用黄沙；灰色、青色的山石要用青沙；灰白色的山石则应用灰白色的河沙。

3）采用石粉掩饰缝口时，则要用同种假山石的碎石来锤成石粉使用。这样虽然要多费一些工时，但由于石质、颜色完全一致，掩饰的效果良好。

（2）不同颜色的山石采用不同抹缝处理。

1）假山所用石材如果是灰色、青灰色山石，则在抹缝完成后直接用扫帚将缝口表面扫干净，同时也使水泥缝口的抹光表面不再光滑，从而更加接近石面的质地。对于假山采用灰白色湖石砌筑的，要用灰白色石灰砂浆抹缝，以使色泽近似。

2）采用灰黑色山石砌筑的假山，可在抹缝的水泥砂浆中加入炭黑，调制成灰黑色浆体后再抹缝。

3）对于土黄色山石的抹缝，则应在水泥砂浆中加进柠檬铬黄。

4）如果是用紫色、红色的山石砌筑假山，可以采用铁红把水泥砂浆调制成紫红色浆体再用来抹缝等。

9. 养护与调试

现代假山以轻、秀、悬、险为特征，体量也较大，特别是堆叠洞体，都需用水泥砂浆或混凝土配强，应按施工规范进行养护，以达到其结合体的标准强度。假山不同于一般砌体建筑，冬季施工一般情况下不可采用快干剂。假山施工中的调试是指对水池放水后对临水置石的调整，如水矶、水口、步石等与水面的落差与比例等，以及瀑布出水口、分水石、引水石等的调整。

七、假山的质量验收

假山的分项工程一般包括基础、山体造型、山洞、山壁等项目，其质量检验评定标准见表 3-6、表 3-7、表 3-8。

表 3-6 石假山山体造型质量检验评定

		项 目
保证项目	1	石料的品种、材质、规格及加工程度，应符合设计要求和传统做法
	2	石料的纹理应符合受力要求
	3	黏结用材料或混凝土强度必须符合施工规范的规定

		项 目
基本项目	1	纹理基本一致
	2	无明显裂缝、损伤、剥落现象
	3	石料搁置稳固
	4	堆叠搭接处冲洗清洁
	5	搭接勾嵌缝平直光滑
	6	钩托铁件无外露
	7	山脚铺设到位

		项 目		允 许 采 用						
				太湖石	灰石	青石	黄石	条石	长片石	废石渣
允许采用项目	1	环透式结构	不规则孔洞山石	√	√					
			有孔穴的山石	√	√					
	2	层叠式结构	水平层叠			√	√			
			斜面层叠			√	√			
	3	竖立式结构	直立叠砌					√	√	
			斜立叠砌					√	√	
	4	填充式结构	回填泥土、废石渣							√
			混凝土填充							

表 3-7 石假山山洞结构造型质量检验评定

		项 目
保证项目	1	石料的品种、材质、规格及加工程度，应符合设计要求和传统做法
	2	石料的纹理应符合受力要求
	3	黏结用材料或混凝土强度必须符合施工规范的规定

		项 目
基本项目	1	纹理基本一致
	2	无明显裂缝、损伤、剥落现象
	3	石料搁置稳固
	4	堆叠搭接处冲洗清洁
	5	搭接勾嵌缝平直光滑
	6	钩托铁件无外露
	7	无明显突石、利石
	8	有适当的采光

续表

项目				技术要求			
				整体性	稳定性	平顺性	安全性
特别注意项目	1	洞壁结构	墙式洞壁				
			墙柱组合洞壁				
	2	立柱结构	直立柱				
			层叠柱				
	3	洞顶结构	盖顶式 · 单架				
			盖顶式 · 丁字架				
			盖顶式 · 井字架				
			盖顶式 · 双架				
			盖顶式 · 三脚架				
			盖顶式 · 藻井架				
			挑梁式				
			拱券式				

表 3-8　　　　　　　　　　　石假山山壁山路质量检验评定

		项目
保证项目	1	石料的品种、材质、规格及加工程度，应符合设计要求和传统做法
	2	石料的纹理应符合受力要求
	3	黏结用材料或混凝土强度必须符合施工规范的规定

		项目
基本项目	1	纹理基本一致
	2	无明显裂缝、损伤、剥落现象
	3	石料搁置稳固
	4	堆叠搭接处冲洗清洁
	5	搭接勾嵌缝平直光滑
	6	钩托铁件无外露
	7	山壁位置正确
	8	山壁石粘贴牢固
	9	山路放样符合设计要求

		项目	允许偏差/cm
允许偏差项目	1	山壁 · 纹理和顺、层次清晰	
		山壁 · 平整、光滑	
		山壁 · 突出险要、自然	
		山壁 · 裂缝贯通顺势	
		山壁 · 树洞凹深	
		山壁 · 设排水孔	

		项　　目	允许偏差/cm
允许偏差项目	2	山路	依山势铺设	
		踏步高度	15~22
		踏步平面差	<5
		多留缓坡平台	
		不得有山石伸入道路宽度内	
		路旁堆叠的花坛侧面和顶要平整	

八、塑山施工

1. 塑山简介

塑山是指以天然山岩为蓝本，采用混凝土、玻璃钢等现代材料和石灰、砖石、水泥等非石材料，经雕塑艺术和工程手法人工塑造的假山或石块，它包括塑山和塑石两大类。这是除了运用各种自然山石材料堆掇假山外的另一种施工工艺，这种工艺是在继承发扬岭南庭园的山石景园艺术和灰塑传统工艺的基础上发展起来的，具有用真石掇山、置石同样的功能。

2. 塑山的特点

（1）好的塑山，无论在色彩上，还是在质感上，都能取得逼真的石山效果，可以塑造较理想的艺术形象，特别是能塑造难以采运和填叠的原型奇石。

（2）塑山所用的砖、石、水泥等材料来源广泛，取用方便，可就地解决，无须采石、运石，故在非产石地区非常适宜用此法建造假山石。

（3）塑山工艺在造型上不受石材大小和形态的限制，可以完全按照设计意图进行，并且施工灵活方便，不受地形、地物限制，在重量很大的巨型山石不宜进入的地方，如室内花园、屋顶花园等，可塑造出壳体结构的、自重较轻的巨型山石。

（4）塑山采用的施工工艺简单、操作方便，所以塑山工程的施工工期短，见效快；并且可以预留位置栽培植物，进行绿化。

（5）由于山的造型、皴纹等细部处理主要依靠施工人员的手工制作，因此，塑山工程对于塑山施工人员的个人艺术修养及制作手法、技巧要求很高。人工塑造的山石表面易发生龟裂，影响整体刚度及表面仿石质感的观赏性；同时，其面层容易褪色，需要经常维护，不利于长期保存，使用年限较短。

3. 塑山类型

（1）钢筋结构骨架塑山。钢筋结构骨架塑山是以钢材、铁丝网作为塑山的结构骨架，适用于大型假山的雕塑、屋顶花园塑山等，其结构如图3-7所示。

先按照设计的造型进行骨架的制作，常采用直径为10~12mm的钢筋进行焊接和绑扎，然后用细目的铁丝网罩在钢骨架的外面，并用绑线捆扎牢固。做好骨架后，用1:2水泥砂浆进行内外抹面，一般抹2~3遍，使塑造的山石壳体厚度达到4~6cm即可，然后在其外表面进行面层的雕刻、着色等处理。

（2）砖石结构骨架塑山。砖石结构骨架塑山是以砖、石作为塑山的结构骨架，适用于小型塑山石，其结构如图3-8所示。

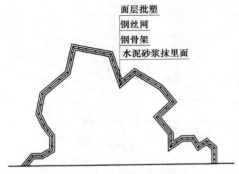

图3-7　钢筋结构骨架塑山

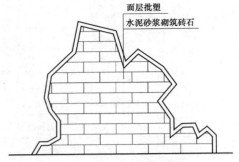

图3-8　砖石结构骨架型山

施工时，首先在拟塑山石土体外缘清除杂草和松散的土体，按设计要求修饰土体，沿土体外开沟做基础，其宽度和深度视基地土质和塑山高度而定；接着沿土体向上砌砖，砌筑要求与挡土墙相仿，但砌筑时应根据山体造型的需要而变化，以表现山岩的断层、节理和岩石表面的凹凸变化等；然后再在表面抹水泥砂浆，修饰面层，最后着色。

实践中，塑山骨架的应用比较灵活，可根据山形、荷载大小、骨架高度和环境的情况不同而灵活运用，如采用钢筋结构骨架、砖石结构骨架混合使用，钢骨架、砖石骨架与钢筋混凝土并用等形式。

4. 塑山新工艺简介

FRP（Fiber Glass Reinforced Plastics）是玻璃纤维强化树脂的简称，它是由不饱和聚酯树脂与玻璃纤维结合而成的一种重量轻、质地韧的复合材料。不饱和聚酯树脂由不饱和二元羧酸与一定量的饱和二元羧酸、多元醇缩聚而成。在缩聚反应结束后，趁热加入一定量的玻璃纤维即配成黏稠的玻璃纤维强化树脂，俗称玻璃钢。用玻璃钢制成的假山石，可代替自然山石制作假山。

（1）FRP工艺的特点。

1）优点。FRP工艺成型速度快，质薄而轻，刚度好，耐用，价廉，方便运输，可直接在工地施工，适用于异地安装。

2）存在的主要问题。树脂液与玻纤的配比不易控制，对操作者的要求高；劳动条件差，树脂溶剂为易燃品；工厂制作过程中有毒和气味；玻璃钢在室外强日照下，受紫外线的影响，表面易酥化，其寿命为20~30年。

（2）FRP塑山施工流程。

FRP塑山施工程序为：泥模制作→翻制石膏→玻璃钢制作→模件运输→基础和钢骨架制作→玻璃钢预制件拼装→修补打磨、油漆→成品。

1）泥模制作。按设计要求制作泥模，一般在1：15~1：20的小样基础上制作。泥模制作应在临时搭设的大棚（规格可采用50m×20m×10m）内进行。制作时要避免泥模脱落或冻裂，因此，温度过低时要注意保温，并在泥模上加盖塑料薄膜。

2）翻制石膏。一般采用分割翻制，这主要是考虑翻模和今后运输的方便。分块的大小和数量根据塑山的体量来确定，其大小以人工能搬动为好。每块要按一定的顺序标注记号。

3）玻璃钢制作。制作玻璃钢的原料包括191号不饱和树脂、固化剂、一层纤维表面毡和五层玻璃布（增强剂）、聚乙烯醇水溶液（脱模剂）。要求玻璃钢表面巴氏硬度值大于34，厚度为4cm，并在玻璃钢背面粘配钢筋。制作时注意预埋铁件，以便供安装固定之用。

4）基础和钢框架制作。基础用钢筋混凝土，基础大小根据山体的体量确定。框架柱梁可用槽钢焊接，根据实际需要选用，必须确保整个框架的刚度与稳定。框架和基础用高强度螺栓固定。

5）玻璃钢预制件拼装。根据预制件大小及塑山高度，先绘出分层安装侧面图和立面分块图，要求每升高1~2m就绘一幅分层水平剖面图，并标注每一块预制件四个角的坐标位置与编号，对变化特殊之处要增加控制点。然后按顺序由下往上逐层拼装，做好临时固定。全部拼装完毕后，由钢框架伸出的角钢悬挑固定。

6）打磨、油漆。接装完毕后，接缝处用同类玻璃钢补缝、修饰、打磨，使之浑然一体。最后用水清洗，罩以相应颜色玻璃钢油漆即成。

5. 竣工收尾

（1）假山内部结构合理坚固，接头严密牢固。

（2）假山的山壁厚度达到3~5cm，山壁山顶受到踹踢、蹬击无裂纹损伤。

（3）假山内壁的钢筋铁网用水泥砂浆抹平。

（4）假山表面无裂纹、无砂眼、无外露的钢筋头、丝网线。

（5）假山山脚与地面、堤岸、护坡或水池底结合严密自然。

（6）假山上水槽出水口处呈水平状，水槽底、水槽壁不渗水。

（7）假山山体的设色有明暗区别，协调匀称，手摸不沾色，水冲不掉色。

（8）假山的石纹勾勒逼真。

（9）假山造型有特色，近于自然。

6. 养护

在水泥初凝后开始养护，要用麻袋片、草帘等材料覆盖养护，避免阳光直射，并每隔2~3h浇水一次。浇水时，要注意轻淋，不能直接冲射。如遇雨天，也应用塑料布等进行遮盖。养护期不少于半个月。在气温低于5℃时应停止浇水养护，并采取防冻措施，如遮盖稻草、草帘、草包等。假山内部钢骨架等一切外露的金属构件每年均应做一次防锈处理。

第四章

园 林 水 景 工 程 施 工

第一节　人　工　湖

一、人工湖简介

湖水面宽阔而平静，具有平远开朗之感。此外，湖往往有一定的水深以利于水上游船等活动。湖岸线一般自然流畅，可以是人工驳岸或自然式护坡，也可以结合其他景观建设。同时，根据造景需要，还常在湖中利用人工堆土形成小岛，用来划分水域空间，使水景层次更为丰富。

湖有天然湖和人工湖之分。天然湖是自然的水域景观，如著名的南京玄武湖、杭州西湖、扬州瘦西湖、武汉东湖、广东星湖等。人工湖是人工依地势就地挖掘而成的水域，沿岸因境设景，自然天成。

人工湖如图4-1所示。

图4-1　人工湖

湖石安装：

（1）湖石应选择未经切割过，并显示出风化痕迹的石块，或被河流、海洋强烈冲击或侵蚀的石块，这样的石块能显示出平实、沉着的感觉。最佳的石材颜色是蓝绿色、棕褐色、红色或紫色等柔和的色调。

（2）无论其质量高低，石种必须统一，否则会使局部与整体不协调，导致总体效果不伦不类。造石无贵贱之分，就地取材，最有地方特色的石材也最为可取。以自然观察之理组合山石成景，才富有自然活力。施工时必须从整体出发，这样才能使石材与环境相融洽。

二、人工湖的分类

1. 按结构分类

（1）简易湖。简易湖是指由人工挖掘的，湖底、湖壁只经过简单夯实加固的自然式湖体。这种湖一般建设在地下水位较低之处。

简易湖施工简便，冻胀对它的破坏较小，湖壁不够坚固，经波浪的反复冲刷易发生局部坍塌；湖底虽做夯实处理但仍会有少量水渗漏，所以要经常补水。

（2）硬质驳岸湖。驳岸是指在园林水体边缘与陆地交界处，为稳定岸壁，保护湖岸不被冲刷或水淹所设置的构筑物。硬质驳岸湖是指驳岸由石材砌筑而成的湖。中国古典园林中的湖泊多为石砌驳岸湖。

石砌驳岸湖的施工是根据图纸先挖出轮廓，再制作湖底，湖底一般为素土夯实或3∶7灰土夯实。驳岸采用石材砌筑，在常水位及以下部分采用自然山石材料加以装饰，来创造自然的野趣；常水位以下的驳岸墙身位置应尽量不透水，施工时可在墙体石缝间灌入水泥砂浆，并用水泥勾缝。但应注意，露在常水位以上的自然山石不要勾缝，以免破坏自然效果。

（3）砌筑湖。砌筑湖是指人工湖的湖底和湖壁均由水泥浇筑，这种湖一般较小，多以规则形式出现。

2. 按人工湖平面形状分类

在园林造景中建造人工湖，最重要的是做好水体平面形状的设计，人工湖的平面形状直接影响水景形象表现及其景观效果。根据曲线岸边的不同围合情况，人工湖可设计为多种形状，如肾形、葫芦形、兽皮形、钥匙形、菜刀形、指形等，如图4-2所示。

设计这类水体形状时应注意：水面形状应大致与所在地块的形状保持一致，仅在具体的岸线处给予曲折变化；设计成的水面要尽量减少对称、整齐的因素。

三、人工湖的布置

根据园林的现有水体或利用低地挖土成湖时，应充分体现湖的水光特色，其具体布置要点如下：

（1）注意湖岸线的水滨设计及"线形艺术"，以自然曲线为主，讲究自然流畅，开合相映。

（2）注意湖体水位设计，选择合适的排水设施，如水闸、溢流孔（槽）、排水孔等，最好能有一定的汇水面，或人工创造汇水面，通过自然降水（雨、雪）的汇入补充湖水。

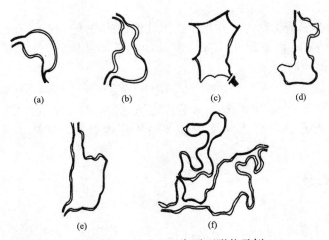

图 4-2　自然式人工湖平面形状示例
(a) 肾形；(b) 葫芦形；(c) 兽皮形；(d) 钥匙形；(e) 菜刀形；(f) 指形

（3）注意人工湖的地基情况，应选择土质细密、厚实的土壤，不宜选择砂土或渗透性大的土。如果人工湖地基的渗透性较大，则必须采取工程措施设置防漏层。

四、驳岸

在园林中，驳岸经常用自然山石砌筑，与假山、置石、花木相结合，共同组成园景。驳岸必须结合所处环境的艺术风格、地形地貌、地质条件、材料特性、种植特色以及施工方法、技术经济要求等来选择结构形式，在实用、经济的前提下需注意外形的美观及与周围景色的协调。

1. 驳岸的结构

驳岸实际上是一面临水的挡土墙，园林中使用的驳岸形式主要以重力式结构为主，它主要依靠墙身自重来保证岸壁稳定、抵抗墙背土压力。按墙身结构不同，重力式驳岸可分为整体式、方块式和扶壁式；按所用材料不同，重力式驳岸可分为浆砌块石、混凝土及钢筋混凝土结构等。

园林驳岸的构造及名称如下。

（1）压顶：驳岸的顶端结构，一般向水面有所悬挑。

（2）墙身：驳岸主体，常用材料为混凝土、毛石、砖等，临时性驳岸还可用木板、毛竹板等材料。

（3）基础：驳岸的底层结构，作为承重部分，其高度常为 400mm，宽度在高度的 0.6~0.8 倍。

（4）垫层：基础的下层，常用矿渣、碎石、碎砖等整平地坪，以保证基础与土层均匀接触。

（5）基础桩：用于增加驳岸的稳定性，是防止驳岸滑移或倒塌的有效措施，同时也兼起加强土基承载能力的作用。基础桩可分为木桩和灰土桩等。

（6）沉降缝：当墙高不等、墙后土压力不同或地基沉降不均匀时，必须考虑设置沉降缝。

（7）伸缩缝：为避免热胀冷缩引起墙体破裂，应当设置伸缩缝，一般 10~25m 设置一道，宽度为 10~20mm，有时也兼做沉降缝用。

园林中驳岸的高度一般不超过 2.5m。

2. 园林驳岸类型

园林驳岸应根据不同的园林环境和驳岸自身的特点来确定具体的类型。下面介绍两种常见的园林驳岸。

（1）桩基驳岸。桩基是常用的一种水工地基处理手法。基础桩的主要作用是增强驳岸的稳定性，防止驳岸滑移或倒塌，同时可加强土基的承载力。桩基驳岸的特点是：基岩或坚实土层位于松土层下，桩尖打下去，通过桩尖将上部荷载传给下面的基岩或坚实土层；若桩打不到基岩，则可利用摩擦，借木桩表面与泥土间的摩擦力将荷载传到周围的土层中，以达到控制沉陷的目的。

（2）砌石驳岸。砌石驳岸是园林工程中最为主要的护岸形式。设计时调整墙体的材料和压顶形式可得到诸多变化，如条石驳岸、假山石驳岸、虎皮石驳岸、浆砌块石和干砌块石驳岸等。

五、护坡

在园林中，自然山地的陡坡、土假山的边坡、园路的边坡和湖池岸边的陡坡等，有时为了顺其自然不做驳岸，而是改用斜坡伸向水中，这就要求能就地取材，采用各种材料做成护坡。护坡主要用于防止滑坡，减少水和风浪的冲刷，以保证岸坡的稳定。

园林护坡的类型有块石护坡和园林绿地护坡。

（1）块石护坡。

1）在岸坡较陡、风浪较大的情况下，或因为造景的需要，在园林中常使用块石护坡。护坡的石料，最好选用石灰岩、砂岩、花岗岩等顽石。在寒冷的地区还要考虑石块的抗冻性。石块的相对密度应不小于 2。

2）护坡不允许土壤从护面石下面流失。为此应做过滤层，并且护坡应预留排水孔，每隔 25m 左右做一伸缩缝。

3）对于小水面，当护面高度在 1m 左右时，护坡的做法比较简单，也可以用大卵石等护坡，以表现海滩等的风光。当水面较大，坡面较高，一般在 2m 以上时，对护坡要求较高，多用干砌石块，坡脚石一定要坐在湖底下，如图 4-3 所示。

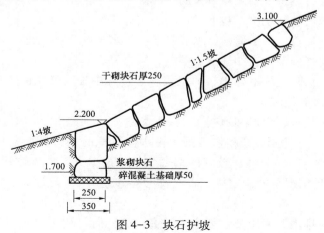

图 4-3 块石护坡

（2）园林绿地护坡。

1）花坛式护坡。将园林坡地设计为倾斜的图案、文字类模纹花坛或其他花坛形式，既美化了坡地，又起到了护坡的作用。

2）草皮护坡。当岸壁坡角在自然安息角以内，水面上缓坡在 1：20~1：5 间起伏变化是很美的。这时水面以上部分可用草皮护坡，即在坡面种植草皮或草丛，利用密布土中的草根来固土，使土坡能够保持较大的坡度而不滑坡。

3）预制框格护坡。一般是用预制的混凝土框格，覆盖、固定在陡坡坡面，从而固定、保护坡面；坡面上仍可种草种树。当坡面很高、坡度很大时，采用这种护坡方式的优点比较明显。因此，这种护坡最适于较高的道路边坡、水坝边坡、河堤边坡等的陡坡。

4）编柳抛石护坡。采用新截取的柳条十字交叉编织。编柳空格内抛填厚 0.2~0.4m 的块石，块石下设厚 10~20cm 的砾石层以利于排水和减少土壤流失。厚度为 30~50cm。柳条发芽便成为较坚固的护坡设施。

5）石钉护坡。在坡度较大的坡地上，用石钉均匀地钉入坡面，使坡面土壤的密实度增长，抗坍塌的能力也随之增强。

6）截水沟护坡。为了防止地表径流直接冲刷坡面，在坡的上端设置一条小水沟，以阻截、汇集地表水，从而保护坡面。

六、园林人工湖施工技术要点

1. 施工前的准备工作

在施工前要做好详细的现场勘察，对施工范围内地上及地下的障碍物进行确认和记录，并确认处理方法。对现场的土质情况进行勘察，若池底需做简易防水施工，需检验基址土质的渗水情况和地下水位的高低情况，以验证图纸中的池底结构是否合理，结合实际情况制订施工计划。

（1）图纸准备。认真核对所有资料，仔细分析设计图纸，并按设计图纸确定土方量。

（2）考察现场。根据工程图纸针对施工项目的现场条件进行全面考察，包括经济、地理、地质、气候等情况，一般应至少了解以下内容：

1）施工现场是否达到规划设计材料的条件。

2）施工现场的基址、土质、地下水位、水文等情况。

3）施工现场的环境，如交通、供水、供电、污水排放等。

4）施工现场的气候条件，如气温、湿度、风力等。

5）临时用地、临时设施搭建等，即工程施工过程中临时使用的工棚、堆放材料的库房以及这些设施所占的地方。

6）施工的地理位置、地形和地貌。

（3）基址考察。好的湖底全年水量损失占水体体积的 5%~10%；一般的湖底全年水量损失占水体体积的 10%~20%；较差的湖底全年水量损失占水体体积的 20%~40%。根据以上标准确定基址情况，并制定施工方法及工程措施。

（4）排水处理。

1）湖体施工时排水尤为重要。如水位过高，施工时可用多台水泵排水，也可通过梯级排水沟排水。水位过高时，为避免湖底受地下水的挤压而被抬高，必须特别注意地下水的排放。

2）通常用 15cm 厚的碎石层铺设整个湖底，上面再铺 5～7cm 厚的沙子。如果这种方法还无法完全排出地下水，则必须在湖底开挖环状排水沟，并在排水沟底部铺设带孔聚氯乙烯（PVC）波纹管，四周用碎石填塞，以取得较好的排水效果，如图 4-4 所示。

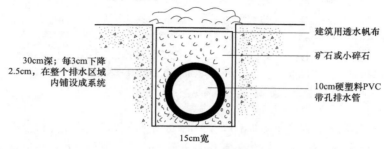

30cm深；每3cm下降2.5cm，在整个排水区域内铺设成系统

建筑用透水帆布

矿石或小碎石

10cm硬塑料PVC带孔排水管

15cm宽

图 4-4　PVC 排水管铺设

3）基址条件较好的湖底不做特殊处理，适当夯实即可。但渗漏性较严重的湖底必须采取工程手段，如采用灰土层湖底、塑料薄膜湖底或混凝土湖底等。

（5）基础放样。

1）严格依据施工图纸要求进行放线，由于该人工水湖为自然式形状，所以放线时可根据图纸中所绘制的方格网进行放线。这种放线方法适用于不规则图形的放线。

2）水平放线时，利用经纬仪和钢尺，在施工场地内把施工图的方格网测设到实地，打桩时，先沿湖池外缘 15～30cm 打一圈木桩，第一根桩为基准桩，其他桩皆以此为准。基准桩是湖体的池缘高度，打桩时要注意保护好。

3）将图上湖泊驳岸线与方格网的各个交点位置准确地测设在现场的方格网上，并用平滑的石灰线连接各交点。桩打好后，预先准备好开挖方向及土方堆积方法。在撒石灰线的过程中，可根据自然曲线的要求进行简单调整，以达到自然、美观的效果。所放出的平滑曲线即为湖泊基础的施工范围。

4）竖向放线时，根据图纸要求，利用水准仪进行竖向放线，对测设好的标高点进行打桩，并在桩上做好标高的标记。

2. 开挖

（1）人工湖开槽可以采取人工开槽与机械开槽相结合的方法。在开槽的过程中，注意操作范围，应向外增加一定宽度的工作面，先由机械进行粗糙施工，以便快速完成绝大多数的土方挖掘任务。

（2）然后由人工对基槽内机械不便施工的位置进行挖掘，对自然式驳岸线进行细致地雕琢，并对较陡的边坡进行加固；最后对基槽底部进行平整。

（3）在机械施工过程中应注意桩点的保护，以便于后期施工。所挖出的表土可先堆放在基槽外围，以便施工结束后回填或用于种植植物。用机械将基槽夯实坚固密实后，利用水准仪对基槽进行标高校对。开槽过程中如有地下水渗出，应及时排除。

3. 湖底施工

（1）湖底的做法应因地制宜。大面积的湖底适宜于灰土做法；较小的湖底可以用混凝土做法；湖底渗漏中等的情况适合铺塑料薄膜，图 4-5 所示是几种常见的湖底施工方法。

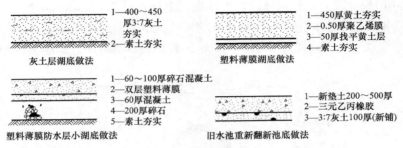

灰土层湖底做法
1—400~450 厚3:7灰土夯实
2—素土夯实

塑料薄膜湖底做法
1—450厚黄土夯实
2—0.50厚聚乙烯膜
3—50厚找平黄土层
4—素土夯实

塑料薄膜防水层小湖底做法
1—60~100厚碎石混凝土
2—双层塑料薄膜
3—60厚混凝土
4—200厚碎石
5—素土夯实

旧水池重新翻新池底做法
1—新垫土200~500厚
2—三元乙丙橡胶
3—3:7灰土100厚(新铺)

图 4-5　简易湖底的做法

（2）例如湖底用素土夯实加 500mm 厚 3：7 灰土分层夯实。石灰和土在使用前必须过筛，土的粒径不得大于 15mm，灰的粒径不得大于 5mm。把石灰和土搅拌均匀，并控制加水量，以保证灰土的最佳使用效果。将拌好的灰土均匀倒入槽内指定的地点，但不得使灰土顺槽帮流入槽内。

（3）用人工夯筑灰土时，每层填入的灰土约 25cm 厚，夯实后灰土约为 15cm 厚。采用蛙式夯实机进行夯实时，每层填入的灰土厚 20~25cm。夯实是保证灰土基础质量的关键，打夯的遍数以使灰土的密实度达到规范所规定的数值为准，表面应无松散、起皮现象。在夯实过程中可适当洒水，以提高夯实的质量。夯打完后及时加以覆盖，防止日晒雨淋。

4. 驳岸施工

（1）砌石类驳岸。

1）砌石类驳岸结构是指在天然地基上直接砌筑的驳岸，此类驳岸的选择应根据基址条件和水景景观要求而定，既可处理成规则式，也可做成自然式。

砌石类驳岸的常见构造由基础、墙身和压顶三部分组成，如图 4-6 所示。基础是驳岸承重部分，并通过它将上部重量传给地基。因此，驳岸基础要求坚固，埋入湖底深度不得小于 50cm。基础宽度应视土壤情况而定，砂砾土 0.35~0.4m，砂壤土 0.45m，湿砂 0.5~0.6m，饱和水壤土 0.45m。墙身是基础与压顶之间部分，承受压力最大，包括垂直压力、水的水平压力及墙后土壤侧压力。为此，墙身应具有一定的厚度，墙体高度要以最高水位和水面浪高来确定，岸苦应以贴近水面为好，便于游人亲近水面，并显得蓄水丰盈饱满。压顶为驳岸边最上部分，宽度 30~50cm，用混凝土或大块石做成。其作用是增强驳岸稳定，美化水岸线，阻止墙后土壤流失。

如果水体水位变化较大，即雨季水位很高，平时水位很低，为了岸线景观起见，可将岸壁迎水面做成台阶状，以适应水位的升降。

2）砌石类驳岸施工。施工前应进行现场调查，了解岸线地质及有关情况，作为施工时的参考。

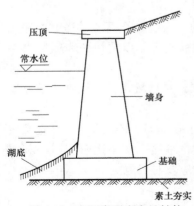

图 4-6　砌石类驳岸常见结构

a. 放线。布点放线应依据设计图上的常水位线，确定驳岸的平面位置，并在基础两侧各放线。

b. 挖槽。一般由人工开挖，工程量较大时也可采用机械开挖。为了保证施工安全，对需要施工坡的地段，应根据规定放坡。

c. 夯实地基。开槽后应将地基夯实，遇土层软弱时需进行加固处理。

d. 浇筑基础。一般为块石混凝土，浇筑时应将块石分隔，不得互相靠紧，也不得置于边缘。

e. 砌筑岸墙。浆砌块石岸墙墙面应平整、美观，要求砂浆饱满，勾缝严密。隔 25～30m 做伸缩缝，缝宽 3cm，可用板条、沥青、石棉绳、橡胶、止水带或塑料等防水材料填充。填充时应略低于砌石墙面，缝用水泥砂浆勾满。如果驳岸有高差变化，应做沉降缝，确保驳岸稳固，驳岸墙体应于水平方向 2～4m、竖直方向 1～2m 处预留泄水孔，口径为 120mm×120mm，便于排除墙后积水，保护墙体。也可于墙后设置暗沟、填置砂石排除积水。

f. 砌筑压顶。可采用预制混凝土板块压顶，也可采用大块方整石压顶。顶石应向水中至少挑出 5～6cm，并使顶面高出最高水位 50cm 为宜。

（2）桩基类驳岸。

1）桩基驳岸结构。桩基是我国古老的水工基础做法，在水利建设中得到广泛应用，直至现在仍是常用的一种水工地基处理手法。当地基表面为松土层且下层为坚实土层或基岩时最宜用桩基。

桩基驳岸由桩基、卡当石、盖桩石、混凝土基础、墙身和压顶等几部分组成。卡当石是桩间填充的石块，起保持木桩稳定作用。盖桩石为桩顶浆砌的条石，作用是找平桩顶以便浇筑混凝土基础。基础以上部分与砌石类驳岸相同。

桩基的材料，有木桩、石桩、灰土桩和混凝土桩、竹桩、板桩等。木桩要求耐腐、耐湿、坚固、无虫蛀，如柏木、松木、橡树、桑树、榆树、杉树等。桩木的规格取决于驳岸的要求和地基的土质情况，一般直径 10～15cm，长 1～2m，弯曲度 （d/L） 小于 1%，且只允许一次弯。桩木的排列一般布置成梅花桩、品字桩、马牙桩。梅花桩、品字桩的桩距为桩径的 2～3 倍，即 5 个桩/m^2；马牙桩要求桩木排列紧凑，必要时可酌增排数。

灰土桩是先打孔后填灰土的桩基做法，常配合混凝土用，适于岸坡水淹频繁木桩易腐的地方。混凝土桩坚固耐久，但投资较大。

竹桩、板桩驳岸是另一种类型的桩基驳岸。驳岸打桩后，基础上部临水面墙身由竹篱（片）或板片镶嵌而成，适于临时性驳岸。竹篱驳岸造价低廉、取材容易，施工简单，工期短，能使用一定年限，凡盛产竹子，如毛竹、大头竹、勤竹、撑篙竹的地方都可采用。施工时，竹桩、竹篱要涂上一层柏油，目的是防腐。竹桩顶端由竹节处截断以防雨水积聚，竹片镶嵌直顺紧密牢固。由于竹篱缝很难做得密实，这种驳岸不耐风浪冲击、淘刷和游船撞击，岸土很容易被风浪淘刷，造成岸篱分开，最终失去护岸功能。因此，此类驳岸适用于风浪小，岸壁要求不高，土壤较黏的临时性护岸地段。

2）桩基驳岸的施工参见砌石类驳岸的施工，如图 4-7 所示。

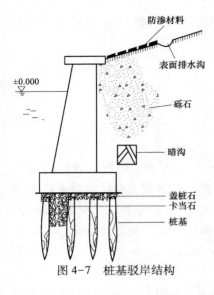

图 4-7　桩基驳岸结构

防渗材料
表面排水沟
砾石
暗沟
盖桩石
卡当石
桩基

±0.000

5. 收尾施工

（1）当驳岸施工结束后，需要对驳岸墙体靠近陆地一侧的施工预留工作面进行回填，回填时可选择 3∶7 灰土，并分层进行夯实，确保土体不会发生渗透和坍塌现象。可用级配砂石进行回填并夯实。

（2）完成给排水、溢水管线和设备的安装，并完成与人工湖相结合造景的植物和基本小品的施工。若湖内有水生植物，需在水中放置种植器皿或在湖底填入一定厚度的种植土。

6. 试水

根据设计要求，对水池的给排水设备进行检验，查看其是否通畅，设备运转是否正常。检查人工湖的防水效果是否达到设计要求，有无渗水现象的发生。

7. 人工湖底施工质量标准

人工湖的施工质量，各分项工程可参照相近工程的质量标准。表 4-1 为河（湖）底修筑分项工程质量检验评定要求。

表 4-1　　　　　　　　　　河（湖）底修筑分项工程质量检验评定

		项目		允许偏差
保证项目	1	河（湖）底的基层处理应符合设计要求		
	2	河（湖）底修筑的材质、品种、质量应符合设计要求		
	3	河（湖）底修筑过程应符合环境和生态的要求		
	4	河（湖）底防水层的铺设应符合设计和规范要求		
	5	变形缝、施工缝、后浇带、止水带等设置均应符合设计要求		
基本项目			项目	
		按施工面积每 100m²，且不少于 3 处		
	1	硬质	标高正确	
	2		边口处理符合设计要求	
	3		水泥砂浆强度符合设计要求	
	4	软质	防水层厚度均匀一致	
	5		搭接缝应粘接牢固、密封严密	
	6		不得有皱折、翘边和鼓泡	
允偏差项目			项目	允许偏差
	1	硬质	防水层厚度	≥85%
	2		裂缝宽度（不得贯通）	≤0.2mm
	3		保护层	±10mm
	4	软质	防水层厚度	≥80%
	5		搭接宽度	−10mm

第二节 水 池

一、水池简介

园林中常见的水池是人工水池,其形式多种多样。它与人工湖的不同之处在于,水池多取人工水源。一般而言,人工水池的面积较小,水较浅,以观赏为主。水池在园林中的用途很广泛,可用于广场中心、道路尽端以及与亭、廊、花架等各种建筑小品组合,形成富于变化的各种景观效果。常见的喷水池、观鱼池、海兽池及水生植物种植池等都属于这种水体类型。

二、水池的类型

1. 临时简易水池

水池结构简单,安装方便,使用完毕后能随时拆除,甚至还能反复利用,一般适用于节日、庆典、小型展览等水池的施工。

临时水池的结构形式不一。对于铺设在硬质地面上的水池,一般可采用角钢焊接、红砖砌筑或用泡沫塑料制成池壁,再用吹塑纸、塑料布等分层将池底和池壁铺垫,并将塑料布反卷包住池壁外侧,用素土或其他重物固定。内侧池壁可用树桩做成驳岸,或用盆花遮挡;池底可视需要再铺设砂石或点缀少量卵石。

临时水池还可用挖水池基坑的方法建造,先按设计要求挖好基坑并夯实,再铺上塑料布,塑料布应至少留 15cm 在池缘,并用天然石块压紧;池周按设计要求种上草坪或铺苔藓。

2. 柔性结构水池

近几年,随着建筑材料的不断革新,出现了各种各样的柔性衬垫薄膜材料,改变了以往只靠加厚混凝土和加粗加密钢筋网防水的做法。目前,在水池工程中,常用的柔性材料有玻璃布沥青席、三元乙丙橡胶(EPDM)薄膜、聚氯乙烯(PVC)衬垫薄膜、膨润土防水毯等。

例如,北方地区的水池多选用玻璃布沥青席做防水层,如图4-8所示。其特点是寿命长,施工方便且自重轻,不漏水,特别适用于小型水池和屋顶花园水池。

3. 刚性结构水池

刚性结构水池也称为钢筋混凝土水池,如图4-9所示。其特点是池底、池壁均配钢筋,寿命长、防漏性好,适用于大部分水池。

水池如图4-10所示。

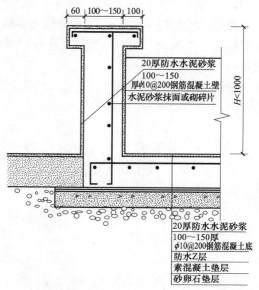

图4-8 玻璃布沥青席水池

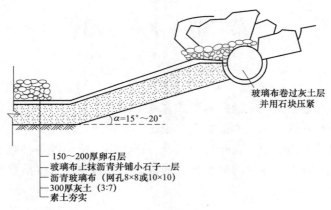

玻璃布卷过灰土层
并用石块压紧

α=15°～20°

— 150～200厚卵石层
— 玻璃布上抹沥青并铺小石子一层
— 沥青玻璃布（网孔8×8或10×10）
— 300厚灰土（3:7）
— 素土夯实

图 4-9　刚性水池

图 4-10　水池

三、水池的结构

1. 池顶

池顶的设计应突出水池边界线和水体的整体性。为使水池结构更稳定，常用石材、钢筋混凝土等做压顶。石材压顶挑出的长度受限，与墙体的连接性差；而钢筋混凝土压顶的整体性较好。

池壁压顶形式如图 4-11 所示。这些形式的设计都是为了使波动的水面很快地平静下来，以便能够形成镜面倒影。

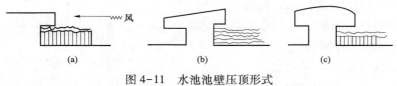

图 4-11　水池池壁压顶形式
（a）有沿口；（b）单坡；（c）圆弧

2. 池壁

池壁是水池的竖向部分，承受池水的水平压力，一般采用混凝土、钢筋混凝土或砖块做成，如图 4-12 所示。钢筋混凝土池壁厚度一般不超过 300mm，常用 150～200mm，宜配直径 8mm、12mm 钢筋，中心距为 200mm，C20 混凝土现浇。同时，为加强防渗效果，混凝土中需加入适量防水粉，一般占混凝土的 3%~5%，加入过多会降低混凝土的强度。

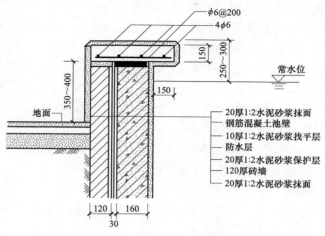

图 4-12 钢筋混凝土池壁结构

3. 池底

池底直接承受水的竖向压力，要求坚固耐久。池底多用钢筋混凝土做成，其厚度应大于 20cm。如果水池容积大，需配双层双向钢筋网。池底需设计有排水坡度，一般不小于 1%，坡向泄水口。池底结构如图 4-8 所示。

4. 防水层

水池工程中，好的防水层是水池质量高的关键。目前，水池防水材料种类较多，有防水卷材、防水涂料、防水嵌缝油膏等。一般水池用普通防水材料即可；钢筋混凝土水池的防水层可以抹 5 层防水砂浆，厚 30~40mm，也可用防水涂料，如沥青、聚氨酯、聚苯酯等。

5. 基础

基础是水池的承重部分，一般为灰土或砾石三合土，要求较高的水池可用级配碎石。一般灰土层厚 15~30cm，C10 混凝土层厚 10~15cm。

6. 施工缝

混凝土水池池底与池壁一般分开浇筑，为使池底与池壁紧密连接，池底与池壁连接处的施工缝可设置在基础上方 20cm 处。施工缝可留成台阶形，也可加金属止水片或膨胀胶带。

7. 变形缝（沉降缝）

长度在 25m 以上水池要设变形缝，以缓解局部受力。变形缝宽度不大于 20mm，要求从池壁到池底结构完全断开，用止水带或浇灌沥青做防水处理。

四、水池施工技术要点

1. 施工前的准备工作

（1）资料准备熟悉。施工前要认真阅读图纸，熟悉水池设计图的结构和喷泉系统的特点，认真阅读施工说明书的内容，对工程做全面、细致的了解，解决基本疑问。

（2）现场准备工作。施工前要做好详细的现场勘察，对施工范围内地上及地下的障碍物进行确认和记录，并确认处理方法。

（3）材料的准备。对施工人员进行喷泉水池施工基本技能的培训，组织学习喷泉水池施工基本的技术要求和施工标准。工具准备齐全，选择符合要求的施工材料，并提供样品给甲方或监理人员进行检验，检验合格后按要求的数量进行购买。

（4）基础放样。严格依据施工图纸的要求进行放线，由于该工程喷泉水池为规则几何形状，所以采用精度较高的放线方法。平面放线时，在现场找到放线基准点，以便确定水池的准确位置，利用经纬仪和钢卷尺测设平面控制点，在测设好的位置上，打上木桩做好标记，并用线绳或行灰做好桩之间的连接。

平面放线结束，利用水准仪进行竖向放线，放线前先设定水池周围硬化地面的标高为±0.000，对测设好的标高点进行打桩，并在桩上做好施工标记。

2. 水池施工工程质量要求

（1）为加强水池防水效果，防渗混凝土可掺用素磺酸钙减水剂。掺用减水剂配制的混凝土，耐油、抗渗性好，而且节约水泥。

（2）砖壁砌筑必须做到横平竖直，灰浆饱满，不得留踏步式或马牙茬。

（3）钢筋混凝土壁板和壁槽灌缝之前，必须将模板内杂物清除干净，用水将模板湿润。

（4）池壁模板必须紧固好，以防止浇筑混凝土时模板发生变形。

（5）在底板、池壁上要设有伸缩缝。底板与池壁连接处的施工缝可留成台阶形、凹槽形、加金属止水片或遇水膨胀橡胶带。

（6）养护对于水池混凝土强度的高低非常重要。底板浇筑完后，在施工池壁时，应注意养护，保持湿润。池壁混凝土浇筑完后，在气温较高或干燥情况下，过早拆模会引起混凝土收缩产生裂缝，因此，应继续浇水养护。底板、池壁和池壁灌缝混凝土的养护期不少于14天。

3. 开挖

（1）喷泉水池的基础占地面积较小，可以采取人工开槽的方法进行施工。在开槽过程中，注意操作范围应向外增加30cm，以便于施工。

（2）挖掘由中间向四周进行，同时注意基槽四周边坡的修整和坡度控制，防止上土方塌落。挖出的表土可先堆放在基槽外围，以便于施工结束后回填。挖槽不宜一次性挖掘至放线深度，当挖至距设计标高还有3~5cm时即可停止，因为此时槽内土壤已经松动，在夯实的过程中槽底标高还会下降一定的距离。夯实应按从周边向中心的顺序反复进行，夯实至槽内地面无明显震动时方可停止，结束后注意基槽的清理和保护。

（3）一些给水及循环管线埋置在水池下，所以要进行预埋。施工结束后，应由专门人员对基槽的尺寸、深度和夯实质量进行检验，以保证工程质量。

4. 基础施工

（1）施工前先对基槽进行清理。严格按配比要求将石子、沙子、水泥和水进行混合，并搅拌均匀。填筑时，垫层的占地面积应略大于水池面积。混凝土浇入后，及时用插入式振捣器进行快插慢拔地搅拌，插点应均匀排列，逐点进行，振捣密实，不得遗漏，防止出现空隙和存在气泡。

（2）浇筑完成后，注意检查混凝土表面的平整度及是否达到垫层的设计标高。在垫层施工结束后的 12h 内，对其加以覆盖和浇水养护，养护期一般不少于 7 个昼夜。养护期内严禁任何人员踩踏；若发生降雨，应用塑料布覆盖垫层表面，并在基槽边缘挖排水槽，以便排除槽内积水。

5. 池底

（1）混凝土垫层浇完隔 1~2 天（应视施工时的温度而定），在垫层面测量确定底板中心，然后根据设计尺寸进行放线，定出柱基以及底板的边线，画出钢筋布线，依线绑扎钢筋，接着安装柱基和底板外围的模板。

（2）在绑扎钢筋时，应详细检查钢筋的直径、间距、位置、搭接长度、上下层钢筋的间距、保护层及埋件的位置和数量，看其是否符合设计要求。

（3）底板应一次连续浇完，不留施工缝。施工间歇时间不得超过混凝土的初凝时间。

（4）此任务池底与池壁均为现浇混凝土，池底与池壁连接处的施工缝可留在基础上方 20cm 处。

6. 池壁

（1）水池采用垂直形池壁，其优点是池水降落之后，不会在池壁淤积泥土，从而使低等水生植物无从寄生，易于保持水面洁净。

（2）做水泥池壁，尤其是矩形钢筋混凝土池壁时，应先做模板固定，目前有无撑及有撑支模两种方法。有撑支模为常用的方法，此任务采用有撑支模法。外砖墙砌筑完成后，内模可在钢筋绑扎完毕后一次立好。浇捣混凝土时操作人员可进入模内振捣，并应用串筒将混凝土灌入，分层浇捣。矩形池壁拆模后，应将外露的止水螺栓头割去。

1）水池施工时所用的水泥标号不宜低于 42.5 级，水泥品种应优先选用普通硅酸盐水泥，不宜采用火山灰质硅酸盐水泥和粉煤灰硅酸盐水泥。所用石子的最大粒径不宜大于 40mm，吸水率不大于 1.5%。

2）在池壁混凝土浇筑前，应先将施工缝处的混凝土表面凿毛，清除浮粒和杂物，用水冲洗干净，保持湿润，再铺上一层厚 20~25mm 的水泥砂浆。水泥砂浆所用材料的灰砂比应与混凝土材料的灰砂比相同。

3）池壁混凝土每立方米水泥用量不少于 320kg，含砂率宜为 35%~40%，灰砂比为 1:2~1:2.5，水灰比不大于 0.6。

4）固定模板用的铁丝和螺栓不宜直接穿过池壁。当螺栓或套管必须穿过池壁时，应采取止水措施。常见的止水措施有螺栓上加焊止水环、套管上加焊止水环、螺栓加堵头等。

5）浇筑池壁混凝土时，应连续施工，一次浇筑完毕，不留施工缝。

6）池壁有密集管群穿过、预埋件或钢筋稠密处浇筑混凝土有困难时，可采用相同抗渗等级的细石混凝土浇筑。

7）池壁上有预埋大管径的套管或面积较大的金属板时，应在其底部开设浇筑振捣孔，以利排气、浇筑和振捣。

8）池壁混凝土浇筑结束后，应立即进行养护，并充分保持湿润，养护时间不得少于 14 个昼夜。拆模时，池壁表面温度与周围气温的温差不得超过 15℃。

7. 防水

防水处理的方法是铺设 SBS 防水卷材，这是在水景施工过程中常用的一种防水做法。注意，水池的池底和池壁都应进行防水处理。

例如，SBS 防水卷材是采用 SBS 改性沥青浸渍和涂盖胎基，两面涂以弹性体或塑料体沥青涂盖层，下面涂以细砂或覆盖聚乙烯膜所制成的防水卷材，具有良好的防水性能和抗老化性能，并具有高温不流淌、低温不脆裂、施工简便、无污染、使用寿命长的特点。SBS 防水卷材尤其适用于寒冷地区、变形和振动较大的水池防水施工。

铺设 SBS 防水卷材的施工工艺流程如下。

（1）基层清理。施工前，对验收合格的混凝土表面进行清理，最好用湿布擦拭干净。

（2）涂刷基层处理剂。在需要做防水的部位，表面满刷一道用汽油稀释的氯丁橡胶沥青黏结剂，涂刷过程应仔细，不要有遗漏，涂刷过程应由一侧开始，以防止涂刷后的处理剂被施工人员践踏。

（3）铺贴附加层。在水池内预埋竖管的管根、阴阳角部位加铺一层 SBS 改性沥青防水卷材，按规范及设计要求将卷材裁成相应的形状进行铺贴。

（4）铺贴卷材。

1）铺贴前，将 SBS 改性沥青防水卷材按铺贴长度进行裁剪并卷好备用。操作时，将直径 30mm 的管穿入卷材的卷心，卷材端头对齐起铺点，点燃汽油喷灯或专用火焰喷枪加热基层与卷材交接处。

2）喷枪与加热面保持 30cm 左右的距离，往返喷烤、观察，当卷材的沥青刚刚熔化时，手扶管心两端向前缓缓滚动铺设。要求用力均匀、不窝气，铺设压边宽度应掌握好，长边搭接宽度为 8cm，短边搭接宽度为 10cm。

铺设过程中应尽可能保证熔化的沥青上不粘有灰尘和杂质，以确保粘贴的牢固性。

（5）热熔封边。卷材搭接缝处用喷枪加热，压合至边缘挤出沥青粘牢。卷材末端收头用沥青嵌缝膏嵌固填实。

（6）保护层施工。表面做水泥砂浆或细石混凝土保护层。池壁防水层施工完毕，应及时稀撒石碴，之后再抹水泥砂浆保护层。

8. 面层施工

面层施工在混凝土及砖结构的池塘施工中是一道十分重要的工序。它使池面平滑，有利于水池使用安全。

（1）抹灰前，将池内壁表面凿毛，不平处铲平，并用水冲洗干净。

（2）抹灰时，可在混凝土墙面上刷一遍薄的纯水泥浆，以增加黏结力。

（3）应采用 325 号普通水泥配制水泥砂浆，配合比 1∶2 必须称量准确，可掺适量防水粉，拌和要均匀。

（4）底层灰不宜太厚，一般为 5~10mm。第二层将墙面找平，厚度 5~12mm；第三层面层进行压光，厚度 2~3mm。

（5）砖壁与钢筋混凝土底板结合处，要特别注意操作，加强转角抹灰厚度，使呈圆角，防止渗漏。

9. 竣工收尾及试水

（1）在收尾施工过程中，尤其要注意细节的处理。管线与水池的衔接部位仍有空隙存在时，需要对这些部位先进行混凝土填充，然后进行防水施工和面层处理。

（2）收尾工程结束后，进行试水验收。试水的主要目的是检验结构安全度，检查施工质量。首先在水池内注入一定量的水，并做好水位线标记，24h 后检查标记线的位置，看水有无明显减少，以此检验防水施工的质量。

（3）在注水的过程中注意观察给、排水管线接缝处是否有漏水现象，若发现水池有漏水现象，需准确查找漏水部位，并重新进行防漏施工。

第三节　瀑　　布

一、瀑布简介

瀑布是一种自然现象，是河床形成陡坎，水从陡坎处滚落下跌时，形成的优美动人或奔腾咆哮的景观，因遥望下垂如布，故称为瀑布。

二、瀑布的构成和分类

1. 瀑布的构成

瀑布的构成如图 4-13 所示。

2. 按瀑布跌落方式分

按跌落方式不同，瀑布有滑瀑、直瀑、分瀑、跌瀑 4 种，如图 4-14 所示。

（1）滑瀑。就是滑落瀑布，其水流顺着一个很陡的倾斜坡面向下滑落。斜坡表面所使用的材料质地情况决定着滑瀑的水景效果。若斜坡面很光滑，则滑瀑如一层薄薄的透明纸，在阳光照射下可显示出水光的闪耀。若斜坡面上凸起点（或凹陷点）密布，则水层在滑落过程中就会激起许多水花，在阳光照射下就像一面镶满银色珍珠的挂毯。若斜坡面上的凸起点（或凹陷点）做成规律排列的图形纹样，则所激起的水花也可以形成相应的图形纹样。

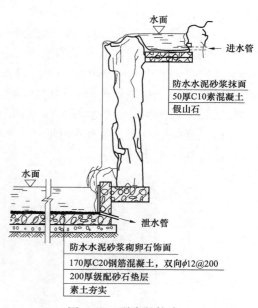

图 4-13　瀑布的构成

（2）直瀑。即直落瀑布。这种瀑布的水流是不间断地从高处直接落入其下的池、潭或石面。直瀑的落水能够造成声响喧哗，可为园林环境增添动态水声。

（3）分瀑。实际上是瀑布的分流形式，因此又称为分流瀑布。它是由一道瀑布在跌落过程中受到中间物阻挡一分为二，分成两道水流继续跌落而形成的。这种瀑布的水声效果也比较好。

（4）跌瀑。也称为跌落瀑布，是由很高的瀑布分为几跌，一跌一跌地向下落形成的。跌瀑适宜布置在比较高的陡坡坡地，其水形变化较直瀑、分瀑都大一些，水景效果的变化也多一些，但水声要稍弱一点。

3. 按瀑布口的设计形式分

按瀑布口的设计形式不同，瀑布有布瀑、带瀑和线瀑 3 种，如图 4-14 所示。

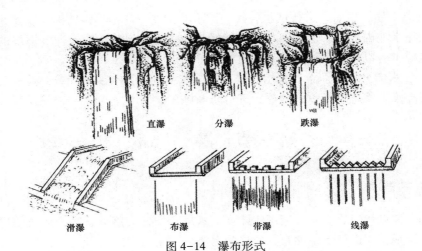

直瀑 分瀑 跌瀑

滑瀑 布瀑 带瀑 线瀑

图 4-14　瀑布形式

（1）布瀑。瀑布的水像一片又宽又平的布一样飞落而下。瀑布口的形状为一条水平直线。

（2）带瀑。从瀑布口落下的水流，组成一排水带整齐地落下。瀑布口为宽齿状，齿排列为直线，齿间的间距全部相等。齿间的小水口宽窄一致，相互都在一条水平线上。

（3）线瀑。排线状的瀑布水流如同垂落的丝帘，这是线瀑的水景特色。瀑布口形状为尖齿状，尖齿排列成一条直线，齿间的小水口呈尖底状。从一排尖底状小水口处落下的水，即呈细线形。随着瀑布水量增大，水线也会相应变粗。

瀑布如图 4-15 所示。

图 4-15　瀑布

三、瀑布的布置

（1）筑造瀑布景观，应师法自然，以自然的瀑布作为造景砌石的参考，体现自然情趣。

（2）设计前需先行勘察现场地形，以决定瀑布的大小、比例及形式，并依此绘制平面图。

（3）设计瀑布时要考虑水源的大小和景观主题等，并依照岩石组合形式的不同进行合理的创新和变化。

（4）庭园属于平坦地形时，瀑布不要过高，以免看起来不自然。

（5）为节约用水，减少瀑布流水的损失，可用水泵循环供水如图 4-16 所示，平时只需补充一些因蒸发而损失的水量即可。

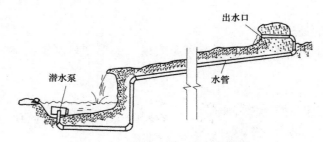

图 4-16　水泵循环供水瀑布示意图

人工建造的瀑布用水量较大，因此多采用水泵循环供水。其用水量标准可参阅表 4-2。

表 4-2　瀑布用水量估算表

瀑布落水高度/m	蓄水池水深/m	用水量/（L/s）	瀑布落水高度/m	蓄水池水深/m	用水量/（L/s）
0.30	6	3	3.00	19	7
0.90	9	4	4.50	22	8
1.50	13	5	7.50	25	10
2.10	16	6	>7.50	32	12

四、瀑布施工技术要点

1. 施工前的准备工作

（1）在施工以前要认真阅读图纸，熟悉瀑布设计图的结构特点，认真阅读施工说明书的内容，对工程做全面、细致的了解，解决基本疑问。详细了解本任务中瀑布的高度、水面宽度、高差等数据，为后期施工打下良好的基础。

（2）在施工前要做好详细的现场勘察，对施工范围内地上及地下的障碍物进行确认和记录，并确认处理方法。了解瀑布基址的土质情况，并制订相应的施工方案。

（3）施工前，对施工人员进行瀑布结构特点、施工工艺等内容的培训，并由专人对其进行技术交底和任务分配，以保证施工的质量和效率。根据图纸要求，选择符合要求的施工材料，并提供样品给甲方或监理人员进行检验，检验合格后按要求的数量进行购买。

（4）现场放线。根据现场勘察，按照施工设计图样，用石灰在地面上勾画出瀑布的轮廓，注意落水口与承水潭的高程关系，同时将顶部蓄水池和承水潭用石灰或沙子标出，还应注意循环供水线路的走向。

2. 管线安装

管线安装应结合假山施工同步进行。

3. 顶部蓄水池施工

顶部蓄水池采用混凝土做法，不再详述。

4. 承水潭施工

用电动夯机进行素土夯实，再铺上 200mm 厚的级配砂石垫层，接着现浇钢筋混凝土，最后用防水水泥砂浆砌卵石饰面。另外，凡瀑布流经的岩石缝隙都应封死，以免将泥土冲刷至潭中，影响瀑布水质。

5. 瀑布落水口的处理

瀑布落水口的处理是关键。为保证瀑布效果，要求堰口水平光滑，可采用下列办法处理。

（1）将落水口处的山石做卷边处理。

（2）堰唇采用青铜或不锈钢制作。

（3）适当增加堰顶蓄水池深度。

（4）在出水管口处设置挡水板，降低流速。

（5）将出水口处山石做拉道处理，凿出细沟，使瀑布呈丝带状滑落。

6. 瀑布装饰与收尾

（1）根据设计的要求对瀑道和承水潭进行必要的点缀，如种上水草，铺上卵石、净沙、散石等，必要时可安装灯光系统。

（2）试水前应将瀑道全面清洁，并检查管路的安装情况，打开水源，注意观察水流，如达到设计要求，说明瀑布施工合格。

第四节　喷　　泉

一、简介

喷泉是园林理水的手法之一，它是利用压力使水从孔中喷向空中，再自由落下的一种优秀造园水景工程，它以壮观的水姿、奔放的水流、多变的水形，深得人们喜爱。近年来，随着技术的进步，出现了多种造型喷泉、构成抽象形体的水雕塑和强调动态的活动喷泉等，大大丰富了喷泉的艺术效果。

二、喷泉的分类

（1）普通装饰性喷泉：是由各种普通的水花图案组成的固定喷水型喷泉。

（2）水雕塑：用人工或机械塑造出各种大型水柱的姿态。

（3）自控喷泉：用各种电子技术，按设计程序控制水、光、声、色，形成多变的景观。

（4）与雕塑结合的喷泉：喷泉的各种喷水花与雕塑、观赏柱等共同组成景观。

三、现代喷泉类型

1. 室内喷泉

室内喷泉的控制系统多为程控或实时声控。娱乐场所建议采用实时声控，伴随着优美的旋律，水景与舞蹈、歌声同步变化，相互衬托，使现场的水、声、光、色达到完美结合，极具表现力。

2. 旱泉

旱泉是将喷泉放置在地下，表面饰以光滑美丽的石材，可铺设成各种图案和造型。水花从地下喷涌而出，在彩灯照射下，地面犹如五颜六色的镜面，将空中飞舞的水花映衬得无比娇艳，使人流连忘返。停喷后，不阻碍交通，路面可照常行人，非常适合于宾馆、饭店、商场、大厦、街景小区等。

3. 程控喷泉

程控喷泉是将各种水形、灯光按照预先设定的排列组合进行控制程序的设计，通过计算机运行控制程序发出控制信号，使水形、灯光实现多姿多彩的变化。

4. 音乐喷泉

音乐喷泉是在程序控制喷泉的基础上加入音乐控制系统，计算机通过对音频及 MIDI 信号的识别，进行译码和编码，最终将信号输出到控制系统，使喷泉及灯光的变化与音乐保持同步，从而达到喷泉水形、灯光及色彩的变化与音乐情绪的完美结合，使喷泉表演更生动，更富有内涵。

5. 跑泉

跑泉适合于江、河、湖、海及广场等宽阔的地点。通过计算机控制数百个喷水点，随音乐的旋律超高速跑动，或瞬间形成排山倒海之势，或形成委婉起伏的波浪式，或组成其他的水景，衬托景点的壮观与活力。

6. 层流喷泉

层流喷泉又称为波光喷泉，采用特殊层流喷头，将水柱从一端连续喷向固定的另一端，中途水流不会扩散，不会溅落。白天，就像透明的玻璃拱柱悬挂在天空；夜晚在灯光照射下，犹如雨后的彩虹，色彩斑斓。层流喷泉适用于各种场合，可与其他喷泉相组合。

7. 趣味喷泉

趣味喷泉主要有子弹喷泉、鼠跳喷泉、时钟喷泉、游戏喷泉、乐谱喷泉、喊泉等。

（1）时钟喷泉。用许多水柱组成数码点阵，随时反映日期、小时、分钟及秒的运行变化，构成独特趣味。

（2）子弹喷泉。在层流喷泉基础上，将水柱从一端断续地喷向另一端，犹如子弹出膛般迅速准确射到固定位置，适用于各种场合。

（3）游戏喷泉。一般是旱泉形式，地面设置机关控制水的喷涌或采用音乐控制，游人在其间不小心碰触到，则忽而这里喷出雪松状水花，忽而那里喷出摇摆飞舞的水花，令人防不胜防，可嬉性很强，适合于公园、旅游景点等，具有较强的营业性能。

（4）鼠跳喷泉。一段水柱从一个水池跳跃到另一个水池，可随意启动，当水柱在数个水池之间穿梭跳跃时即构成鼠跳喷泉的特殊情趣。

（5）喊泉。由密集的水柱排列成坡型，当游人通过话筒喊话时，实时声控系统控制水柱的开与停，从而显示所喊内容，趣味性很强，适用于公园、旅游景点等，具有极强的营业性能。

（6）乐谱喷泉。用计算机对每根水柱进行控制，其不同的动态与时间差反映在整体上即构成形如乐谱般起伏变化的图形，也可把 7 个音阶做成踩键，控制系统根据游人所踩旋律及节奏控制水形变化，娱乐性强，适用于公园、旅游景点等，具有营业性能。

8. 水幕电影

水幕电影是通过高压水泵和特制水幕发生器，将水自上而下高速喷出，雾化后形成扇形"银幕"，由专用放映机将特制的录像带投射在"银幕"上，形成水幕电影。当观众在观摩电影时，扇形水幕与自然夜空融为一体，当人物出入画面时，好似人物腾起飞向天空或从天而降，产生一种虚无缥缈和梦幻的感觉，令人神往。

9. 激光喷泉

配合大型音乐喷泉设置一排水幕，用激光成像系统在水幕上打出色彩斑斓的图形、文字或广告，既渲染美化，又起到宣传、广告的效果。激光喷泉适用于各种公共场合，具有极佳的营业性能。

四、喷泉的布置

（1）首先要考虑喷泉的主题、形式。喷泉的主题、形式要与环境相协调，用环境渲染和烘托喷泉，以达到装饰环境的目的，或借助喷泉的艺术联想，创造意境。其次要根据喷泉所在地的空间尺度来确定喷水的形式、规模及喷水池的大小比例。

（2）喷泉多设于建筑、广场的轴线焦点或端点处，也可以根据环境特点，做一些喷泉小景，自由地装饰室内外的空间。喷泉宜安置在避风的环境中以保持水型。

（3）喷水池的形式有自然式和规则式。喷水的位置可以居于水池中心，组成图案，也可以偏于一侧或自由地布置。

a. 因喷水池中水的蒸发及在喷射过程中有部分水被风吹走等原因，会造成喷水池内水量产生损失，因此，在水池中应设补水管。补水管应和城市给水管相连接，并在管上设浮球阀或液位继电器，随时补充池内水量的损失，以保持水位稳定。

b. 为了防止因降雨使池水上涨而设的溢水管，应直接接通雨水管网，并应有不小于 3% 的坡度；溢水口的设置应尽量隐蔽，在溢水口外应设拦污栅。

c. 泄水管直通雨水管道系统，或与园林湖池、沟渠等连接起来，使喷泉水泄出后作为园林其他水体的补给水；也可供绿地喷灌或地面洒水用，但需另行设计。

d. 在寒冷地区，为防冻害，所有管道均应有一定坡度，一般不小于 2%，以便冬季将管道内的水全部排空。

e. 连接喷头的水管不能有急剧变化，如有变化，必须使管径逐渐由大变小，并且在喷头前必须有一段适当长度的直管，管长一般不小于喷头直径的 20~30 倍，以保持射流稳定。

五、喷泉构筑物

1. 泵房

（1）泵房是指安装水泵等提水设备的常用构筑物。在喷泉工程中，凡采用清水离心泵循环供水的都要设置泵房。按照泵房与地面的关系不同，泵房可分为地上式泵房、地下式泵房和半地下式泵房三种。

（2）地上式泵房建于地面上，多采用砖混结构，其结构简单，造价低廉，管理方便，但有时会影响喷泉环境景观，实际中最好和管理用房配合使用，适用于中小型喷泉。地下式泵房建于地面之下，园林中用得较多，一般采用砖混结构或钢筋混凝土结构，特点是需做特殊的防水处理，排水困难，造价较高，但不影响喷泉景观。半地下式泵房的主体建在地上和地下之间，兼具地上式和地下式的特点。

（3）泵房内安装有电动机、离心泵、电气控制设备及管线系统等。与水泵相连的管道有吸水管和出水管。吸水管是指喷水池至水泵间的管道，其作用是将水从水池中吸入水泵，并设闸阀控制。出水管是指水泵与分水器间的管道，设闸阀控制。为了防止喷水池中的水倒流，需在出水管安装单向阀。

（4）分水器的作用是将出水管的压力水分成多个支路，再由供水管送到喷水池中供喷水用。为了调节供水的水量和水压，应在每条供水管上安装闸阀。在北方地区，为了防止管道被冻坏，当喷泉停止运行时，必须将供水管内存的水排空。其方法是在泵房内供水管最低处设置回水管，接入房内下水池中排除，以截止阀控制。

泵房内应设置地漏，需特别注意防止房内地面积水。泵房用电要注意安全。开关箱和控制板的安装要符合规定。泵房内应配备灭火器等灭火设备。

2. 阀门井

给水阀门井。有时在给水管道上要设置给水阀门井，根据给水需要可随时开启和关闭，便于操作。给水阀门井内安装截止阀控制。

给水阀门井一般为砖砌圆形结构，由井底、井身和井盖组成。井底一般采用 C10 混凝土垫层，井底内径不小于 1.2m，井壁应逐渐向上收拢，且一侧应为直壁，便于设置铁爬梯。井口为圆形，直径 600mm 或 700mm。井盖采用成品铸铁井盖。

3. 喷水池

喷水池是喷泉的重要组成部分，其本身不仅能独立成景，起点缀、装饰、渲染环境的作用，而且还能维持正常的水位以保证喷水。因此，喷水池是集审美功能和实用功能于一体的人工水景。

喷水池的形状、大小应根据周围环境和设计需要而定。形状可以灵活设计，但要求富有时代感；水池大小要考虑喷高，喷水越高，水池越大，一般水池半径为最大喷高的 1~1.3 倍，平均池宽可为喷高的 3 倍。

实际使用中，如用潜水泵供水，吸水池的有效容积不得小于最大一台水泵 3min 的出水量。水池水深应根据潜水泵、喷头、水下灯具等的安装要求确定，其深度不能超过 0.7m，否则，必须设置保护措施。

喷水池的常见结构与施工见本章第二节。

六、喷泉的控制

1. 手阀控制

手阀是最常见和最简单的控制方式，在喷泉的供水管上安装手控调节阀，用来调节各管段中水的压力流量，以形成固定的水姿。

2. 电脑控制

电脑控制是通过计算机对音频、视频、光线、电流等信号的识别，进行译码和编码，最终将信号输出到控制系统，使喷泉及灯光的变化与音乐变化保持同步，从而达到喷泉水形、灯光、色彩、视频等与音乐情绪的完美结合，使喷泉表演更生动。

3. 音响控制

声控喷泉是利用声音来控制喷泉水形变化，是一种自控泉。它一般由以下几部分组成。

（1）声电转换、放大装置：通常由电子线路或数字电路、计算机组成。

（2）执行机构：通常使用电磁阀来执行控制指令。

（3）动力设备：用水泵提供动力，并产生压力水。

（4）其他设备：主要有管路、过滤器、喷头等。

声控喷泉的原理是将声音信号转变为电信号，经放大及其他一些处理，推动继电器或电子式开关，再去控制设在水路上的电磁阀的启闭，从而控制喷头水流的通断。这样，随着声音的起伏，人们可以看到喷水大小、高低和形态的变化。它能把人们的听觉和视觉结合起来，使喷泉喷射的水花随着音乐优美的旋律而翩翩起舞。

4. 继电器控制

继电器控制是用时间继电器按照设计时间程序控制水泵、电磁阀、彩色灯等的启闭，从而实现可以自动变换的喷水水姿。

七、喷泉施工技术要点

1. 准备工作

（1）熟悉设计图纸。首先对喷泉设计图有总体的分析和了解，体会其设计意图，掌握设计手法，在此基础上进行施工现场勘察，对现场施工条件要有总体把握，哪些条件可以充分利用，哪些必须清除等。

（2）布置好各种临时设施，职工生活及办公用房等。仓库按需而设，做到最大限度地降低临时性设施的投入。组织材料机具进场。

（3）做好劳务调配工作。应视实际的施工方式及进度计划合理组织劳动力，采用平行施工或交叉施工时，更应重视劳力调配，避免窝工浪费。

2. 回水槽

（1）核对永久性水准点，布设临时水准点，核对高程。

（2）测设水槽中心桩、管线原地面高程，施放挖槽边线、堆土堆料界线及临时用地范围。

（3）槽开挖时严格控制槽底高程，绝不超挖，槽底高程可以比设计高程提高 10cm，做预留部分，最后用人工清挖，以防槽底被扰动而影响工程质量。槽内挖出的土方，堆放在距沟槽边沿 1.0m 以外，土质松软危险地段应采用支撑措施，以防沟槽塌方。

（4）槽底素土夯实，槽四边周围使用 MU5.0 毛石和 M5 水泥砂浆砌筑。

1）浇筑方法。要求一次性浇筑完成，不留施工缝，加强池底及池壁的防渗水能力。

混凝土浇筑采用从底到上"斜面分层、循序渐进、薄层浇筑、自然流淌、连续施工、一次到顶"的浇筑方法。

2）振捣。应严格控制振捣时间、振捣点间距和插入深度，避免各浇筑带交接处的漏振。提高混凝土与钢筋的握裹力，增大密实度。

3）表面及泌水处理。浇筑成型后的混凝土表面水泥砂浆较厚，应按设计标高用刮尺刮平，赶走表面泌水，初凝前，反复碾压，用木抹子搓压表面2~3遍，以防止收水裂缝。

4）混凝土养护。中午、夜晚温差较大时，为保证混凝土施工质量，控制温度裂缝的产生，采取蓄水养护。蓄水前，采取先盖一层塑料薄膜，一层草袋，进行保湿临时养护。

3. 溢水、进水管线的安装

溢水、进水管线参照设计图纸安装。

4. 安装喷头、潜水泵、控制器、阀门

喷头、潜水泵、控制器、阀门参照设计图纸安装。

5. 喷水试验和喷头、水形调整

根据喷水试验的效果调整喷头，使水形达到设计要求。

第五章

园 路 工 程 施 工

第一节 园 路 基 本 知 识

一、园路简介

园路既是贯穿全园的交通网络，也是分隔各个景区、联系不同景点的纽带，同时也是组成园林景观的要素之一，并为游人提供活动和休息的场所。

二、园路的功能

1. 组织交通

园路可为游人提供舒适、安全、方便的交通条件，还可满足园林绿化、建筑维修、养护、管理等各种园务运输的需求。此外，园林景点依托园路进行联系，园路动态序列地展开指明了游览方向，引导游人从一个景点进入另一个景点。

2. 划分、组织空间

园林中通常利用地形、建筑、植物、水体或道路来划分园林功能分区。对于地形起伏不大、建筑比重小的现代园林绿地，用道路围合、分隔不同景区是主要的划分方式。借助道路面貌（线形、轮廓、图案等）的变化，还可以暗示空间性质、景观特点转换及活动形式的改变等，从而起到组织空间的作用。如在专类园中，园路划分空间的作用更是十分明显。

3. 引导游览线路

人随路走，步移景异，园路担负着组织园林的观赏程序、向游客展示园林风景画面的作用。园路中的主路和一部分次路就成了导游线。

4. 构成园景

园路作为空间界面的一个方面而存在着，自始至终伴随着游览者，并影响风景的观赏效果，它与山、水、植物和建筑等共同构成优美丰富的园林景观，主要表现在以下方面。

（1）创造意境。中国古典园林中，园路的花纹和材料与意境相结合，有其独特的风格与完整的构图，很值得学习。

（2）构成园景。通过园路引导，将不同角度和方向的地形地貌、植物群落等园林景观一一展现在眼前，形成一系列动态画面，即此时的园路也参与了风景的构图，可称之为"因景得路"。而且园路本身的曲线、质感、色彩、纹样、尺度等与周围环境相协调统一，也是构成园景的一部分。

（3）构成个性空间。园路的铺装材料和图案造型能形成和增强不同的空间感，如细腻感、粗犷感、安静感、亲切感等；丰富而独特的园路可以提升视觉趣味，增强空间的独特性和可识性。

（4）统一空间环境。总体布局中协调统一的地面铺装使尺度和特性上有差异的要素相互间连接，在视觉上统一起来。

（5）提供活动、休息和观赏的场地。在建筑小品周围、花坛边、水旁和树池等处，园路可扩展为广场，为游人提供活动和休息的场所。

（6）组织排水。道路可以借助其路缘或边沟组织排水。当园林绿地高于路面，就能汇集两侧绿地径流，利用其纵向坡度将雨水排除。

三、园路的类型

1. 按使用功能划分

（1）小径。小径是园路系统的最末梢，是供游人休憩、散步、游览的通幽曲径。可通达园林绿地的各个角落，是通达广场、园景的捷径，允许手推童车通行，宽度 0.5～1.5m 不等，并结合园林植物小品建设和起伏的地形，形成亲切自然、静谧幽深的自然游览步道。

（2）次园路。次园路是主园路的辅助道路，呈支架状连接各景区内景点和景观建筑，车辆可单向通过，为园内生产管理和园务运输服务。路宽可为主园路之半。自然曲度大于主园路，以优美舒展和富有弹性的曲线线条构成有层次的风景画面。

（3）主园路。主园路是景区内的主要道路，从园林景区入口通向全园各主景区、广场、公建、观景点、后勤管理区，形成全园骨架和环路，组成导游的主干路线，并能适应园内管理车辆的通行要求。

2. 按面层材料分类

（1）简易路面。简易路面由煤屑、三合土等组成的路面，多用于临时性或过渡性园路。

（2）碎料路面。碎料路面用各种片石、砖瓦片、卵石等碎料拼成的路面，图案精美，表现内容丰富，做工精致，主要用于各种庭园和游步小路。

（3）块料路面。块料路面包括各种天然块石、陶瓷砖和各种预制块料。块料路面坚固、平稳、图案纹样和色彩丰富，适用于广场、游步道等。

（4）整体路面。整体路面包括现浇水泥混凝土路面和沥青混凝土路面。整体路面平整、耐压、耐磨、适用于通行车辆或人流集中的公园主路和出入口。

3. 按构造形式分类

（1）园路根据构造形式一般可以分为路堑型、路堤型和特殊型，如图 5-1 所示。

（2）路堑型园路道牙位于道路边缘，路面低于两侧地面，利用道路排水。

（3）路堤型园路道牙位于道路靠近边缘处，路面高于两侧地面，利用明沟排水。

（4）特殊型园路包括步石、汀步、磴道、攀梯等。

园路如图 5-2 所示。

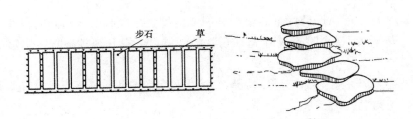

图 5-1　园路的基本构造类型

（a）路堤型（平面）；（b）特殊型

图 5-2　公园园路

四、园路系统的布置

风景园林的道路系统不同于一般的城市道路系统，有自己的布置形式和布局特点。一般所见的园路系统布局形式有套环式、条带式和树枝式，如图 5-3 所示。

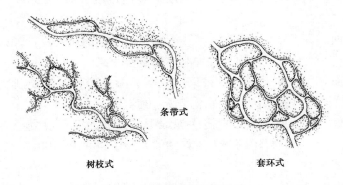

条带式

树枝式　　　套环式

图 5-3　常见园路布局形式

1. 条带式园路系统

在地形狭长的园林绿地上，采用条带式园路系统比较合适。这种布局形式的特点是：主园路呈条带状，始端和尽端各在一方，并不闭合成环。

2. 树枝式园路系统

以山谷、河谷地形为主的风景区和市郊公园，主园路一般只能布置在谷底，沿着河沟从下往上延伸。因此，从游览的角度看，它是游览性最差的一种园路布局形式，只有在受到地形限制时，才不得已而采用这种布局。

3. 套环式园路系统

这种园路系统的特征是：由主园路构成一个闭合的大型环路或一个"8"字形的双环路，再由很多的次园路和游览小道从主园路上分出，并且相互穿插连接与闭合，构成另一些较小的环路。

五、园路的结构

从构造上看，园路是由上部的路面和下部的路基两大部分组成，如图 5-4 所示。

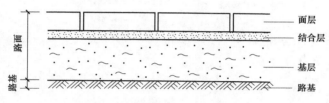

图 5-4　园路路面平面、剖面图

1. 面层

面层是路面最上面的一层，面层设计时要坚固、平稳、耐磨损，具有一定的粗糙度、少尘埃，便于清扫。

2. 结合层

结合层是在采用块料铺筑面层时，在面层和基层之间，为了结合和找平而设置的一层。一般用 3~5cm 厚的粗砂、水泥砂浆或白灰砂浆即可。

3. 基层

基层一般在土基之上，起承重作用。一方面支撑由面层传下来的荷载，另一方面把此荷载传给土基。基层不直接接受车辆和气候因素的作用，对材料的要求比面层低。一般用碎石、灰土、各种工业废渣、混凝土等筑成。

4. 垫层

在路基排水不良或有冻胀、翻浆的路线上，为了排水、隔温、防冻的需要，用煤渣土、石灰土等筑成垫层。在园林中也可以用加强基层的办法，而不另设此层。

六、附属工程

1. 道牙

（1）道牙一般分为立道牙和平道牙两种形式，其构造如图 5-5 所示。

（2）道牙安置在路面两侧，使路面与路肩在高程上起衔接作用，并能保护路面，便于排水。道牙一般用砖或混凝土制成，在园林中也可以用瓦、大卵石、条石等做成。

2. 台阶

（1）当路面坡度超过 12% 时，为了便于行走，在不通行车辆的路段上，可设台阶。

一般台阶不宜连续使用，如地形许可，每10~18级后应设一段平坦的地段，使游人有恢复体力的机会。

（2）台阶可以作为非正式的休息处，同时可以在道路的尽头充当焦点物并能在外部空间中构成醒目的地平线。

3. 礓磋

在坡度较大的地段上，一般纵坡超过15%时应设台阶，但为了能通行车辆而将斜面做成锯齿形坡道，称为礓磋，其形式和尺寸如图5-6所示。

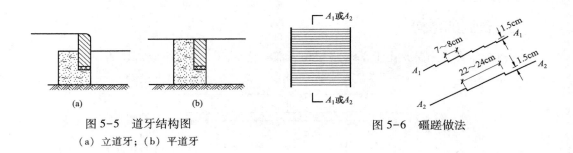

图 5-5　道牙结构图
（a）立道牙；（b）平道牙

图 5-6　礓磋做法

4. 磴道和梯道

（1）在园林土山或石假山及其他一些地方，为了与自然山水园林相协调，梯级道路不采用砖石材料砌筑成整齐的阶梯，而是采用顶面平整的自然山石，依山随势，砌成山石磴道。

（2）梯道是在风景区山地或园林假山上最陡的崖壁处设置的攀登通道。一般是从下至上在崖壁凿出一道道横槽作为梯步，如同天梯一样。

5. 种植池、明沟和雨水井

种植池是为满足绿化而特地设置的，规格依据相关规范而定，一般为 1.5m×1.5m。明沟和雨水井是为收集路面雨水而建的构筑物，园林中常以砖块砌成。

七、常用园路铺装材料

1. 刚性铺地材料

刚性道路是指现浇混凝土及预制构件所铺成的道路，有着相同的几何路面，通常需要在混凝土地基上铺一层砂浆，目的是形成一个坚固的平台，特别是使用那些细长的或易碎的铺地材料时。不管是天然石块还是人造石块，松脆材料和几何铺装材料的配置及加固，都依赖于这个稳固的基础。

（1）砖及瓷砖。砖是一种非常流行的铺地材料，它们能与天然石头或人造材料很好地结合起来，如混凝土或人造石板，作为植物很好的陪衬，可做出各种吸引人的图案。

1）砖和瓷砖是为表面铺装而设计的，所以必须要耐磨和耐冻。如果用作人行道的路面，在压实的素土层上加上碎石层、砂浆层和砌砖层就足够了。对行车道，则要外加一层混凝土才比较保险，并且要用各种不同厚度的砖砌边作为耐磨线。

2）砖的纹理、形状和颜色是多种多样的。传统的砖块是用黏土烧制而成的，具有一种亲切、舒适的感觉，不像混凝土或砂和石灰混合物的颜色那样可以滤去或慢慢褪色。当砖块铺放在建筑物附近时，应该尽可能与周围的环境相配。在边缘、阶梯或小品中使用砖块，也能起到连接对比强烈的新式铺地和周围环境的作用。

3）瓷砖具有一定的形状和耐磨性。最硬的瓷砖是用素烧黏土制成的，它们很难切断。瓷砖也可以像砖那样在砂浆上拼砌。不是所有的瓷砖都具有抗冻性，所以常常要做一层混凝土基层。

（2）天然石块。不同类别的天然石块有着不同的质感和硬度。它们的使用寿命受切割和堆砌方式的影响。密度相同的硬石通常按一定规格切割，个别有纹理的石头可分割成平板石，以产生"劈裂"的表面。但潮湿和霜冻都会对石头有影响，会使石头一层层地剥落。

（3）混凝土人造石。水泥混凝土可塑造出不同种类的石块，做得好的可以以假乱真。这些人造石可作为铺筑装饰性地面的材料。在很多情况下，还可在混凝土中加入颜料。有些是用模具仿造天然石，有些则利用手工仿造。当混凝土还在模具内时，可刷扫湿的混凝土面，以形成合适的凹槽及不打滑的表面；有的则是借机械用水压出多种涂饰和纹理。

（4）混凝土面层。撇开它呆板和冷漠的外表，混凝土面层令人满意的地面处理方式能够在庭院布景中达到出奇制胜的效果。与多种不光滑的装饰面层不同的是，这种面层可用砖、石块或木材在必要的地方创造出具有吸引力的细部，同时处理好伸缩缝。这些伸缩缝是混凝土面层抵抗热胀冷缩的核心。

2. 柔性铺地材料

柔性道路是各种材料完全压实在一起而形成的，会将交通荷载向下面各层传递。这些材料利用它们天然的弹性在荷载作用下轻微移动，因此在设计中应该考虑限制道路边缘的方法，防止道路结构的松散和变形。

（1）沥青。沥青是一种理想的铺装材料，它中性的质感是植物造景理想的背景材料。而且运用好的边缘材料可以将柔性表面和周围环境相结合。铺筑沥青路面时应用机械压实表面，且应注意将地面抬高，这样可以将排水沟隐藏在路面下。

（2）嵌草混凝土砖。许多不同类型的嵌草混凝土砖对于草地造景是十分有用的。它们特别适合那些要求完全铺草，却又是车辆与行人入口的地区。这些地面也可以作为临时的停车场，或作为道路的补充物。铺装时，首先应在碎石上铺一层粗砂，然后在水泥块的种植穴中填满泥土和种上草及其他矮生植物。

（3）砾石。砾石是一种常用的铺地材料，它适合于在庭园各处使用，对于规则式和不规则式设计来说均适用。砾石包括了3种不同的种类：机械碎石、圆卵石和铺路砾石。机械碎石是用机械将石头碾碎后，再根据碎石的尺寸进行分级。它凹凸的表面会给行人带来不便，但将它铺装在斜坡上却比圆卵石稳固。圆卵石是一种在河床和海底被水冲击而成的小鹅卵石，铺筑工艺要求较高，否则容易松动。铺路砾石是一种尺寸为15～25mm，由碎石和细鹅卵石组成的天然材料，通常铺在黏土中或嵌入基层中使用。

第二节 园路工程施工技术

园路工程施工的重点在于控制好施工面的高程，并注意与园林其他设施的有关高程的协调。施工中，园路路基和路面基层的处理只要达到设计要求的牢固和稳定性即可，而路面面层的铺地，则要更加精细，更加强调质量方面的要求。

一、施工前的准备

1. 资料设计文件

施工前，负责施工的单位，应组织有关人员熟悉设计文件，以便编制施工方案，为完成施工任务创造条件。园路建设工程设计文件包括初步设计和施工图两部分。

（1）要反复学习和领会设计文件的精神，了解设计意图，以便更好地指导施工。

（2）要注意设计文件中所采用的各项技术指标，认真考虑其技术经济的合理性和施工的可能性。

（3）路面结构组合设计是路面工程的重要环节之一，要注意其形式和特点。

（4）工程造价的计算数据方法要仔细校对。不但要注意工程总造价，更要注意分项造价。

（5）在熟悉设计文件的过程中，如发现疑问、错误和不妥之处，要及时与设计单位和有关单位联系，共同研究解决。

2. 方案编制

方案是指导施工和控制预算的文件，一般的施工方案在施工图阶段的设计文件中已经确定，但负责施工的单位，应做进一步的调查研究，根据工程的特点，结合具体施工条件，编制出更为深入而具体的施工方案。

▶ 提示：

深入调查，反复研究，充分利用有利因素，注意不利因素，使所编制的施工方案合理、可靠与切实可行。分项工程和各施工作业段的施工期限，应与设计文件中总施工期限吻合。确定期限时，应周密考虑各种因素（如雨、风、雪等气候条件及其他因素），尤其是路面工程的特点。各工序和分项工程之间的安排要环环紧扣，做到按时或提前完成任务。已经确定的施工方案，并不是一成不变的。在编制方案时尽可能把多种因素都考虑进去，在施工过程中如果发现不足之处，应随时予以改正，并加以合理调整。

3. 工作

（1）修建房屋（临时工棚）。按施工计划确定修缮房屋数量或工棚的建筑面积。

（2）场地清理。在园路工程涉及的范围内，凡是影响施工进行的地上、地下物均应在开工前进行清理，对于保留的大树应确定保护措施。

（3）便道便桥。凡施工路线均应在路面工程开工前做好维持通车的便道便桥和施工车辆通行的便桥（如通往料场、搅拌站地的便道）。

（4）备料。现场备料多指自采材料的组织运输和收料堆放，但外购材料的调运和储存工作也不能忽视。

4. 放线

按路面设计的中线，在地面上每 20~50m 放一中心桩，在弯道的曲线上应在曲头、曲身和曲尾各放一中心桩，并在各中心桩上写明桩号，再以中心桩为准，根据路面宽度定边桩，最后放出路面的平曲线。

二、路槽开挖

（1）在修建各种路面之前，应在要修建的路面下先修筑铺路面用的浅槽（路槽），经碾压后使用，使路面更加稳定、坚实。

（2）一般路槽有挖槽式、培槽式和半挖半培式三种，修筑时可由机械或人工进行。通常按设计路面的宽度，每侧放出 20cm 挖槽，路槽的深度应等于路面的厚度，槽底应有 2%～3% 的横坡度。路槽做好后，应在槽底上洒水，使其潮湿，然后用蛙式夯夯 2～3 遍。

（3）压实度应符合要求，详见表 5-1。

表 5-1　　　　　　　　　　不同路面等级的路基压实标准

路槽底以下的深度/cm 要求的压实系数 K		路 面 等 级					
		次高级路面		中级路面		低级路面	
		0～80	>80	0～80	>80	0～80	>80
路基类别	一般填方路基	0.95	0.90	0.85	0.90	0.85	
	受浸水影响的填方路基，由计算水位以上 $H=H_2-80cm$ 起算至路槽底	0.90		0.90		0.85～0.90	
	零填挖方路基 0～30cm	0.95		0.90		0.85～0.90	

注　1. 按标准试验法求得的最佳密实度 $K=1.0$。

　　2. H_2 为中湿路段临界高度。

　　3. H 不能为负值，并不得小于 30cm。

（4）各部分试验鉴定见表 5-2。

表 5-2　　　　　　　　　　各 部 分 试 验 鉴 定 表

项　　目	允许偏差	检验范围	检 验 方 法
压实度	见表 5-1	每 50m 为一段	每段最少试验 1 次
平整度	不大于 1cm	每 50m 为一段	以 2m 靠尺检验，每段至少 5 处
纵横断	±2cm	每 50m 为一段	按桩号用五点法检验横断
宽度	不小于设计宽度	每 50m 为一段	用皮尺丈量，每段抽查 2 处

三、基层施工

1. 干结碎石基层

（1）干结碎石基层是指在施工过程中，不洒水或少洒水，依靠充分压实及用嵌缝料充分嵌挤，使石料间紧密锁结所构成的具有一定强度的结构。

（2）要求石料强度不低于 8 级，软硬不同的石料不能掺用。

（3）碎石最大粒径视厚度而定，一般不宜超过厚度的 0.7 倍，50mm 以上的大粒料占 70%～80%，5～20mm 粒料占 5%～15%，其余为中等粒料，见表 5-3。

表 5-3 干结碎石材料用量参考表

路面厚度 /cm	干结碎石材料用量/（m³·1000⁻¹m⁻²）					
	大块碎石		第一次嵌缝料		第二次嵌缝料	
	规格/mm	用量	规格/mm	用量	规格/mm	用量
8	30~60	88	5~20	20	—	—
10	40~70	110	5~20	25	—	—
12	40~80	132	20~40	35	5~20	18
14	40~100	154	20~40	40	5~20	20
16	40~120	176	20~40	45	5~20	22

（4）清理路槽内浮土杂物，对于出现的个别坑槽等应予以修理。

（5）补钉沿线边桩、中桩，以便随时检查标高、宽度、路拱。

（6）在备料中，应注意材料的质量，大、小料应分别整齐堆放在路外料场上或路肩上。

（7）摊铺碎石。摊铺虚厚度为压实厚度的 1.1 倍左右。

（8）稳压。先用 10~12t 压路机碾压，碾速宜慢，每分钟为 25~30m，后轮重叠宽 1/2，先沿整修过的路肩一齐碾压，往返压两遍，即开始自路面边缘压至中心。碾压一遍后，用路拱板及小线绳检验路拱及平整度，局部不平处，要去高垫低。

（9）撒填充料。将粗砂或灰土（石灰剂量的 8%~12%）均匀撒在碎石层上，用竹扫帚扫入碎石缝内，然后用洒水车或喷壶均匀洒一次水。水流冲出的空隙再以砂或灰土补充，至不再有空隙并露出碎石尖为止。

（10）压实。用 10~12t 压路机继续碾压，碾速稍快，每分钟 60~70m，一般碾 4~6 遍（视碎石软硬而定），切忌碾压过多，以免石料过于破碎。

（11）铺撒嵌缝料。大块碎石压实后，立即用 10~21t 压路机进行碾压，一般碾压 2~3 遍，碾压至表面平整稳定且无明显轮迹为止。

（12）碾压。嵌缝料扫匀后，立即用 10~21t 压路机进行碾压，一般碾压 2~3 遍，碾压至表面平整稳定且无明显轮迹为止。

（13）质量鉴定表见表 5-4。

表 5-4 质 量 鉴 定 表

检验项目	质量标准或允许误差	检验范围	检验方法与要求
压实度	2000~2200kg/m³	每 500m 一段	每段至少试 1 处
平整度	±1cm	每 500m 一段	每段至少测 5 处，用 3m 直尺检查
厚度	±10%	每 500m 一段	每段检查 3 处，每处检查 3 个点
纵断	±2cm	每 500m 一段	按桩号检查纵断高程
横断	±0.5%	每 500m 一段	每段至少测 5 处，用路拱板检查
宽度	不小于设计宽度	每 1000m 一段	每段量 3 处，用皮尺由中心桩向两边量

2. 天然级配砂砾基层

天然级配砂砾是用天然的低塑性砂料，经摊铺整型并适当洒水碾压后所形成的具有一定密实度和强度的基层结构。其一般厚度为 10~20cm，若厚度超过 20cm 应分层铺筑。适用于园林中各级路面，尤其是有荷载要求的嵌草路面，如草坪停车场等。

（1）砂砾。砂砾要求颗粒坚韧，大于 20mm 的粗骨料含量达 40%以上，其中最大料径不大于基层厚度的 0.7 倍，即使基层厚度大于 14cm，砂石材料最大料径一般也不得大于 10cm。

（2）5mm 以下颗粒的含量应小于 35%，塑性指数不大于 7。

（3）检查和整修运输砂砾的道路。

（4）对于沿线已遗失或松动的测量桩橛要进行补钉。

（5）对于砂料的质量和数量要进行检查。若采用平地机摊铺时，粒料可在料场选好后，用汽车或其他运输工具随用随运，也可预先备在路边上；若为人工摊铺粒可按条形堆放在路肩上。

（6）施工程序：摊铺砂石→洒水→碾压斗养护。

（7）摊铺砂石。砂石材料铺前，最好根据材料的干湿情况，在料堆上适当洒水，以减少摊铺粗细料分离的现象。虚铺厚度随颗粒级配、干湿不同情况，一般为压实厚度的 1.2~1.4 倍。通常有平地机摊铺及人工摊铺两种方式。

（8）洒水。摊铺完一段（200~300m）后用洒水车洒水（无洒水车用喷壶代替），用水量应使砂石料全部湿润又不致路槽发软为度，用水量在 60%~80%。

（9）碾压。洒水后待表面稍干时，即可用 10~12t 压路机进行碾压。碾速每分钟 60~70m，后轮重叠 1/2，碾压方法与石块碎石同。碾压 1~3 遍初步稳定后，用路拱板及小线检查路拱及平整度，及时去高垫低，一般掌握宁低勿高的原则。

（10）养护。碾压完后，可立即开放交通，要限制车速，控制行车全幅均匀碾压，并派专人洒水养护，使基层表面经常处于湿润状态，以免松散。

（11）质量鉴定参见表 5-5。

表 5-5 质 量 鉴 定 表

检验项目	质量标准或允许误差	检验范围	检 验 方 法
压实度	2230kg/m³	每 500m 一段	每段至少试 1 处
平整度	±1cm	每 500m 一段	每段至少测 5 处，用 3m 直尺检查
厚度	±10%	每 1000m 一段	钻孔测量每千米 1~2 处，双车道两个，单车道一个
纵断	±2cm	每 500m 一段	按桩号检查纵断高程
横断	±0.5%	每 500m 一段	每段至少测 5 处，用路拱板检查
宽度	不小于设计宽度	每 1000m 一段	选取 1~2 处进行检验，用皮尺由中心桩向两边丈量

四、结合层

（1）一般用 M7.5 水泥、白泥、砂混合砂浆或 1：3 白灰砂浆。砂浆摊铺宽度应大于铺装面约 5~10cm，已拌好的砂浆应当日用完，严禁用隔夜砂浆。

（2）也可用 3~5cm 的粗砂均匀摊铺而成。特殊的石材铺地，如整齐石块和条石块，结合层采用 M10 水泥砂浆。

五、面层

（1）在完成的路面基层上，重新定点、放线，每 10m 为一施工段落，根据设计标高、路面宽度定放边桩、中桩，打好边线、中线。

（2）不同的面层材料施工方法略有差异，但总体上都要求美观、平稳、牢固，面层下不能有空鼓，并保证设计的横坡和纵坡。

六、道牙施工

（1）道牙的基础要和路床的基础同时进行，以保证整体均匀的密实度。结合层常用 M15 的水泥砂浆，厚 3~5cm。

（2）道牙安装要平稳牢固，背面一般用白灰土夯实保护，一般 10cm 厚，15cm 宽，密实度 90% 以上。

七、块料路面

块料路面的施工要将最底层的素土充分压实，然后可在其上铺一层碎砖石块。通常还应该加上一层混凝土防水层（垫层），再进行面层的铺筑。块料铺筑时，在面层与道路基层之间所用的结合层做法有两种：一种是用湿性的水泥砂浆、石灰砂浆或混合砂浆作为结合材料，另一种是用干性的细砂、石灰粉、灰土（石灰和细土）、水泥粉砂等作为结合材料或垫层材料。

1. 类型

（1）湿法铺筑。

1）用厚度为 15~25mm 的湿性结合材料，如水泥砂浆、石灰砂浆或混合砂浆等，在面层之下作为结合层，然后在其上砌筑片状或块状贴面层。

2）砌块之间的结合以及表面抹缝，也用这些结合材料。用花岗石、釉面砖、陶瓷广场砖、碎拼石片、马赛克等材料铺地时，一般要采用湿法铺砌。

3）用预制混凝土方砖、砌块或黏土砖铺地，也可以用此法。

（2）干法砌筑。

1）以干粉砂状材料，如干砂、细砂土、1∶3 水泥干砂、3∶7 细灰土等，做路面面层砌块的垫层或结合层。

2）砌筑时，先在路面基层上平铺一层粉砂材料，其厚度为：干砂、细土为 30~50mm；水泥砂、石灰砂、灰土为 25~35mm。

3）铺好找平后，按照设计的拼装图案，在垫层上拼砌成路面面层。路面每拼装好一段，就用平直小板垫在顶面，以铁锤在多处振击（或用橡胶锤直接振击），使所有砌块的顶面都保持在一个平面上，这样可将路面铺装得十分平整。

4）路面铺好后，再用干燥的细砂、水泥粉、细石灰粉等撒在路上并扫入砌块缝隙中，使缝隙填满，最后将多余的灰砂清扫干净。砌块下面的垫层材料将慢慢硬化，使面层砌块和下面的基层紧密地结合成一体。

适宜采用这种干法砌筑的路面材料主要有石板、整形石块、预制混凝土方砖和砌块等。传统古建筑庭园中的青砖铺地、金砖墁地等，也常采用干法砌筑。

2. 施工技术要点

（1）施工准备。

1）施工准备内容参照其他工程施工准备过程。在园路铺装工程中，铺装材料的准备工作要求是比较高的，特别是广场的施工，形状变化多，需事先对铺装广场的实际尺寸进行放样，确定边角的方案及广场与园路交接处的过渡方案。

2）各种花岗石的数量。在进料时要把好材料的规格尺寸、机械强度和色泽一致的质量关。

（2）基层。

1）在已完成的基层上定线、立混凝土模板。模板的高度为10cm以上，但不要太高，并在挡板画好标高线。复核、检查和确认道路边线和各设计标高点正确无误后，在干燥的基层上洒一层水或1∶3砂浆。

2）按设计的比例配制、浇筑、捣实混凝土100mm厚，再用长1m以上的直尺将顶面刮平。施工中要注意做出路面的横坡和纵坡。

3）混凝土基层施工完成后，应及时开始养护，养护期为7天以上，冬季施工后养护期还应更长一点。可用湿的稻草、湿砂及塑料膜覆盖在路面上进行养护。养护期内应保持潮湿状态。除洒水车外，应封闭交通。

（3）面层。

1）广场砖面层铺装是园路铺装的一个重要的质量控制点，必须控制好标高、结合层的密实度及铺装后的养护。在完成的水泥混凝土面层上放样，根据设计标高和位置打好横向桩和纵向桩，纵向线间距为1板块的宽度，横向线按施工进展向下移，移动距离为板块的长度。

2）将水泥混凝土面层上扫净后，洒上一层水，再将1∶3的干硬性水泥砂浆在稳定层上平铺一层，厚度为30mm，作结合层用，铺好后抹平。

3）先将块料背面刷干净，铺贴时保持湿润。根据水平线、中心线（十字线）进行块料预铺，并应对准纵横缝，用木槌着力敲击板中部，振实砂浆至铺设高度后，将石板掀起，检查砂浆表面与砖底相吻合后，如有空虚处，应用砂浆填补。在砂浆表面先用喷壶适量洒水，再均匀撒一层水泥粉，把石板块对准铺贴。铺贴时四角要同时着落，再用木槌着力敲击至平正。

面层每拼好一块，就用平直的木板垫在顶面，用橡皮锤在多处振击（或垫上木板，锤击打在木板上），使所有的砖的顶面均保持在一个平面上，这样可使块料铺装十分平整。注意留缝间隙按设计要求保持一致，水泥砂浆应随铺随刷，避免风干。

4）铺贴完成24h后，经检查块料表面无断裂、空鼓后，用稀水泥刷缝、填饱满，并随即用于布擦净至无残灰、污迹为止。

5）施工完后，应多次浇水进行养护，达到最佳强度。

（4）竣工验收。

1）砖面层洁净，图案清晰，色泽一致，接缝平整，深浅一致，周边顺直。板块无裂缝纹、掉角和缺棱等现象。

2）面层镶边用料尺寸符合设计要求，边角整齐、光滑。

3）勾缝和压缝应采用同品种、同强度等级、同颜色的水泥，并做养护和保护。

4）面层表面坡度应符合设计要求，不倒泛水，无积水。

5）砖面层的允许偏差应符合表 5-6 的要求。

表 5-6   砖 面 层 的 允 许 偏 差

项次	项目	允许偏差/mm				检 验 方 法
		水泥砖	混凝土预制块	青砖	草坪砖	
1	表面平整度	±3.0	±4.0	±1.0	±5.0	用 2m 靠尺和楔形塞尺检查
2	缝合平直	±3.0	±3.0	±1.0	±5.0	拉 5m 线和钢尺检查
3	接槎高低差	±1.0	±1.0	±1.0	±5.0	用钢尺和楔形塞尺检查
4	板块间隙宽度	2.0	2.0	2.0	5.0	用钢尺检查

注   检查数量：每 200m² 检查 3 处；不足 200m² 的不少于 1 处。

八、碎料路面

1. 一般碎料路面施工技术要点

（1）碎料路面施工时，在已做好的道路基层上铺垫一层结合材料，厚度一般可在 40~70mm。

（2）垫层结合材料主要用 1∶3 石灰砂浆、3∶7 细灰土、1∶3 水泥砂浆等，用于法砌筑或湿法砌筑都可以，但干法施工更为方便一些。

（3）在铺平的松软垫层上，按照预定的图样开始镶嵌拼花。一般用市砖、小青瓦瓦片来拉出线条、纹样和图形图案，再用各色卵石、砾石镶嵌作花，或拼成不同颜色的色块，以填充图形大面。

（4）经过进一步修饰和完善图案纹样，并尽量整平铺地后，就可以定稿。定稿后的铺地地面仍要用水泥干砂、石灰干砂撒布其上，并扫入砖石缝隙中填实。

（5）最后，除去多余的水泥石灰干砂，清扫干净。

（6）再用细孔喷壶对地面喷洒清水，稍使地面湿润即可，不能用大水冲击或使路面有水流淌。

（7）完成后，养护 7~10 天。

2. 卵石路

（1）卵石路类型。铺卵石路一般分预制和现浇两种。现场浇筑方法通常是先铺筑 3cm 厚水泥砂浆，再铺水泥素浆 2cm，待素浆稍凝，即用备好的卵石一个个插入素浆内，且要求入浆 2/3，露出地面为圆润面，再用抹子压实，卵石要扁圆长尖、大小搭配。根据设计要求，用各色石子插出各种花卉、鸟兽图案，然后用清水将石子表面的水泥刷洗干净，第二天可再以 30% 的草酸液体洗刷表面，使石子颜色鲜明。

地面镶嵌与拼花施工前，要根据设计的图样准备镶嵌地面用的砖石材料。施工时，先要在细密质地的青砖上放好大样，再细心雕刻，做好雕刻花砖，在施工时可嵌入铺地图案中。卵石路面要精心挑选铺地用的石子，挑选出的石子应该按照不同颜色、不同大小、不同长扁形状分类堆放，铺地拼花时才能方便使用。

（2）卵石路施工技术要点。

1）施工准备。施工准备内容参照园路施工相关内容。需要注意，要精心选择铺地的石子，挑选出的石子按照不同颜色、不同大小分类堆放，便于铺地拼花时使用。一般开工前材料进场应在70%以上。若有运输能力，运输道路畅通，在不影响施工的条件下可随用随运。在完成所有基层和垫层的施工之后，方可进入下一道工序的施工。

2）绘制图案。按照设计图所绘的施工坐标方格网，将所有坐标点测设到场地上并打桩定点。再用木条或塑料条等定出铺装图案的形状，调整好相互之间的距离，用铁钉将图案固定。

3）铺设水泥砂浆结合材料。在垫层表面抹上一层70mm的水泥砂浆，并用木板将其压实、整平。

4）填充卵石。待结合材料半干时进行卵石施工。卵石要一个个插入水泥砂浆内，深度适中，间距10mm左右，以保证竣工后的牢固性和装饰性。用抹子压实，根据设计要求，将各色石子按已绘制的线条插出施工图设计图案，然后用清水将石子表面的水泥砂浆刷洗干净，卵石间的空隙填以水泥砂浆找平。

5）拆除模板和后期管理。拆除模板后的空隙必须妥当处理，并洗去附着在石面的灰泥，第二天再用30%草酸液体洗刷表面，使石子颜色鲜明。养护期为7天，在此期间内应严禁行人、车辆等走动和碰撞。

6）竣工。

a.用观察法检查卵石的规格、颜色是否符合设计要求。

b.观察镶嵌成形的卵石是否及时用抹布擦干净，保持外露部分的卵石干净、美观、整洁。

c.卵石顶面应平整一致，脚感舒适，不得积水。相邻卵石高差均匀，相邻卵石最小间距一致。检查方法：观察、尺量。

d.卵石黏结层的水泥砂浆或混凝土标号应满足设计要求。

e.卵石镶嵌时大头朝下，埋深不小于2/3；厚度小于2~12m的卵石不得平铺，嵌入砂浆深度应大于1/2颗粒。

f.镶嵌养护后的卵石面层必须牢固。

g.用观察法检查铺装基层是否牢固并清扫干净。

九、特殊园路技术要点

1. 梯道

园林道路在穿过高差较大的上下层台地，或者穿行在山地、陡坡地时，都要采用踏步梯道的形式。即使在广场、河岸等较平坦的地方，有时为了创造丰富的地面景观，也要设计一些踏步或梯道，使地面的造型更加富于变化。园林梯道种类及其结构设计要点如下。

（1）砖石阶梯踏步。

1）以砖或整形毛石为材料，M2.5混合砂浆砌筑台阶与踏步，砖踏步表面按设计可用1:2水泥砂浆抹面，也可做成水磨石踏面，或者用花岗石、防滑釉面地砖做贴面装饰。

a.根据行人在踏步上行走的规律，一步踏的踏面宽度应设计为28~38cm，适当再加宽一点也可以，但不宜超过60cm。

b.二步踏的踏面宽为90~100cm。每一级踏步的高度也要统一起来，不得高低相间。

c.一级踏步的高度一般应设计为10~16.5cm，低于10cm时行走不安全，高于

16.5cm 时行走较吃力。

2）儿童活动区的梯级道路，其踏步高应为 10~12cm，踏步宽不超过 46cm。一般情况下，园林中的台阶梯道都要考虑轮椅和自行车推行上坡的需要，要在梯道两侧或中带设置斜坡道。

a. 梯道太长时，应当分段插入休息缓冲平台。

b. 梯道每一段的梯级数最好控制在 25 级以下；缓冲平台的宽度应大于 1.58m，否则不能起到缓冲的作用。

c. 在设置踏步的地段上，踏步的数量至少应为 2~3 级，如果只有一级而又没有特殊的标记，则容易被人忽略，易绊跤。

（2）混凝土踏步。

1）踏步一般将斜坡上素土夯实，坡面用 1∶3∶6 三合土（加碎砖）或 3∶7 灰土（加碎砖石）做垫层并筑实，厚 6~10cm；也可采用 C10 混凝土现浇做踏步。

2）踏步表面的抹面可按设计进行。

3）每一级踏步的宽度、高度以及休息缓冲平台、轮椅坡道的设置等要求，都与砖石阶梯踏步相同。

图 5-7 山石磴道

（3）山石磴道。

1）在园林土山或石假山及其他一些地方，有时为了与自然山水园林相协调，梯级道路不采用砖石材料砌筑成整齐的阶梯，而是采用顶面平整的自然山石，依山随势地砌成山石磴道，如图 5-7 所示。

2）山石材料可根据各地资源情况选择，砌筑用的结合材料可用石灰砂浆，也可用 1∶3 水泥砂浆，还可以采用砂土垫平塞缝，并用片石刹垫稳当。踏步石踏面的宽窄允许有些不同，可在 30~50cm 之间变动。踏面高度还是应统一，一般采用 12~20cm。设置山石磴道的地方本身就是供登攀的，所以踏面高度应大于砖石阶梯。

（4）攀岩天梯梯道。这种梯道是在山地风景区或园林假山上最陡的崖壁处设置的攀登通道。一般是从下至上在崖壁凿出一道道横槽作为梯步，如同天梯一样。

梯道旁必须设置铁链或铁管矮栏，并固定于崖壁壁面，作为登攀时的扶手。

2. 园桥

园桥是园林工程建设中连接山、水两地的主要方式，也是同路的变式之一。园桥的结构形式随其主要建筑材料而有所不同。例如，钢筋混凝土园桥和小桥的结构常用板梁桥式，石桥常用悬臂梁式或拱券式，铁桥常采用桁架式，吊桥常用悬索式等，这都说明了建筑材料与桥梁的结构形式是紧密相关的。

3. 汀步

常见的汀步有仿树桩汀步、板式汀步和荷叶汀步等，其施工方法因形式不同而异。

（1）仿树桩汀步。

1）仿树桩汀步的施工要点是用水泥砂浆砌砖石做成树桩的基本形状，表面再用 1：2.5 有色水泥砂浆抹面，并塑造树根与树皮形象。

　　2）树桩顶面仿锯截面做成平整面，用仿本色的水泥砂浆抹面。

　　3）待抹面层稍硬时，用刻刀刻画出一圈圈年轮环纹。

　　4）清扫干净后，再调制深褐色水泥浆，抹进刻纹中；抹面层完全硬化之后，打磨平整，使年轮纹显现出来。

　　（2）板式汀步。

　　1）板式汀步的铺砌板的平面形状可为长方形、正方形、圆形、梯形、三角形等。梯形和三角形铺砌板的功能主要是组合成板面形状有变化的规则式汀步路面。

　　2）铺砌板宽度和长度可根据设计确定，其厚度常设计为 80~120mm。板面可以用彩色水磨石来装饰，不同颜色的彩色水磨石铺路板能够铺装成美观的彩色路面。有用木板做板式汀步的，如图 5-8 所示。

图 5-8　板式汀步

　　（3）荷叶汀步。

　　1）荷叶汀步的步石由圆形面板、支撑墩（柱）和基础三部分构成。圆形面板应设计 2~4 种尺寸规格，如直径为 450mm、600mm、750mm、900mm 等。

　　2）采用 C20 细石混凝土预制面板，面板面可仿荷叶进行抹面装饰。抹面材料用白色水泥加绿色颜料调成浅果绿色，再加绿色细石子，按水磨石工艺抹面。

　　3）抹面前要先用铜条嵌成荷叶叶脉状，抹面完成后一并磨平。为了防滑，顶面一定不能磨得很光。荷叶汀步的支柱可用混凝土柱，也可用石柱，其设计按一般矮柱处理。

　　4）基础应牢固，至少要埋深 300mm；其底面直径不得小于汀步面板直径的 2/3。

　　4. 栈道

　　（1）栈道多利用山、水界边的陡峭地形而设立，其变化多样，既是景观又可完成园路的功能。

　　（2）栈道路面宽度的确定与栈道的类别有关。采用立柱式栈道的，路面设计宽度可为 1.5~2.5m；斜撑式栈道宽度可为 1.2~2.0m；插梁式栈道不能太宽，以 0.9~1.8m 比较合适。

第六章

园林给水与排水工程施工

第一节 园林给水工程施工

一、园林给水系统组成

给水系统是由一系列构筑物和管道系统构成的。从给水的工艺流程来看，它可以分成以下3个部分，如图6-1所示。

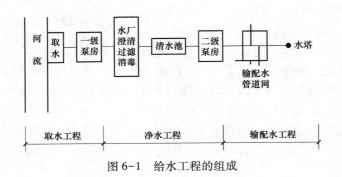

图6-1 给水工程的组成

其中，取水工程是从地面上的河、湖和地下的井、泉等天然水源中取水的一种工程，取水的质量和数量主要受取水区域水文地质情况影响。净水工程是通过在水中加药混凝、沉淀（澄清）、过滤、消毒等工序而使水净化，从而达到园林中的各种用水要求。输配水工程是通过输水管道把经过净化的水输送到各用水点的一项工程。

二、园林用水特点

1. 用水点较分散

（1）由于园林内多数功能点不是密集布置的，在各功能点之间常常有较宽的植物种植区，用水点也必然很分散，不会像住宅、公共建筑那样密集。

（2）就是在植物种植区内所设的用水点，也是分散的。

（3）由于用水点分散，给水管道的密度就不太大，但一般管段的长度却比较长。

（4）用水点差异较大。

喷泉、喷灌设施等用水点的水头与园林内餐饮、鱼池等用水点的水头就有很大不同。

2. 不用水生活

除了休闲、疗养性质的园林绿地之外，一般园林中的主要用水是在植物灌溉、湖池水补充和喷泉、瀑布等生产和造景方面，而生活用水相对较少，只有园内的餐饮、卫生设施等属于这方面。

3. 用水高峰时间不集中

园林中灌溉用水、娱乐用水、造景用水等的具体时间都是可以自由确定的；也就是说，园林中可以做到用水均匀，不出现用水高峰。

4. 水质要求特殊

园林用水的水质要求，可因其用途不同分别处理。生活用水净化的基本方法包括混凝沉淀、过滤和消毒三个步骤。

三、水源

（1）地表水。如江、河、湖、溪、水库水等，这些水由于长期暴露于地面上，容易受到污染。有的甚至受到各种污染源的污染，水质较差，必须经过净化和严格消毒，才可作为生活用水。但地表水水量充沛，取用较方便，如比较清洁或污染较轻，可直接用于植物养护或水景水体用水。

（2）地下水。包括泉水以及从深井中取用的水。由于水源不易受到污染，水质较好。一般情况下除做必要的消毒外，不必再净化。

四、园林给水管网的布置

1. 给水管网布置形式

给水管网布置的基本形式为树状管网和环状管网，如图6-2所示。

（1）树状管网。管网布置犹如树木，从树干到树梢越来越细，由干管和支管组成。树状管网的优点是管线短、投资省，但供水可靠性差，一旦管网局部发生事故或需检修，则后面的所有管线就会中断供水。另外，在管网末端用水量减少，管中的水流缓慢，甚至停滞不流动，因此水质容易变坏。树状管网一般适用于水量不大，用水点较分散的地区，对分期发展的园林有利，如图6-2（a）所示。

（2）环状管网。环状管网是把干管和支管环状布置。使管网供水能互相调剂，这类管网中任意一段管线损坏时，可关闭附近阀门使损坏管线和其余管线隔开，然后进行检修，水还可以从另外的管线供应用户，断水地区可缩小，从而供水可靠性增加，但管线总长度大于树状管网，造价高。因此，环状管网主要适用于对供水连续性要求较高的区域，如图6-2（b）所示。

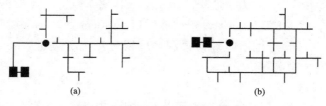

图6-2 园林给水管网的布置形式

（a）树枝形管网；（b）环状管网

▶ **提示：**

在实际工程中，给水管网往往同时存在以上两种布置形式，称为混合管网，在中心地区或供水可靠性要求较高的地方，布置成环状管网，在边远地区或供水口可靠性要求不高的地方则以树状管网的形式向四周延伸。

2. 管网布置的一般要求

（1）管道材料的选择（包含排水管道）。

1）钢管。钢管可分为焊接钢管和无缝钢管，而焊接钢管又分为镀锌钢管和黑铁管，室内饮用给水用镀锌钢管。用钢管施工造价高，工期长，但耐久性好。

钢管一般采用焊接口，管道适用于高水压、穿过铁路、公路、河谷及地震区等环境，钢管一般与各种带法兰片的管件用法兰连接。

2）铸铁管。分为灰铸铁管和球墨铸铁管。灰铸铁管耐久性好，但质脆不耐弯折和振动，内壁光滑度较差。球墨铸铁管抗压、抗震强度较大，具有一定的弹性，施工中通常采用承插式，用胶圈密封，施工较方便，但造价高于灰铸铁管。

3）钢筋混凝土管。钢筋混凝土管分为普通钢筋混凝土管和预应力钢筒混凝土管。普通钢筋混凝土管材由于质脆重量大，在防渗和密封上都不好处理，现多用做排水管，而预应力钢筒混凝土管是由钢筒和预应力钢筋混凝土管复合制成，具有较好的抗震、耐腐、耐渗等特点，输水量大的园林常使用这种管材。

4）塑料管。塑料管的种类很多，常用的有 PVC（聚氯乙烯）、PE（聚乙烯）、PPR（无规共聚聚丙烯）等，这些管材均具有表面光滑、耐腐蚀、连接方便等特点，是小管径 200mm 内输水较理想的管材，生活用水主要选择 PE 管和 PPR 管，PVC 管主要用于喷灌。

5）其他方面的要求。

a. 在技术上，要使园林各用水点有足够的水量和水压。

b. 在经济上，应选用最短的管道线路，要考虑施工的方便，并努力使给水管网的修建费用最少。

c. 在安全上，当管网发生故障或进行检修时，要求仍能保证继续供给一定数量的水。

为了把水送到园林的各个局部地区，除了要安装大口径的输水干管以外，还要在各用水地区埋设口径大小不同的配水管网。由输水干管和配水支管构成的管网是园林给水工程中的主要部分，它要占全部给水工程投资的 40% ~ 70%。

（2）阀门及消防栓。给水管网的交点叫作节点，在节点上设有阀门等附件，为了检修管理方便，节点处应设阀门。阀门除安装在支管和干管的联接处外，为便于检修养护，要求每 500m 直线距离设一个阀门井。配水轴上安装着消防栓，按规定其间距通常为 120m，且其位置距建筑不得少于 5m，为了便于消防车给水，离车行道不大于 2m。

（3）管道埋深。冰冻地区，应埋设于冰冻线以下 40cm 处。不冻或轻冻地区，覆土深度应不小于 70cm。当然管道也不宜埋得过深，埋得过深工程造价高。但也不宜过浅，否则在交叉施工中管道易遭破坏。

3. 管网的布置要点

园林中用水点比较分散，用水量和水压差异很大，因此给水管网布置必须保证各用水点的流量和水压，力求管线短、投资少，达到经济合理的目的。一般中小型公园的给水可由一点引入。大型公园，特别是地形复杂时，为了节约管材，减少水头损失，有条件的，可就地就近，从多点引入。

（1）干管应靠近主要供水点。

（2）干管应靠近调节设施（如高位水池或水塔）。

（3）在保证不受冻的情况下，干管宜随地形起伏敷设，避开复杂地形和难于施工的地段，以减少土石方工程量。

（4）干管应尽量埋设于绿地下，避免穿越或设于园路下。

（5）和其他管道按规定保持一定距离。

五、园林给水管网的铺设

1. 准备工作

（1）熟悉图样。通过设计交底和阅读设计图样，了解设计规定和相应的要求，熟悉管线的平面布局，管段的节点位置，并对不同管段的管材、管径、管底标高、阀门井以及其他设施的坐标位置进行复核。

（2）清理现场。踏勘施工现场，了解管网设置区域的实际情况，清除和处理有碍管网施工的垃圾、杂物和设施。

（3）确定施工方案。根据设计要求和现场情况，按照工期的规定，确定管网的施工方案。

（4）施工定线。根据管线的平面布局，利用相对坐标和参照物进行坐标与管线计算，把管段的节点测设在场地上，以连接邻近的节点即可。遇到曲线管道，可利用相关控制参数或方格网进行定点放线。给水管道相互交叉时，其净距不小于 0.15m，与污水管平行时，间距不小于 1.5m，给水管道与其他构筑物的关系见表 6-1。

表 6-1	给水管道与其他构筑物的水平净距		单位：m
构筑物名称	与给水管道的水平净距	构筑物名称	与给水管道的水平净距
铁路远期路堤坡脚	5	热力管	1.5
铁路远期路堑坡顶	10	大树中心	1.5
建筑红线	5	通信与照明杆	1.0
低、中压煤气管	1.0	高压电杆支座	3.0
次高压煤气管	1.5	电力电缆	1.0
高压煤气管	2.05		

2. 开挖沟槽

（1）开挖要求。

1）根据给水管的管径和安装施工工作面要求决定沟槽的宽度，工作面宽为 300~400mm。沟槽断面一般为上宽下窄的梯形，其深度为管道埋深，并考虑设计所要求的地基基础处理要求。

2）沟槽深度较大或土质不良时，应采用放坡或支撑之类的技术措施进行土方挖掘施工。

3）对于阀门井体设置处，应加宽加深挖土的断面，以便进行阀闸的建造或安装。据

给水管的管径确定挖沟的宽度，即

$$D = d + 2L \tag{6-1}$$

式中　　D——沟底宽度，mm；

　　　　d——水管管径，mm；

　　　　L——水管安装工作面宽，mm。

4）沟槽的开挖断面应具有一定强度和稳定性，应考虑管道的施工方便，确保工程质量和安全，同时也应考虑少挖方、少占地、经济合理的原则。

5）在了解开挖地段的土壤性质及地下水位情况后，可结合管径大小、埋管深度、施工季节、地下构筑物情况、施工现场及沟槽附近地上、地下构筑物的位置因素来选择开挖方法，并合理地确定沟槽开挖断面。

6）常采用的沟槽断面形式有直槽、梯形槽、混合槽等。

7）当有两条或多条管道共同铺设时，还需采用联合槽。

8）在沟槽开挖时，为防止地面水流入坑内冲刷边坡，造成塌方和破坏基土，上部应有排水措施。对于较大的井室基槽的开挖，应先进行测量定位，抄平放线，定出开挖宽度，按放线分层挖土，根据土质和水文情况采取在四侧或两侧直立开挖和放坡，以保证施工操作安全。

9）放坡后，基槽上口宽度由基础底面宽度及边坡坡度来决定，坑底宽度每边应比基础宽出 15~30cm，以便于施工操作。

（2）施工要点。

1）在管线管径较小，土方量少或施工现场狭窄，地下障碍物多，底槽需支撑，不宜采用机械挖土或深槽作业时，通常采用人工挖土。相反则宜采用机械挖槽。

2）在挖槽时应保证槽底土壤不被扰动和破坏。一般来说，机械挖槽不可能准确地将槽底按规定高程整平，所以应在挖至设计槽底以上 20cm 左右时停止机械作业，而用人工进行清挖。

3）开挖管沟沟底最小宽度见表 6-2。

表 6-2　　　　　　　　　　　　沟 底 最 小 宽 度

管材类别	管材公称直径 DN/mm	沟底最小宽度/mm
小口径钢管	<50	100~200
钢管	$50 \leqslant DN < 500$	DN+300，但≥500
铸铁管	≤500	DN+300，但≥500
塑料给水管	≤400	d+（400~600）

注　1. 表中 d 为管外径。

　　2. 当沟槽设有支撑时，沟深在 2m 以内，沟底宽度增加 0.1m，深度在 3m 内，沟底宽度增加 0.2m。

　　3. 用机械开挖沟槽时，其沟槽宽度按挖土机械的切削尺寸而定，但不小于本表规定数值。

4）当沟槽开挖较深、土质不好或受场地限制开梯形槽有困难而开直槽时，加支撑是保证施工安全的必要措施。

5）支撑形式根据土质、地下水、沟深等条件确定，常分为横板一般支撑、立板支撑和打桩支撑等形式，其适用条件可见表 6-3。

表 6-3　　　　　　　　　　　　　　支 撑 适 应 条 件

适用条件	打桩支撑	横板一般支撑	立板支撑
槽深/m	>4.0	<3.5	3~4
槽宽/m	不限	<4	<4
挖土方式	机挖	人工	人工
有较厚流沙层	宜	差	不明
排水方法	强制式	明排	强制、明排均可

▶ **提示：**

1）撑板与沟壁必须贴紧，撑杠要平直，立木垂直，且要排列整齐，便于拆撑。

2）木撑杠要用扒钉钉牢，金属撑杠下部要钉托木，两端同时旋紧，上下杠松紧一致。在土质良好时一般可随填随拆，如有塌方危险地段可先回土，再起出支撑。

3）采用人工和机械混合开挖沟槽，直槽，不设支撑。

3. 地基基础处理

（1）任务要求。

1）根据地基的实际情况，按照设计要求，进行垫砂、浇筑混凝土等地基或基础加固处理。

2）铸铁管及钢管在一般情况下可不做基础，将天然地基整平，管道铺设在未经扰动的原土上。

3）如在地基较差或在含岩石地区埋管时，可采用砂基础。砂基础厚度不少于100mm，并应夯实。

（2）施工要点。

1）承插式钢筋混凝土管敷设时，如地基良好，也可不设基础，如地基较差，则需做砂基础或混凝土基础。

2）砂基础厚度不少于150~200mm，并应夯实。

3）采用混凝土基础时，一般可用垫块法施工，管子下到沟槽后用混凝土块垫起，达到符合设计高程时进行接口，接口完毕经水压试验合格后再浇筑整段混凝土基础。

4）若为柔性接口，每隔一段距离应留出600~800mm范围不浇混凝土而填砂，使柔性接口可以自由伸缩。

4. 给水管道安装

（1）安装要求。

1）根据设计规定，使用合格的管件和附件进行管道安装。

2）安装顺序一般是先干管、后支管、再立管。

3）注意接口应密封和稳固，严防漏水。

4）下管前应对管沟进行检查，检查管沟底是否有杂物，地基土是否被扰动并进行处理，管沟底高程及宽度是否符合标准，检查管沟两边土方是否有裂缝及坍塌的危险。

5）下管前应对管材、管件及配件等的规格、质量进行检查，合格者方可使用。

6）在吊装及运输时，如果是预应力混凝土管或者金属管，应对法兰盘面、预应力钢筋混凝土管承插口密封工作面及金属管的绝缘防腐层等处采取必要的保护措施，避免损伤。

7）采用吊机下管时，应事先与起重人员或吊机司机一起勘察现场，根据管沟深度、土质、附近的建筑物、架空电线及设施等情况，确定吊车距沟边距离、进出路线及有关事宜。

8）绑扎套管应找好重心，使起吊平稳，起吊速度均匀，回转应平稳，下管应低速轻放。

9）人工下管是采用压绳下管的方法，下管的大绳应紧固，不断股、不腐烂。

（2）硬聚氯乙烯给水管道安装要点。

1）管道铺设应在沟底标高和管道基础质量检查合格后进行，在铺设管道前要对管材、管件、橡胶圈等重新做一次外观检查，发现有问题的管材、管件均不得使用。

2）管道的一般铺设过程是：管材放入沟槽→接口→部分回填→试压→全部回填。在条件不允许或管径不大时，可将2~3根管在地面上接好，平稳放入沟槽内。

3）在沟槽内铺设硬聚氯乙烯给水管道时，如设计中未规定采用的基础形式，可将管道铺设在未经扰动的原土上。管道安装后，铺设管道时所用的临时垫块应及时拆除。

4）管道不得铺设在冻土上，铺设管道和管道试压过程中，应防止沟底冻结。

5）管材在吊运及放入沟槽时，应采用可靠的软带吊具，平稳下沟，不得与沟壁或沟底激烈碰撞。

6）在安装法兰接口的阀门和管件时，应采取防止造成外加拉应力的措施。口径大于100mm的阀门下方应设支墩。

7）管道转弯的三通和弯头处是否设置推支墩及支墩的结构形式由设计部门决定。管道的支墩不应设置在松土上，其后背应紧靠原状土，如无条件，应采取措施保证支墩的稳定；支墩与管道之间应设橡胶垫片，以防止破坏管道。在无设计规定的情况下，管径小于100mm的弯头、三通可不设置推支墩。

8）管道在铺设过程中可以有适当的弯曲，但曲率半径不得小于管径的300倍。

9）在硬聚氯乙烯管道穿墙处，应设预留孔或安装套管，在套管范围内管道不得有接口。硬聚氯乙烯管道与套管间应用非燃烧材料填塞。

10）管道安装和铺设工程中断时，应用木塞或其他盖堵将管口封闭，防止杂物进入。

11）硬聚氯乙烯给水管道橡胶圈接口适用于管外径为65~315mm的管道连接。

12）在昼夜温差变化较大的地区，应采取防止高温差产生的应力破坏管道及接口的措施。橡胶圈接口不宜在-10℃以下环境施工。

5. 给水管道附属构筑物

阀门井、水表井要便于阀门管理人员从地面上进行操作，井内净尺寸要便于检修人员对阀杆密封填料的更换，并且能在不破坏井壁结构的情况下（有时需要揭开面板）更换阀杆、阀杆螺母、阀门螺栓。

施工时要点如下：

（1）阀杆在井盖圈内的位置，应能满足地面上开关阀门的需要；装设开关箭头，以利阀门管理人员明确开关方向。

（2）阀门井内净尺寸应符合设计要求。

（3）阀门井底板（及其垫层）的厚度、混凝土的标号、钢筋布置以及井身砌筑材料与施工图要求一致。

（4）水表井是保护水表的设施，起到方便抄表与水表维修的作用，其砌筑方法大致与阀门井要求相同。

6. 埋填覆土

填土前应固定管道，或用沙土填实管底，不使管道悬空或移动，防止在填埋过程中压坏管道。

管沟的土方回填要点如下：

（1）管沟的土方回填应按要求进行，管顶以上500mm处均使用人工回填夯实。在管顶以上500mm到设计标高可使用机械回填和夯实。

（2）检查井周围500mm内作为特夯区，回填时，人工用木夯或铁夯仔细夯实，每层厚度控制在10cm内。

（3）严禁回填建筑垃圾和腐殖土，防止路面成型后产生沉陷。

（4）回填土的铺土厚度根据夯实机具体确定。

（5）人工使用的木夯、铁夯，每层夯实厚度小于200mm；机械夯，每层夯实厚度为250mm。

（6）夯填土一直回填到设计地平，管顶以上埋深不小于设计埋深。

7. 管道试压

每500m进行一次打压试验，压力为设计使用压力的1.5倍，但与环境温度有关系。国标要求标准温度为20℃，环境温度越高，管道的承压能力越低。

操作要点：

（1）将管道掩埋，但要留出接口部位，将管道终端用管堵封死。

（2）在管道的最高处安装排气阀，打开排气阀，向管道缓慢注水，等排气阀出水，无气泡出现时，关闭排气阀（或使用自动排气阀），继续缓慢注水，缓慢升压。

（3）每升一个压力要停顿一段时间，等升到要求的压力后要停止打压，看压力是否迅速下降，如迅速下降，可能就有爆管或未连接好的地方，反之就是合格。

8. 冲洗和消毒

操作要点：

（1）管道冲洗，就是把管内的污泥、脏水、杂物全部冲洗干净。

（2）管道的冲洗消毒要求冲洗水的流速不小于1~1.5m/s，否则不易把管内杂物冲排掉，因此最好选择从高处向低处、从大口径管道向小口径管道的方向冲洗。

（3）排水口宜选在下水管道通畅或有沟、渠、河流的地方。

（4）进水口按冲洗水量考虑一个或两个以上。

（5）当排水口设在管道中段时，应从两端分别冲洗；当管道分布较复杂或管线很长时，应设置多个入水口或多个排水口，以达到最佳冲洗效果。

（6）在管线较短时，在入口处设一个投药口便可满足需要，当管线较长、管网较复杂时，则应分段设置，以保障全线管道投药的均匀性。投药口的位置宜选在管线上的排气阀或消火栓处，避免在管道上。

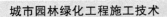

（7）开口投药方式应根据投药口所在位置的高低来决定，若在高处，一般采用自然加入法；若在低处，可以采用电动泵或手摇泵加入。

六、给水工程施工质量标准与验收

1. 质量标准

表6-4~表6-7为部分给水工程的质量标准，供参考。

表 6-4　　　　　　　　　室外给水管道安装分项工程质量检验评定

		项　　目		
保证项目	1	隐蔽管道和给水、消防系统的水压试验结果，以及使用的管材品种、规格、尺寸，必须符合设计要求和施工规范规定		
	2	管道及管道支座（墩），严禁铺设在冻土和未经处理的松土上		
	3	给水系统竣工后或交付使用前，必须进行冲洗		

		项　　目		
基本项目	1	管道坡度		
	2	金属和非金属管道的承插、套箍接口		
	3	碳素钢管法兰连接		
	4	非镀锌碳素钢管道焊接		
	5	管道支（吊、托）架及管座（墩）		
	6	阀门安装		
	7	埋地管道的防腐层		
	8	管道和金属支架涂漆		

		项　　目		允许偏差/mm
允许偏差项目	1	坐标	铸铁管	埋地	50
				敷设在沟槽内	20
			碳素钢管	埋地	40
				敷设在沟槽内及架空	15
			预应力、自应力钢筋混凝土管，石棉水泥管	埋地	50
				敷设在沟槽内	20
	2	标高	铸铁管	埋地	±30
				敷设在沟槽内	±20
			碳素钢管	埋地	±15
				敷设在沟槽内	±10
			预应力、自应力钢筋混凝土管，石棉水泥管	埋地	±30
				敷设在沟槽内	±20

续表

项　目					允许偏差/mm
允许偏差项目	3	水平管道方向弯曲	铸铁管	每 1m	1.5
				全长（25m 以上）	≤40
			碳素钢管	每 1m　管径≤100mm	0.5
				>100mm	1
				全长（25m 以上）　≤100mm	≤13
				>100mm	≤25
			预应力、自应力钢筋混凝土管，石棉水泥管	每 1m	2
				全长（25m 以上）	≤50
	4	隔热层	厚度		$+0.1\delta$
					-0.05δ
			表面平整	卷材或板材	5
				涂抹或其他	10

注　δ 为隔热层厚度。

表 6-5　　　　　　　　　　室内给水管道安装分项工程质量检验评定

	项　目
保证项目	隐蔽管道和给水、消防系统的水压试验结果，以及使用的管材品种、规格、尺寸，必须符合设计要求和施工规范规定
	管道及管道支座（墩），严禁铺设在冻土和未经处理的松土上
	给水系统竣工后或交付使用前，必须进行冲洗

		项　目
基本项目	1	管道坡度
	2	碳素钢管螺纹连接
	3	碳素钢管法兰连接
	4	非镀锌碳素钢管道焊接
	5	金属和非金属管道的承插和套箍接口
	6	管道支（吊、托）架及管座（墩）
	7	阀门安装
	8	埋地管道的防腐层
	9	管道、箱类和金属支架涂漆

		项　目			允许偏差/mm
允许偏差项目	1	水平管道方向弯曲	给水铸铁管	每 1m	1
				全长（25m 以上）	≤25
			碳素钢管	每 1m　管径≥100mm	0.5
				管径>100mm	1
				全长（25m 以上）　管径≥100mm	≤13
				管径>100mm	≤25

		项　目		允许偏差/mm
允许偏差项目	2	立管垂直度	给水铸铁管 每1m	3
			给水铸铁管 全长（5m以上）	≤15
			碳素钢管 每1m	2
			碳素钢管 全长（25m以上）	≤10
	3	隔热层	厚度	$+0.01\delta$
			厚度	-0.05δ
			表面平整 卷材或板材	4
			表面平整 涂抹或其他	8

注　δ 为隔热层厚度。

表6-6　　　　　塑料管线（给水）安装分项工程质量检测标准

		项　目		
保证项目	1	管线材料品种、型号、规格、性能应符合设计要求和质量标准		
	2	管线材料品种、型号、规格、性能应与质保单的数据相符，并具有出厂合格证		
	3	阀门、接头、喷头的型号、规格、耐压强度应符合设计要求		
	4	管槽开挖中心位置、槽底高程应符合设计和规范要求		
基本项目	1	管线铺设	管道平顺放入	
			回填土要分层压实	
	2	管线连接	热熔对接树脂均匀	
			焊接牢固不渗水	
	3	管阀连接	管阀连接牢固紧密	
			水流方向正确	
	4	竖井	不得悬空和扭曲	
			位置正确	
	5	喷头	顶盖标高符合要求	
			安装位置正确	
			喷头标高符合使用要求	

		项　目		允许偏差/mm
允许偏差项目	1	管槽开挖	槽底标高	0~30
	2		中心线两侧宽度	不小于设计规定
	3		槽底边坡	不小于设计规定
	4	管道铺设	管道标高	±10
	5		中线位移	15
	6		垂直位移	±2
	7	阀门	垂直度	±2
	8	喷头	标高要求	±2
	9		垂直度	±2

表 6-7　　　　　　　　　　　　喷灌器具安装分项工程质量检验评定

		项　目	
保证项目	1	喷灌器具的规格、型号、扬程、压力指标必须符合设计要求和施工规范的规定	
	2	喷灌器具的出地标高，进出口的接头节点处理必须符合设计要求和施工规范的规定	
	3	安装器具前，应对管路系统进行冲洗，直到流出的水变清为止	

		项　目		允许范围
允许偏差项目	1	摇臂式喷头	间距	射程的 0.8~1.2 倍
	2		位置	避开树木、高秆植物
	3		工作压力	中偏大值
	4		顶端	超越植物，尽可能低
	5	埋入式喷头	间距	射程的 0.8~1.2 倍
	6		位置	避开树木、高秆植物
	7		工作压力	根据水源压力选择
	8		连接	采用铰接接头
	9		顶盖	保持竖直，地面平齐
	10	电磁阀	上游	加装一个手动阀门
	11		阀门井	直径不小于 80cm
	12		阀门离地	不小于 20cm
	13		导线	采用防水接头
	14	过滤器	安装位置	便于拆洗、清理
	15	快速取水阀	顶盖	与地面平齐
	16	阀门箱	顶盖	与地面平齐

2. 验收

管道工程的中间验收要在管道施工期间进行，分别对土石方工程、管道安装工程进行检查，施工单位要请监理公司亲临现场进行工程质量检查，并做好中间验收记录，双方会签。验收标准如下。

（1）管道的坡度应符合设计要求。

（2）金属管道的承插口和套箍接口的结构及所用填料应符合设计要求和施工规范规定，灰口密实、饱满、平整、光滑，环缝间隙均匀，灰口养护良好，填料凹入承口边缘不大于 2mm，胶圈接口平直、无扭曲，对口间隙准确，胶圈接口回弹间隙符合设计要求。

（3）镀锌碳素钢管道的螺纹连接质量要求：达到管螺纹加工精度，符合国标管螺纹规定，螺纹清洁、规整、无断丝、连接牢固；钢管及管件的镀锌层无破损，螺纹露出部分防腐蚀良好，接口处无外露油麻等缺陷。镀锌碳素钢管无焊接口。

（4）镀锌碳素钢管道的法兰连接要求：对接平行、紧密，与管中心线垂直，螺杆露出螺母的长度一致，且不大于 1/2 螺杆直径，螺母在同侧，衬垫材质符合设计要求和施工规范规定。

（5）管道支（吊、托）架及管座（墩）的安装要求：构造正确、埋设平正牢固、排列整齐，支架与管道接触紧密。

（6）阀门安装质量要求：型号、规格、耐压强度和严密性试验符合设计要求和施工规范规定，位置、进出口方向正确，连接牢固、紧密，启闭灵活，朝向合理，表面洁净。

（7）埋地管道的防腐层质量要求：材质和结构符合设计要求和施工规范规定，卷材与管道以及各层卷材间粘贴牢固；表面平整，无折皱、空鼓、滑移和封口不严等缺陷。

（8）管道和金属支架涂漆质量要求：油漆种类和涂刷遍数符合设计要求，附着良好，无脱皮、起泡和漏涂；漆膜厚度均匀，色泽一致，无流淌及污染缺陷。

（9）允许偏差项目：室外给水管道安装在允许偏差值以内。

七、节水灌溉的意义

1. 概念

节水灌溉是指利用尽可能少的水投入，取得尽可能多的作物产量的灌溉模式。其核心是在有限的水资源条件下，通过采用先进的水利工程技术、适宜的作物技术和用水管理等综合技术措施，充分提高灌溉水的利用率和水分生产率。

2. 我国节水灌溉的意义

据权威部门估算，我国多年平均降水总量 $6.23×10^{12} m^3$，可通过水循环更新的地表水和地下水的多年平均水资源总量为 $2.83×10^{12} m^3$。预测到 2030 年，人均水资源量将降低到 $1760 m^3$，接近世界公认的水资源紧缺国家最低标准水平。水资源短缺，已对我国的经济社会持续健康发展和生态环境构成了严重威胁。

全国 660 多个城市中，有 400 多个城市存在供水不足问题，其中比较严重的缺水城市达 110 个，全国城市缺水总量达 $60×10^8 m^3$。我国水土流失面积达 $356×10^4 km^2$，占国土面积的 37%，每年流失的土壤总量达 $50×10^8 t$。严重的水土流失，导致土地退化、草场沙化、生态恶化，造成河道和湖泊泥沙淤积，加剧了江河下游地区的洪涝灾害。

与传统的大水漫灌相比，采用管道输水和渠道防渗可节水 20%~30%，喷灌可节水 50%，微灌可节水 60%~70%，膜下滴灌可节水 80% 以上，地下滴灌的节水率更高。除节约灌溉用水外，发展节水灌溉还可以提高土地利用率，减轻劳动强度，提高劳动生产率，并提高作物产量和品质。

八、节水灌溉的内容

工程节水技术是通过各种工程手段，达到高效节水的目的。常用的工程节水技术包括渠道防渗、低压管道输水灌溉、喷灌、微灌、渗灌、集雨节水灌溉、地面节水灌溉等。

图 6-3　渠道防渗灌溉

（1）渠道防渗技术。渠道防渗技术是在输送水分的渠道的地表铺设三合土料、混凝土、石料、塑料薄膜等防渗材料以防止水分渗漏的技术措施（图 6-3）。渠道防渗不仅能节约灌溉用水，而且能降低地下水位，防止土壤次生盐碱化；防止渠道的冲淤和坍塌，加快流速提高输水能力，减小渠道断面和建筑物尺寸；节省占地，减少工程费用和维修管理费用等。

（2）低压管道输水灌溉。低压管道输水灌溉技术是利用低压管道代替传统的土渠，将水直接输送到植物根系，以减少水在输送过程中的渗漏和蒸发损失的技术措施。采用低压管道输水，可以大大减少输水过程中的渗漏和蒸发损失，使输水效率达95%以上，比土渠、砌石渠道、混凝土板衬砌渠道分别多节水约30%、15%和7%。另外，以管代渠，可以减少输水渠道占地，使土地利用率提高2%~3%，且具有管理方便、输水速度快、省工省时、便于机耕和养护等许多优点。

（3）喷灌。喷灌是利用自然水头落差或机械加压把灌溉水通过管道系统输送到田间，利用喷洒器降水喷射到空中，使水分分散成均匀的细小水滴撒落到田间进行灌溉的灌溉方法。与一般地面灌溉技术相比，可节省水量30%~50%；便于实现机械化、自动化，可以大量节省劳动力；无须田间的灌水沟渠和畦埂，比地面灌溉更能充分利用耕地，提高土地利用率，一般可增加耕种面积7%~10%。

（4）微灌。微灌是通过低压管道系统与安装在末级管道上的灌水器，将作物生长所需的水分和养分以较小的流量均匀、准确地直接输送到作物根部附近的土壤表面或土层中的灌水方法，包括滴灌、微喷灌和涌泉灌等。与传统灌溉比，具有省水、省工、节能、灌水均匀、增产、对土壤和地形适应性强等优点。

（5）渗灌。渗灌是一种地下微灌形式，在低压条件下，通过埋于作物根系活动层的灌水器，根据作物的生长需水量定时定量借助土壤毛细管作用向土壤中渗水供给作物（图6-4）。渗灌系统全部采用管道输水，灌溉水是通过渗灌管直接供给作物根部，地表及作物叶面积均保持干燥，作物棵间蒸发减至最小，计划湿润层土壤含水率均低于饱和含水率，水的利用率极高。

（6）集雨节水灌溉。集雨节水灌溉技术是指对降雨进行收集、汇流、存储，以供生活用水或进行节水灌溉的节水灌溉方式（图6-5）。一般由集雨系统、输水系统、蓄水系统和用水系统组成。在干旱半干旱地区，每年靠水窖、水窖集蓄雨水首先解决人畜的生活用水，其余部分用以发展庭院经济或给少量耕地补水。集雨与节水灌溉技术相结合，以最大限度地发挥灌溉水的效益。与集雨相配合的节水灌溉方法主要有两大类：一是采用非充分灌溉，一般只能给作物灌关键水、救命水；二是采用非常节水的灌水技术，如微喷灌、滴灌、渗灌等。

图6-4 渗灌

图6-5 集雨节水灌溉

（7）地面灌溉。地面灌溉是古老的田间施水技术，但它目前仍是世界上特别是发展中国家广泛采用的一种灌水方法，约占全世界中灌溉面积的90%以上。我国则有98%以上的灌溉面积依然采用传统的地面灌溉技术。对传统的地面灌溉技术进行改进，达到节水灌溉的目的。目前主要有畦灌、沟灌、膜上灌溉、波涌灌溉等。

（8）农艺节水技术包括农田保蓄水技术、节水耕作和栽培技术、适水种植技术、各种节水灌溉制度及节水灌溉管理技术。由于作物需水规律不同，各自的灌溉制度及管理措施也不同。灌溉制度是根据作物的需水规律，把有限的灌溉水量在灌区内及作物生育期内进行最优分配，达到水分的高效利用，主要包括作物全生育期内的灌水定额、灌水次数、灌水时间等。

九、喷灌

1. 简介

喷灌是一种先进的机械化、半机械化灌水方式，主要是利用压力管道输水，经喷头将水喷射到空中，形成细小的水滴，像降雨一样均匀洒落到田间，湿润土壤并满足作物需水要求的一种灌溉方式。

2. 喷灌的优缺点

喷灌作为一种新型节水灌溉方式，与传统地面灌溉相比具有一定的优点。

（1）喷洒均匀，节水效果显著。水的利用率可达 65%~80%，喷洒均匀度可达 80%。

（2）作物增产幅度大，可平均增产 20%~40%。

（3）减少了农民用于灌水的费用和投劳，增加了农民收入。

（4）有利于加快实现农业机械化、产业化、现代化。

（5）喷灌可结合喷肥、喷药同时进行，简化程序。

喷灌也同时存在缺陷和不足，主要存在于以下几个方面。

1）初期投资大。目前半固定式喷灌如不计输变电和人工杂费，一般每亩 300~500 元，固定式喷灌就更高，有的高达 1000 元/亩。

2）喷灌受风和空气湿度影响大。当外界环境风速达到 3 级以上时，喷灌均匀度大大降低，损失增大。而空气湿度过低时，蒸发损失加大。

3）耗能大，维修费用较高。为了使喷头运转和达到灌水均匀，必须给水一定压力，除自压喷灌系统外，喷灌系统都需要加压，能源消耗较大。

3. 喷灌系统的种类

喷灌系统的类型很多，按照不同的分类标准，分类方法也很多，这里主要按喷灌系统设备组成不同主要分为两类：管道式喷灌系统和机组式喷灌系统。

（1）管道式喷灌系统。水源、水泵与各喷头间由压力管道连接，管道是设备中主要组成部分。根据管道的可移动程度不同，可分为固定式管道喷灌、半固定式管道喷灌和移动式管道喷灌系统。

1）固定式管道喷灌系统。干管、支管全部固定不动，喷头可移动或固定的灌溉系统称为固定式喷灌。干管和支管多埋设在地下，喷头装在由支管接出的竖管上，系统各组成部分（除喷头外）在整个灌溉季节，甚至常年固定不动。此种方式操作简便，工作效率高，喷灌质量高，易于进行自动化控制。但需要大量管材，单位面积投资高。适用于灌溉频繁的经济作物区、高产作物地区及城市园林、花卉、绿地的喷灌。

2）移动式管道喷灌系统。移动管道式喷灌系统，除水源外，其余的水泵、动力机、各级管道和喷头等均能移动。这样一套管道及喷洒设备可在不同地块上轮流使用，从而可提高管道及喷洒设备的利用率，降低了系统投资，但拆装管道及设备的劳动强度增大，易损伤作物，同时占用的路渠面积大。

3）半固定式喷灌。喷灌机、水泵和干管固定，而支管和喷头则可移动。移动的方式有人力搬移、滚移式、由拖拉机或绞车牵引的端拖式、由小发动机驱动作间歇移动的动力滚移式、绞盘式以及自走的圆形及平移式等。此系统投资和用管量介于固定式和移动式之间，占地较少，喷灌质量好，运行成本低，是目前我国主要的喷灌形式之一。

（2）机组式喷灌系统。以喷灌机为主体的喷灌系统，可分为轻小型机组式、滚移式、时针式、大型平移式、绞盘式等。

1）轻小型喷灌机组。该机组机动灵活，投资少，对田块、地形及小规模农户经营适应性强，是目前我国喷灌的主要形式之一。国外主要是拖拉机悬挂式喷灌机，国内主要是手推或手抬式轻小型喷灌机。

2）大中型喷灌机。自动化程度高，单机控制面积大，适应于规模化经营，目前在东北、新疆等地得到了应用。其主要有平移式、滚移式和时针式三种。

3）绞盘式喷灌机。因整体移动性好，自动化程度较高，已在我国部分省区得到应用。

4. 喷灌系统组成

一个完整的喷灌系统一般由三部分组成：水源工程（包括水泵和动力）、输水管网（包括控件、管道与连接件）、灌水器（喷头）（图6-6）。本节仅对喷灌系统主要的专用设备，即喷头和喷灌泵、管道及喷灌机进行简单介绍。

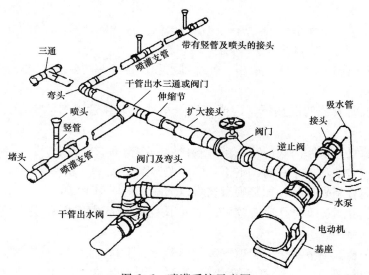

图6-6 喷灌系统示意图

5. 喷灌施工要点

对于不同形式的喷灌系统，其施工的内容也有差异。对于移动式喷灌系统只是在田间布置水源，而固定式喷灌系统则要进行首部枢纽的施工和管道系统的铺设。固定式喷灌系统的安装主要包括图纸放样、沟槽开挖、管道铺设、水压测验、沟槽回填、喷头安装、加压设备安装等几项内容。

（1）图纸放样。

a. 把设计图纸上的设计方案布置到地面上时，对于水泵应确定水泵的轴线位置、泵房的基角位置和开挖深度。

b. 当设计图纸与实际现场完全吻合时，应完全按照设计图纸放线，不折不扣地体现设计意图。设计图纸与实际现场不符时，在满足绿化要求的前提下，可根据现场情况对设计方案进行适当调整。如果出现方案调整，必须进行管网压力或喷洒范围复核，以保证喷灌系统的喷灌强度和喷灌均匀度。

c. 对于移动式喷灌系统要定出渠道的中心线、坡脚和挖深以及喷点的准确位置。

d. 管道系统则应确定干管的轴线位置和管槽的深度。

e. 喷灌工程施工前，施工场地范围内绿化地坪、大树调整、建筑物及构筑物的土建工程、水源、电源、施工临时设施应基本到位，为喷灌施工创造较好的条件。

f. 喷灌所用的管材、管件、喷头、控制器材等应运到现场，应妥善地堆放和专人保管。

g. 根据工程的规模、场地的分布情况，编制相应喷灌工程的施工方案。

（2）定位放线。

a. 施工的定位放样既要按照设计要求，又要尊重客观实际。定位放样中，首先要划分好各个喷灌区域，然后确定喷头位置，再确定管道位置。

b. 对于边界区域，喷头定位应遵循点、线、面的原则，即先确定边界上拐点的喷头位置，再确定位于拐点之间沿边界的喷头位置，最后确定喷灌区域内位于非边界的喷头位置。

（3）沟槽开挖。喷灌系统的管道敷设在沟槽内，沟槽的开挖深度和宽度应根据管径和敷设位置而定，一般原则如下。

a. 沟槽深度应同时满足外部承压、冬季排水和设备安装的要求；过路沟槽的深度应符合路基承压要求。

b. 在满足设备安装的前提下，沟槽应尽量窄些，这样管子的承土压力较小，土方量较小。

c. 沟槽应顺直，槽床向阀门井或排水井找坡，沟槽的底面要平，以减少不均匀沉陷。

d. 必要时可将挖出的土在管沟的下风向一侧分层堆放。

e. 沟内不应有坚硬杂物，如坚硬杂物难以清除，应回填 10cm 厚砂土。

f. 沟槽挖好后，立即铺设管道较好，防止长期敞口造成塌方和底土风化，影响施工质量。

（4）管道安装。喷灌系统的管道安装包括验货、下料、切割、粘接等。绿地喷灌系统常用的管材是塑料管，包括聚氯乙烯管（PVC）、聚乙烯管（PE）和改性聚丙烯（PP）管。具体要求如下。

a. 管槽应预先夯实并铺砂过水，以减少不均匀沉陷。

b. 安装前应对管材和管件进行外观检查，排除有破损、裂纹和变形的产品。

c. 干管、支管应埋在冻土层以下，管子末端装有排空阀，以便在灌溉季节结束后排空水分。

d. 横管与槽床应良好结合，避免悬空。

e. 多管同沟时，应避免管道之间直接搭接交叉。

f. 根据管网的工作压力大小，在水流改变方向的弯头、三通、支管末端等部位应做混凝土墩加固，以承受水平侧向推力和轴向推力。

g. 安装过程中要防止污物进入管道，防止堵塞。

（5）水压试验。管道水压试验的目的是检验管道连接的密实性。将管道开口部分全部用堵头封闭，逐段进行试压，试压的压力应比平时工作时的压力大一倍，保持这种压力至少 10min 以上，检测各接头是否有漏水现象，如发现漏水应及时修补。同时在打压和恒压过程中，应尽量远离阀门或管件部位。

a. 严密试验。将管道内的水压加到 0.35MPa，保持 2h。检查各部位是否有渗漏或其他不正常现象。在 1h 内压力下降幅度小于 5%，表明管道严密试验合格。

b. 强度试验。严密试验合格后再次缓慢加压至强度试验压力（一般为设计工作压力的 1.5 倍，并且不得大于管道的额定工作压力，不得小于 0.5MPa），保持 2h。观察各部位是否有渗漏或其他不正常现象。在 1h 内压力下降幅度小于 5%，且管道无变形，表明管道强度试验合格。

c. 泄水试验。泄水试验的目的是检验管网系统是否有合理的坡降，以满足冬天泄水的要求。泄水时应打开所有的手动泄水阀，截断立管堵头，以免管道中出现负压，影响泄水效果。只要管道中无满管积水现象即为合格。一般采用抽查的方法检验。抽查的位置应选地势较低处，并远离泄水点。检查管道中有无满管积水情况的较好方法是排烟法：将烟雾从立管排入管道，观察临近的立管有无烟雾排出，以此判断两根立管之间的横管是否满管积水。

（6）土方回填。

a. 管道经水压及泄水试验合格后方可回填管沟槽。土方回填应分两步进行，先部分回填后再全部回填。

b. 部分回填是指管道以上 100mm 范围内的回填。部分回填采用沙土或筛过的原土，管道两侧分层踩实。

c. 禁止单侧回填，对于软质管道，如聚乙烯管，填土前管道应充水至工作压力方可，防止回填过程中管道被挤压变形。

d. 全部回填应采用符合要求的原土，分层轻夯或踩实。一次填土 100~150mm，直至高出地面 100mm 左右。

e. 填土即将到位后对整个沟槽进行水夯，即灌水使填土自然沉实，以免绿化等后续工程完成后出现局部下陷，影响相应的景观效果。

（7）喷头安装。

a. 安装喷头前，开启水泵对所有干管、支管注水冲洗，清除管内的泥沙和异物，避免杂物堵塞喷头。

b. 喷灌区域边界和特殊点喷头的安装位置应考虑定位的合理性，防止出现边界漏喷或喷洒出界现象。

c. 对于加压型喷灌系统而言，喷灌的主要加压设备为水泵和恒压供水装置。

d. 水泵安装应考虑其在工作状态下的稳定性，应能承受整个泵体充满水时的重量和可能的动荷载，并能经得住和防止任何过度的震动。

e. 混凝土结构是理想的水泵基础。在靠近水泵入口处安装真空表和在出口处安装压力表，这些仪表主要检查水泵的实际运行状况。

f. 电动机必须与水泵配套。电动机应该带有热敏线圈的并联式电磁启动器加以保护。

g. 从电力干线到喷灌泵机组，应当使用规格合适的电缆。

h. 其他设备包括各种控制设备和辅助设备，如阀门、仪表、传感器等。

（8）系统调试。装上喷头后进行调试，检查各项指标是否运行正常、水流是否均匀等。

6. 喷灌系统的管理与维护

（1）喷灌系统管理。

1）要加强实验研究，每年根据农作物、土壤、风、气候、供水等情况确定合理的灌溉制度，制定灌水定额、灌水量、灌水次数、灌水时间等。

2）灌水季节开始前对喷灌系统和喷灌设备进行全面检查，进行灌溉前调试。

3）灌水季节中对喷灌系统和设备及时维修和保养。每次喷灌后对喷头、水泵等擦洗干净，各转动部位加注适量的润滑油。

4）固定式喷灌系统开动时，首先把各阀门都关上，先开动机泵待达到额定转速后，缓缓打开总阀门和要喷灌支管的阀门，以防止管道震动与水锤现象。灌溉过程中应及时观察喷灌设备运行情况，主要观测喷灌强度大小、灌水是否均匀。

5）喷灌通常在无风或风小时进行，在有风时可缩小各喷头间的间距，或尽量采用顺风扇形喷洒。风力达到三级以上时，应停止喷灌。

6）如果喷灌系统的喷灌均匀度差，可以用改变喷点位置的办法改善。具体做法是第二次喷灌时喷头布置在第一次喷灌两个喷点之间，第三次喷灌时又与第一次相同，这样交替进行。

（2）管道维护。

1）固定管道的维护。地下固定管的阀门应设阀门井，并加盖保护，在灌溉结束后，给水栓要用套盖将下体保护，套盖可以用混凝土做成。

地下固定管冬季一定要排干管内积水，以防冻裂管道。

2）移动管道的维护。在每次灌溉作业完成后，应对移动管道各种部件进行检查，要求管道和管件完好，有损坏的要进行修理、更换。每年灌溉季节结束后将移动管道入库保养。

对易腐蚀的金属部件作涂油或刷漆；擦净止水胶圈，并撒上滑石粉；将各种安全保护和测量仪表拆下保养；管道按材质、规格在平整地上分层交错码放，硬质管道应分层前后交错堆放，软质塑料管应晾干，卷盘捆扎存放。堆放高度不应高于1.5m，不得露天存放，距离热源大于1.0m。

（3）喷头的维护（旋转式喷头）。

1）使用前的检查。

检查各连接件是否紧固。

检查流道内是否有污物。

检查喷头转动部分是否转动灵活、轻松。

检查喷头各可调整部位松紧度是否合适、限位装置是否在规定使用位置等。

检查喷头支架和立管是否放置平稳，支架应插牢，立管应垂直，喷头与立管连接处不得漏水。

检查完成后，可在各转动部位加注适量的润滑油。在冬季喷洒时，喷头需在换向器内适当涂抹一些黄油，以免零件沾水冻结。

2）使用过程中。在喷灌过程中，要及时根据水舌粉碎情况、射程和转动速度等来判断喷头是否工作正常。旋转式（射流式）喷头正常工作时，水舌刚离开喷嘴时应有光滑透明的密实段，然后才逐渐变白并粉碎。无风情况下射程与标准值差应小于15%，并且水滴落到地面时应雾化好。

3）使用后保养。每次喷洒后要清洗泥沙，擦尽水迹，转动部分加注少量润滑油。喷头长期不用时，应先拆检保养，擦尽水迹，对转动部位和弹簧处涂油装配，进口和出口用透气的材料包好，以免脏物落入；存放时应放于通风干燥处，远离热源，远离过酸过碱物质，塑料喷头和有塑料配件的喷头置于不受阳光直射处，防止老化。

（4）喷灌系统故障及解决方法。

1）水泵故障原因及排除方法见表6-8。

表6-8　　　　　　　　　　　　　　　水泵故障原因及排除方法

原　　因	排除方法
安装的总扬程或水扬程超过规定	换高扬程水泵或降低水泵位置
没有灌水或没灌满水	放净空气，灌满水
转向反了或转速不足	调整转向，加大转速
叶轮堵塞或磨损	清除堵塞物，更换叶轮
滤网堵塞或生锈	清除堵塞物和修理滤网
吸水管路或填料处漏气	密封吸水管管路或压紧填料
进水管漏气	旋紧法兰螺丝，重新加垫圈或焊补管子孔缝
吸水管内或泵壳上部存有空气	放净泵壳上部的空气
底阀露出水面或没水深度不够	再接一截吸水管或降低水泵位置
底阀已坏或密封不严或底阀活门被杂物卡住	修理、清除杂物

2）动力机带故障原因及排除方法见表6-9。

表6-9　　　　　　　　　　　　　　　动力机带故障原因及排除方法

原　　因	排除方法
水泵转速过高	降低水泵转速
轴承损坏	检查轴承
动力机小泵大	降低水泵转速或更换大马力动力机
泵轴弯曲或两轴不同心	调直泵轴
深井泵叶轮间隙过小	右旋电动机上部的调整螺母

3）机器振动大，声音异常故障及排除方法见表6-10。

表 6-10 机器振动大，声音异常原因及排除方法

原　　因	排除方法
泵轴弯曲或两轴不同心	调直泵轴
吸水扬程超过规定或底阀阻塞	降低水泵位置或清除堵塞物
机器没固定好	重新固定
空气进入泵内	加长吸水管或降低水泵位置
轴承损坏，叶轮磨泵壳	更换轴承，固定或更换叶轮

4）轴承发热的原因及排除方法见表 6-11。

表 6-11 轴承发热的原因及排除方法

原　　因	排除方法
皮带拉得过紧	皮带适宜松动
轴承损坏，油质不干净	更换轴承，更换机油
滑动甩油环不起作用	调整油环位置或更换新油环
叶轮上的平衡孔堵塞，叶轮失去平衡，增大了向上一边的推力	清除平衡孔上的堵塞物
黄油过多	减少黄油填充量

（5）喷洒水舌常出现的故障。

1）水舌性状较好，但射程不足，远处的水雾化差。引起的原因可能是水的压力不足，可先用压力表检查，进行压力适宜的调整。

2）刚离开喷嘴水舌表面就很毛糙，不透明，但水舌主流仍是圆形。引起的原因可能是喷嘴质量差或喷嘴损伤，应更换喷嘴或用细砂纸将喷嘴内缘打磨光滑。

3）水舌一离开喷嘴就散开，根本无圆形段。原因可能是流道内有污物堵塞；稳流器弯曲或变形；喷嘴内壁严重损伤。应及时进行更换或修复。

4）水舌性状较好，远处的水雾化程度较好，但射程近。原因喷头转速太快，应调整喷头转速。

（6）旋转式喷头工作时漏水。原因空心轴和套轴的接触端面不平行，一侧有缝隙，需要更换喷头；垫圈损坏，更换垫圈；垫圈中进入脏物使端面不平整，出现缝隙，可将喷头的空心轴拆下，清洗干净再装上。

（7）摇臂式喷头转动出现故障。

1）摇臂工作正常但喷头不转或转得很慢。是由摇臂部分、转动部分和工作压力三部分引起的。如果摇臂运行正常，则引起喷头不转或转得很慢的原因可能是喷头安装得太紧，把空心轴卡死，应适当把套轴松开些；空心轴和套轴之间摩擦过大，可能是因为转动部分进入泥沙、生锈或钢珠丢失等，可用细砂纸打磨；喷头的工作压力过高或过低，都会使转速变慢。

2）喷头不反转或反转太慢。摇臂喷头的反转主要依靠转向器摆块实现的。转向器摆块升不起来的会导致喷头不反转。原因换向器弹簧锈蚀，弹力减弱；摆块弹簧孔磨损变大或位置不对；摆块与摆块轴摩擦面阻力增大等。

反转速度慢的原因：反转钩外伸太长则敲击摆块时摇臂张角过大，导流器从水流获得的能量，因扭紧弹簧而消耗一部分，敲击摆块的力度减小，导致反转减慢。可通过适宜缩短反转钩外伸长度克服；摇臂弹簧太紧，会导致摇臂张开角度小，敲击摆块的力度不足也会导致反转过慢，放松摇臂弹簧即可。

3）摇臂甩不开或张角较小。原因：调整水泵供水的压力；摇臂弹簧太紧，向弹簧注入润滑油；摇臂和摇臂轴配合太紧，阻力大，适当松动；摇臂安装太高，导流器未完全切入水舌，适当调低摇臂。

4）摇臂敲击频率不稳，时快时慢。原因：于摇臂弹簧太松，一方面使摇臂张角增大，降低了敲击频率，另一方面使摇臂入水初速度减小，敲击力减弱；摇臂和摇臂轴配合太松，应适当拧紧。

5）摇臂甩开后不能回位。原因可能是摇臂弹簧太松。弹簧太松会使摇臂张角变大，应将弹簧调紧些。

十、微灌

1. 简介

微灌是按照作物需水要求，通过管道系统与安装在末级管道上的灌水器，将水和作物生长所需的养分以较小的流量均匀、准确地直接输送到作物根部附近的土壤表面或土层中的灌水方法。与传统的全面积湿润的地面灌和喷灌相比，微灌只以较小的流量湿润作物根区附近的部分土壤，因此，又称为局部灌溉技术。

2. 微灌特点

（1）各种微灌技术措施的共同特点是用塑料（或金属）低压管道，把流量很小的灌溉水送到作物附近，再通过体积很小的塑料（或金属）滴头或微喷头，把水滴在或喷洒在作物根区，或在作物顶部形成雨雾，也有通过较细的塑料管把水直接注入根部附近土壤。

（2）这类灌水方法灌水的流量小，持续时间长，间隔时间短，土壤湿度变幅小。微灌比喷灌可省水 30% 左右，比地面灌可省水 75% 左右。

（3）微灌采用的工作压力一般为 50~150kPa，能量消耗较小。

（4）微灌系统能够做到有效地控制每个灌水器的出水流量，一般灌水均匀度可达 85% 以上。肥料和药剂可通过微灌系统与灌溉水一起直接施到根系附近的土壤中，不需人工作业，大大减少人工成本。

（5）同时微灌采用压力管道将水输送到每棵作物的根部附近，可以在任何复杂的地形条件下都可以有效地工作。

3. 微灌方式

（1）地表滴灌。地表滴灌是通过末级管道（称为毛管）上的灌水器，即滴头、孔口或滴灌带等，将压力水以间断或连续的水流形式灌到作物根区附近土壤表面的灌水形式。靠近滴头下面的土壤水分处于饱和状态，其他远离滴头下面的土壤水分均处于非饱和状态。

（2）地下滴灌。将毛管和灌水器（主要是滴头）全部埋入地下的系统。与地表滴灌系统比较，免除了毛管在作物种植和收获前后安装和拆卸的工作，不影响田间耕作，延长了设备的使用寿命。缺点是不能检查土壤湿润和测量滴头流量变化的情况，发生问题维修也很困难。

（3）微喷灌。微喷灌是利用直接安装在毛管上或与毛管连接的灌水器，即微喷头，将压力水以小的流量、喷洒状的形式喷洒在作物根区附近的土壤表面的一种灌水形式。微喷灌具有提高空气湿度、调节田间小气候的作用。但在某些情况下，严格来讲，它不完全属于局部灌溉的范畴，而是一种小流量灌溉技术。

微喷灌是介于滴灌和喷灌之间的一种改良型灌溉方式，由于微喷头出流孔口的直径和出流流速比滴灌滴头大，所以大大减少了灌水器堵塞。

（4）涌泉灌。涌泉灌是通过安装在毛管上的涌水器形成的小股水流，以泉水的形式使水流施入土壤表面的一种灌水形式。涌泉灌溉的流量要大于滴灌和喷灌，一般都超过土壤的渗吸速率，较适宜园林水体景观、大面积绿化带、果园、行道树等的灌溉。涌泉灌抗堵能力强，水质净化处理简单，操作简便，可以自动化施肥。

4. 微灌系统组成

一个完整的微灌系统主要包括灌水器、各级管道与连接件、过滤器、水泵及动力机、水质净化装置、施肥罐以及控制、量测与保护装置等。下面对微灌系统一些主要的设备进行简单的介绍（图6-7）。

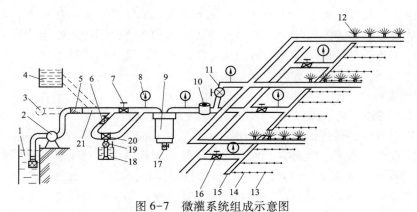

图6-7　微灌系统组成示意图

1—水源；2—水泵；3—供水管；4—蓄水池；5—逆止阀；6—施肥开关；7—灌水总开关；

8—压力表；9—主过滤器；10—水表；11—支管；12—微喷头；13—滴头；

14—毛管（滴灌带、渗灌管）；15—滴灌支管；16—尾部开关（电磁阀）；

17—冲洗阀；18—肥料罐；19—肥料调节阀；20—施肥器；21—干管

5. 微灌管道系统的布置

微灌管道系统的分级与其他灌溉方式一样，通常分为三级，即干管、支管、毛管。个别的为四级管道，即干管、分干管、支管、毛管四级。

（1）管道系统布置要求。

1）管道布置时应使管道总长度尽量短，可以减少水头损失，节省管材，降低成本。

2）平原地区要采用压力管道输水，尽量使水源和泵站相邻，且两者位置布置在灌水区域的中心，可缩短干管的长度。

3）山地进行滴灌时，干管多沿山脊布置，或沿等高线布置；支管则垂直于等高线，向两边的毛管配水。

4）尽量使支管长度一致，规格一致。

5）支管的布置尽量与作物的耕作方向一致。

（2）管网的布置形式。根据水源位置、控制范围、地面坡降、地块形状和作物种植方向等条件，进行管网布置。平原地区地势平坦，地块整齐，管网布置常采用"圭"字形或"梳子"形；山丘、丘陵区由于地形复杂，地块不整，常用"树枝"形布置。现在对生产上常见的几种布置形式进行简单介绍。

1）"圭"字形布置、Ⅱ形布置。圭字形布置（图6-8）、Ⅱ形布置（图6-9）主要适于水源位于地块一侧、灌溉面积 $10\sim20hm^2$、水源工程出水量 $60\sim100m^3/h$ 且形状近似正方形的灌溉区。

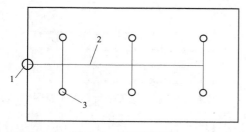

图6-8　圭字形布置

1—水源工程；2—管道系统；3—给水栓

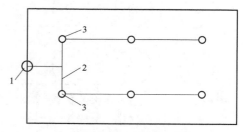

图6-9　Ⅱ形布置

1—水源工程；2—管道系统；3—给水栓

2）"一"字形。水源位于地块一侧、地块呈长条形、水源工程出水量 $20\sim40m^3/h$、灌溉面积 $3\sim7hm^2$、长宽比小于3的灌溉区可以采用"一"字形（图6-10）、L形、T字形布置。

3）H形布置形式。水源位于中心时，水源工程出水量 $40\sim60m^3/h$，灌溉面积 $7\sim10hm^2$、地块长宽比小于2时，采用H形布置形式（图6-11）。

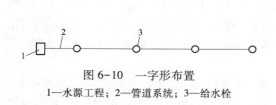

图6-10　一字形布置

1—水源工程；2—管道系统；3—给水栓

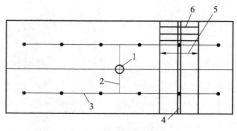

图6-11　H形布置形式

1—水源工程；2—干管；3—支管；

4—双向控制毛渠；5—灌水方向；6—畦

（3）微灌毛管与灌水器的布置。

1）毛管和灌水器的布置。毛管和灌水器的布置方式取决于作物种类、生长阶段和所选用灌水器的类型，下面分别介绍滴灌系统和微喷灌系统毛管和灌水器的一般布置形式。

a. 单行毛管直线布置。一行作物布置一条毛管，滴头安装在毛管上（图6-12）。这种布置方式适用于幼树和窄行密植作物（如蔬菜、花卉）。一棵幼树安装 $2\sim3$ 个单出水口滴头，窄行密植作物可沿毛管等间距安装滴头，也可用多孔毛管。有时一条毛管控

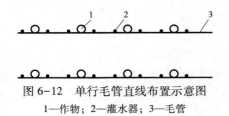

图 6-12　单行毛管直线布置示意图
1—作物；2—灌水器；3—毛管

制若干行作物。

　　b. 单行毛管带环状管布置。当滴灌成龄树木时，可沿一行树布置一条输水毛管，围绕每一棵树布置一条环状灌水器，其上装 5~6 个单出水口滴头（图 6-13）。这种布置形式使毛管总长度大大增加。

　　c. 双行毛管平行布置。当滴灌高大作物时，沿树行两侧布置两条毛管，每株树两边各安装 2~4 个滴头（图 6-14）。这种布置形式使用的毛管数量较多。

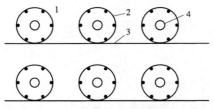

图 6-13　单行毛管带环状管布置示意图
1—作物；2—绕树环状管；3—毛管；4—树木

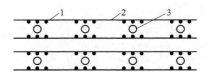

图 6-14　双行毛管平行布置示意图
1—滴头；2—毛管；3—树木

　　d. 单行毛管带微管布置。当使用微管滴灌树木时，每一行树布置一条毛管，再用一段分水管与毛管连接，在分水管安装 4~6 条微管。这种布置形式减少了毛管的用量，但增加了微管用量。

　　2）微喷灌毛管和灌水器的布置。常用的微喷灌毛管和灌水器的布置形式，毛管沿作物行向布置，毛管的长度取决于微喷头的流量和均匀度的要求，应由水力计算决定。

　　6. 技术要点

　　（1）续灌。续灌是指在一次灌水延续时间内，自始至终连续输水的渠道为续灌渠道，这种输水方式称为续灌。

　　1）上一级管道同时向所有下一级管道配水，如果干管这一级进行续灌，那么干管和所有干管下一级的所有支管全部过水。

　　2）续灌的主要特点是下一级管道的设计流量小，工作时间长，而上一级管道流量大，设备投资和水头损失也大。为了使各用水单位收益均衡，避免因水量过分集中而造成灌水组织和生产安排的困难，一般灌溉面积较大的灌区的干渠和支渠采取这种方式。续灌对于滴灌和微灌较为适宜采用。

　　（2）轮灌。轮灌方式是指上一级管道按预先划分好的轮灌组分组向下一级管道配水，而轮灌管道在灌水时期是轮流工作的。轮灌一般分为集中轮灌和分组轮灌两种。轮灌方式比较适合灌溉系统面积不大、灌区内用水单位少、各用水单位作物种植比较单一的情况。

　　1）轮灌编组原则。各轮灌组的喷头数目应尽量一致，保证各级管道流量稳定、均匀。如果各轮灌组灌水器数量不能保持一致，一般两组间灌水器相差 1~3 个较为合理。尽量使距离水泵远的或喷点位置较高的轮灌组的灌水器少些。在一条干管上，数条支管同时工作时，应适当分散水流，以减少干管流量和输水损失。轮灌组的划分在生产上要便于管理和维护，通常一个轮灌组管辖的范围最好集中连片。轮灌组控制的面积应尽可能相等或接近，以使水泵工作功率稳定。

2）轮灌各级管道设计流量的确定。轮灌编组后，在同一级管道上选择各轮灌组可能出现的最大流量作为本级管道的设计流量。公式为

$$Q = nq \qquad (6-2)$$

式中　n——同时工作的灌水器的数量；

　　　q——灌水器流量，m^3/h。

同理，干管流量为同时工作的各支管流量的总和。

3）轮灌组数。按作物需水要求，微灌系统轮灌组数目计算公式为

$$N \leqslant \frac{CT}{t} \qquad (6-3)$$

式中　N——允许的轮灌组最大数目；

　　　C——每天运行的小时数，一般为 $12 \sim 20h$，对于固定式系统不低于 $16h$；

　　　T——灌水时间间隔，d；

　　　t——每次灌水持续时间，h。

4）轮灌组的划分方法。通常在支管的进口安装闸阀和流量调节装置，使支管所管辖的面积成为一个灌水单元，称灌水小区。一个轮灌组可包括一条或若干条支管，即包括一个或若干个灌水小区。

（3）随机取水方式。

1）随机取水方式是指每个取水口任何时候都可以取水，也可以不取水，并以取水口作为一个用水计算单位。此基础上，用概率论和数理统计方法来推算各级管道的设计流量。

2）在运行方法上，是使取水口以上的管网中任何时候都充满水，各取水口按本用水单位的需要随时打开闸门取水灌溉。

十一、滴灌

1. 滴灌技术

滴灌是按照作物需水要求，通过低压管道系统与安装在毛管上的灌水器，将水和作物需要的水分均匀而又缓慢地滴入作物根区土壤中的灌水方法。滴灌不破坏土壤结构，土壤内部水、肥、气、热经常保持适宜于作物生长的良好状况，蒸发损失小，不产生地面径流，几乎没有深层渗漏，是一种省水的灌水方式。

2. 滴灌的优缺点

（1）优点。

1）节约水分，水分利用率高。滴灌灌水量小，灌水器每小时流量为 $2 \sim 12L$，一次灌水延续时间较长，灌水的周期短，可以做到小水勤灌，使水分的渗漏和损失降低到最低限度。同时，滴灌的水分直接供应作物根区，不存在外围水的损失问题，又使水的利用效率大大提高。与地面灌溉相比，灌溉水量仅为地面灌溉水量的 $1/4 \sim 1/5$。

2）控制温度和湿度。滴灌属于局部微灌，大部分土壤表面保持干燥，且滴头均匀缓慢地向根系土壤层供水，对地温的保持、回升、减少水分蒸发和降低室内湿度等均具有明显的效果。

3）保持土壤结构。滴灌为微量灌溉，不会产生地面径流和土壤板结，能够保持良好的土壤结构。

4）改善品质、增产增效。滴灌能够及时适量供水、供肥，它可以在提高农作物产量的同时提高和改善农产品的品质。

（2）滴灌的缺点。

1）滴灌的管道和滴头容易堵塞，对水质要求较高。

2）滴灌投资较高。

3）滴灌不能调节田间小气候，不适宜结冻期灌溉。

3. 滴灌系统的组成

滴灌系统主要由水源、首部控制枢纽、管道系统和滴头四部分组成，下面对其每个部分主要组成进行简单介绍，如图 6-15 所示。

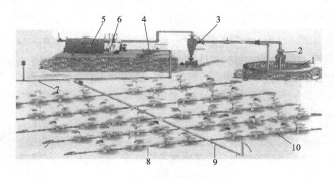

图 6-15　滴灌系统

1—水源；2—水泵；3—离心式过滤器；4—网式过滤器；5—砂石过滤器；
6—液体流动测量器；7—主干管；8—毛管；9—支管；10—灌水器

4. 滴灌管道的安装要点

（1）首先按照滴灌管道设计要求对各级别的管材进行裁截，再依次进行连接。干管、支管、毛管的连接分为冷接和热接两种。

（2）冷接就是在不加热的情况下，用力把两管连接在一起；热接则是在加热的情况下将两管连接在一起。

（3）具体的做法是把要连接的两个管用火烤，待管端变软后，用接头可顺利地把两管端接在一起，然后用铁丝把接口处捆绑好。

图 6-16　滴头安装在毛管上

（4）滴头与毛管的连接方式主要分为间接式和插接式两种。间接式的管间滴头的安装是根据滴头的间距，剪断毛管，并与滴头串联。插接式滴头的安装应先根据滴头间距，在与管轴线平行的同一直线的毛管壁上打孔，在孔中插装滴头，并拴在毛管上。打孔的大小不宜过大，也不宜过小，一般是插入插头时，手感顺利而无间隙（图 6-16）。滴头的安装与干管、支管安装可同时进行，也可提前安装。

提示：

1）干管、支管、毛管不宜裸露在阳光下暴晒，防止老化。

2）避免管道在冬季冻裂，一般在每轮灌区相对最低的支管上安装排水管。

3）安装滴头时，打孔不要把毛管两壁都打透，滴头插入毛管的长度以 4mm 为宜。

4）如果是地下式滴灌，在埋滴头时，在其出水处裹一块塑料布（8cm×8cm），防止停水时吸入泥土。

5）安装毛管，在支管上打孔时，孔的位置要正，防止旁通漏水。打孔的位置根据毛管在支管上的连接位置确定。安装旁通时，要把孔壁上的塑料残片去掉，以防止堵塞。为防止漏水，可在旁通内侧涂化学胶或加小胶垫，并用铁丝把旁通捆好。

5. 滴灌系统的管理与维护

（1）管理。滴灌系统的运行管理主要是适时适量地向作物灌水，及时对滴灌系统的设备进行维修和保养。一般包括水源工程和水泵的运行管理、过滤器的运行管理、施肥罐的运行管理及管道系统的运行管理等几部分。

1）水泵的运行管理主要是对水泵、闸阀、仪表等进行管理。开机前要对各部件进行检查是否能够正常运行。检查工作完成后开机，开机的同时应缓慢开启灌水闸阀向灌区供水，应注意压力表的指针，使压力表的读数控制在设计指标范围内。

2）冬季灌水以后，应立即打开排水闸阀，把管道内的水分全部排除干净，防止冬季冻裂管道。每年冬季对水泵检修一次，更换磨损零件，将水泵擦洗干净，添加润滑油。

3）滴灌系统中过滤器是防止滴头堵塞的最主要设备，因此要对过滤器定期进行维护和管理。控制过滤器前后的压力差不能过大，即筛状过滤器的压力差不得大于 5m，自动过滤器不得大于 5~6m，砂石过滤器压力差不得大于 10m。当压力差大于这些最大临界值时，表明滤网堵塞污物过多需要及时清洗过滤网。清洗过滤器的方法目前常采用人工清洗法和水泵清洗法。人工清洗要拆开过滤器，取出滤网进行冲洗或更换滤网，但这种方法影响灌水，稍不注意反而会人为地将滤网上的污物带入滴灌系统。水泵清洗法不用拆开过滤器也不停水泵，打开过滤器的放水阀并关闭灌区阀门，压力水冲洗滤网后从放水口流出，从而把滤网上的污物冲出过滤器外。

4）在清洗过滤网的过程中，要防止过滤网的损坏，防止污泥进入滴管；如果检查过滤器部件受腐蚀，要用涂料进行养护；筛网、盖和过滤器部件之间要保持合理的松紧度，用橡胶密封能保持良好的功效。

5）向管道中注入肥料溶液的方法主要有压差法、泵注法、射流式和泵吸入式，多采用压差法。压差法注入肥料溶液时，先将已经装好肥料的肥料罐与主干管连接好并打开化肥罐上进出水管上的闸阀，调节解压阀使调压阀前后产生压差，水通过进水管进入肥料把肥料溶解，肥料溶液在压差的作用下通过出口管进入主干管，再经过过滤器及各级管道到达作物根部，完成给作物施肥的任务。肥料罐中注入的肥料要易溶于水，难溶的或不溶的肥料不能注入滴灌系统，防止堵塞滴头。同时要根据作物对肥料种类和浓度的要求，科学合理地掌握肥料的种类、浓度、注入量、注入时间等。

6）开机前检查各轮灌区的闸门是否开关就绪；开机后检查滴头运行是否正常，对不滴水或滴水不均匀的滴头及时更换；检查接管处的接头是否漏水，对漏水处及时修复；使用清水滴灌，一般管道末端每季度冲洗 3 次，脏水则要求每灌溉 4 次要冲洗 1 次。冲洗时，先打开管道末端充水或充气 5min，然后关闭管道末端，冲洗毛管滴头，按不同种类滴灌使用最大允许压力冲洗，冲洗时间 1min 以上；灌溉季节结束后，及时清除各级管道内的污物，管内水分排除干净。

（2）故障处理。表 6-12 是滴灌系统过程中常出现的一些故障以及发生这些故障的原因和解决的方法。

表 6-12　　　　　　　　　　滴灌系统常出现的故障及发生原因和解决方法

故　障	发　生　原　因	解　决　方　法
滴头不滴水或滴水不均匀	滴头被污物堵塞或滴头插到毛管壁	摘下滴头进行清洗或更换新滴头
毛管上的滴头大部分不滴水或只有首部少量滴头滴水	旁通损坏或毛管堵塞或毛管断裂	及时更换旁通，或清除毛管内的污物或剪掉毛管断裂的部分，重新接头
系统压力低，滴头流量小	过滤器堵塞或水泵功率不够	及时清洗过滤器内的过滤网，或检修水泵
滴头喷水	水压过大或滴头外壳松动	降低压力，将滴头拧紧

十二、渗灌的概念、特点及分类

1. 简介

渗灌是一种地下微灌形式，在低压条件下，通过埋于作物根系活动层的灌水器，根据作物的生长需水量定时定量借助土壤毛细管作用向土壤中渗水供给作物。渗灌系统全部采用管道输水，灌溉水是通过渗灌管直接供给作物根部，地表及作物叶面积均保持干燥，作物棵间蒸发减至最小，计划湿润层土壤含水率均低于饱和含水率，水的利用率极高。渗灌与滴灌的区别在于出水点分散、无规律、孔管大小不一。渗灌工作压力低，一般为 10~50kPa，出水量每米管长为 2~5L/h，对水质要求高，抗堵塞能力差。

2. 渗灌优缺点

（1）渗灌的主要优点。

1）灌水后土壤仍保持疏松状态，土壤表面不易板结、干裂。

2）管道埋入地下，可减少占地。

3）渗灌系统流量小，压力低，节约能源，灌水效率高，可节水 50%~80%。

4）地表土壤湿度低，可减少地面蒸发。

5）能减少杂草生长和植物病虫害。

（2）渗灌存在的缺点。

1）盐碱化地区将加重盐碱化程度。

2）投资高，管理维修困难，一旦管道堵塞或破坏，难以检查，和修理。

3）表层土壤湿度较差，不利于作物种子发芽和幼苗生长，也不利于浅根作物生长。

4）易产生深层渗漏，特别对透水性较强的轻质土壤，更容易产生渗漏损失。

3. 渗灌方式分类

（1）地下水浸润灌溉。地下水浸润灌溉是利用沟渠网及其调节建筑物，将地下水位升高，再借毛细管作用向上层土壤补给水分，以达到灌溉目的。主要适用于土壤透水性较强、地下水位高、盐碱程度低的地区。

（2）地下渗水暗管（或鼠洞）灌溉。地下渗水暗管（或鼠洞）灌溉是地表一定深度下埋设渗水暗管（鼠洞），灌溉水通过管道之孔穴或缝隙渗入土壤，水分在毛细管作用下向四周扩散转移来灌溉作物的一种灌溉方式。主要适用于地下水位较深、水质均匀、良好、盐碱程度低、纯净、含杂质颗粒少、无污染灌溉水的地区。地下渗水暗管灌溉是目前渗灌采用较多的灌溉形式。

4. 渗灌系统组成

一个完整的渗灌系统主要由水源工程、首部枢纽、输配水管网、渗水器、水量量测设备、水流控制部件等组成（图6-17）。

5. 渗灌技术要点

（1）管道埋设深度。

1）渗灌管道埋深应使灌溉水借助于毛管作用上升充分湿润作物根系活动层的土壤，并使渗漏最小。因此管道的埋深取决于土壤性质和作物种类。

2）无压渗灌的管道埋深要比有压渗灌的管道埋深浅些，黏性土埋深大，砂性土埋深小，不同土壤质地条件下管道要求埋的深度参考值见表6-13。

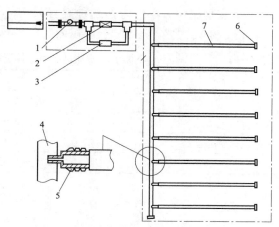

图6-17　渗灌系统组成
1—过滤器；2—阀门；3—流量计；4—主管；
5—接头；6—堵头；7—渗水器

3）渗灌管道埋深应以不影响作物根系的生长为原则，不同作物种类也影响渗灌管的埋深。深根性作物的管道埋深要比浅根性作物的埋深浅些，果树管道埋深30~60cm，草莓、菠菜、韭菜等为5~30cm，黄瓜、番茄为20~40cm，草坪为10~30cm。

4）对于北方寒冷地区，还应考虑冻土层深度，一般渗灌管应放在冻土层以下，防止管道中水流产生冰冻现象，将管道冻裂。

5）除此之外，还要考虑到耕作的要求和管道的抗压强度，不致因拖拉机和其他机械行走而损坏。通常情况下，渗灌管道的埋深为40~60cm。

表6-13　　　　　　　　不同土壤质地、压力条件下管道埋深参考值

土　壤　质　地	管道埋设深度/m	
	有压渗灌	无压渗灌
黏土	0.7以上	0.6以上
壤土	0.6以上	0.5以上
砂土	0.5以上	0.4以上

（2）管道间距。

1）渗灌管道间距主要取决于土壤质地、供水压力大小及作物种植条件。

2）管道间距不能过大，也不能过小。间距过大，两管中间部分的作物水分得不到满足；间距过小，会造成水分的浪费，造价也过高，不经济。

3）为保证土壤湿润均匀，相邻两条管道中的浸润曲线应有一部分重叠。

4）渗灌时，灌溉水借助毛管力作用横向扩散的距离主要取决于土壤性质和供水压力，土壤颗粒越细，扩散范围越大，管道间距可加大。

5）一般砂性土壤管距较小，黏性土管距较大，管道中压力越大，管距可较大。不同土壤质地、压力条件下渗灌管道间距参考值见表6-14。

6）渗灌管间距大小还与作物种类有关。一般大田作物、蔬菜、花卉等间距小些，在1.5m以内；果树大些，一般要3m以内。

表6-14　　　　　　　　　不同土壤质地、压力条件下渗灌管道间距参考值

土　壤　质　地	管道埋设深度/m	
	有压渗灌	无压渗灌
黏土	1.5~2.0	0.8~1.2
壤土	1.2~1.5	0.6~0.8
砂土	0.8~1.0	0.5

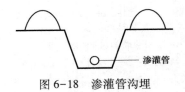

图6-18　渗灌管沟埋

（3）管道埋设。

1）渗灌管道埋设方式主要分为两种，即沟埋（图6-18）和垄埋。

2）沟埋是在作物根系附近开沟，将渗灌管埋入沟内，主要适用于干旱和半干旱地区。

3）垄埋是在地表铺设渗灌管，然后埋土起垄，通常在南方多雨的地区采用。进行管道埋土时，应防止外力过大导致渗灌管变形或破裂，影响灌溉质量和灌溉管寿命。

另外，也可采用膜下铺设的方式。

（4）圆管道长度和坡度。

1）适宜的管道长度应使管道首尾范围内的土壤湿润均匀，渗漏量小，与管道坡度、压力情况、流量大小和渗水情况有关。

2）国内采用的管长，无压供水时为80~120m，有压供水时为150~200m。一般情况下，管道坡度陡、供水压力大时，管道可长些，无压供水时管道适宜坡度为0.1%~0.4%，有压供水时以地面坡度确定，但要保证管长方向上的各点水流湿润均匀，且不致溢出水面。

6. 渗灌管理

渗灌系统的渗头或灌水器要控制小流量的灌水，其过水断面很小，很容易被水中的杂质堵塞。常见的堵塞杂质主要有砂质颗粒、淤泥、有机物、藻类、微生物、未溶解的肥料颗粒等。堵塞将会阻碍系统的正常运行，灌水器堵塞将使毛管管路压力分布发生变化，造成出水均匀度降低，影响作物的生长。

处理措施：

（1）酸液冲洗。对于碳酸钙沉淀，可用0.2%~0.5%的盐酸溶液，用1m水头压力输入灌溉系统，滞留5~15min。

（2）压力疏通。对有机物形成的堵塞。可用（5.05~10.1）×10⁵Pa的压缩空气或压力水冲洗灌溉系统。

十三、集水灌溉

1. 简介

集雨节水灌溉是指在缺水地区利用小蓄水工程（如水窖、旱井、小蓄水池等）将当地降雨收集起来，并采用先进的节水灌溉方法（喷灌、滴灌、微喷灌等）灌溉农作物的水利技术。

2. 特点

集雨节灌是当前集雨农业理论的扩展和延伸。在我国干旱和半干旱地区，干旱问题和缺水问题长期困扰着农业和区域经济的发展，人们为解决这两个问题走过了近半个世纪的艰辛历程。今天从延续了几千年的水窖和发展水利的经验总结中终于找到了一条出路，那就是集蓄雨水解决缺水问题。采用集雨节灌技术，不但可在很大程度上解决缺水问题，而且还可有效地减小暴雨径流灾害，防止水土流失。

3. 集雨节水灌溉系统组成

集雨节水灌溉工程一般由集雨系统、输水系统、净化系统、存储系统和田间节水灌溉系统等部分组成如图6-19所示。

（1）集雨系统。集雨系统主要是汇集雨水的场地，目前有天然集流场和人工集流场两种类型。通常天然集流场的集流效率比较低，为提高雨水的利用率，防止雨水大面积渗漏，必须对集水面进行处理。常用的集水面材料和处理措施主要有以下几种。

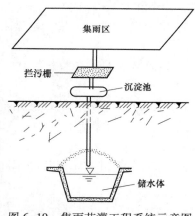

图6-19　集雨节灌工程系统示意图

1）混凝土集水面。施工前将地基夯实，然后铺设混凝土，厚度一般3~5cm，浇注块体积大小为3~9m³，各块间利用水泥填缝。

2）水泥土夯实处理。用水泥与土进行混合，水泥与土的混合质量比例通常为1:（8~9），混合后铺设到集水面、夯实，夯实后的厚度为10cm左右。

3）塑料薄膜。采用聚乙烯薄膜或塑膜上覆砂、覆草泥等，但集流面积小，投资高。建立集雨系统的位置应尽量靠近并稍高于蓄水设施位置，或与蓄水设施组合形成。

（2）蓄水系统。

1）储水体。目前生产上采用的储水体主要有水窖、蓄水池和集流坝三种。三种形式可以单独使用，也可以结合使用。

2）主要的附属设备。

a. 输排水设施。输排水设施主要是将集流场汇集的雨水输送到储水体。输水设备一般采用渠道、管道两种方式。渠道用于集流场向第一个储水体的输水，管道用于储水体之间的输水。为避免引水流冲刷储水体，输水管道应深入到储水体蓄水位以下。

通常还要安装排水设施，在降雨开始时，先打开排水口，排掉脏水，然后再打开进水口。同时，如果储水体的雨水蓄满时，为防止外溢，可打开排水口把多余的水分排出。

b. 沉砂池。沉砂池是过滤系统，主要用于沉降进入储水池的雨水中的泥砂和其他固体颗粒，一般设置在储水体进口上游 2m 左右的地方。

c. 拦污栅。拦污栅主要拦截进入储水体的雨水中密度轻的漂浮的杂质，设置在沉砂池的进口处。

d. 窖口窖台。窖口窖台的作用是保证进水口不易损坏，防止污染物进入储水体。窖台一般高出地面 20~50cm，不用时加盖密封，使用时打开。

（3）节灌系统。节灌系统包括放水设施、输水管道和灌水器等，通常都采用节水的灌溉方式，目前主要采用喷灌、微灌、渗灌、滴灌等节水灌溉方式进行灌溉。灌溉时根据取水的方式不同通常有以下三种方式。

1）自压放水方式。直接在储水设施底端安装输水管道和闸阀，由输水管直接连接喷灌、微灌、渗灌和滴灌等的干管、支管向田间灌水。这种方式要求一定的水压，所以，这种放水方式主要用在储水设施位置较高而灌溉田位置较低的地方，能够有足够的水压将水输送到管道内。

2）机械取水方式。通常可采用水泵等提供动力，将水从储水体中输出流入到喷灌、微灌、渗灌和滴灌等输水管道中。

3）人力提水取水方式。主要用于地下式储水体，由人工进行提水供给人畜饮用或微量灌溉。

4. 集雨节水灌溉技术要点

（1）水窖。

1）水窖是建在地下的埋藏式蓄水工程，是雨水节流的最常用的储水体。水窖具有保持水质，防止水分蒸发、损失，无渗漏，造价低等特点，是目前最主要的集雨储水工程形式。

2）水窖按照其基本形状的不同，可分为圆柱形中开口水窖、圆柱形侧开口水窖、长方形拱顶水窖、瓶式窖、坛式窖（图 6-20）、井式窖、球形窖等；按照防渗漏的材料，可分为混凝土窖、胶泥窖、砖窖、水泥砂浆抹面窖等。

图 6-20　坛式窖

3）水窖应选择在具有深厚良好的土层内，防止塌陷，黏性土壤最佳，黄土次之。土层无裂缝，完好，岩性相同。

4）建设水窖时，窖体开挖尺寸要准确，窖壁和窖底要修理平整、夯实，用混凝土、胶泥、砖、水泥砂等铺设完整，防止渗漏。窖顶回填土的厚度，应以使地表温差变化对窖内水分基本无影响为标准，能够保持良好的水质和防止水分结冰，一般填土厚度在 1.5m 以上。

（2）蓄水池。

1）蓄水池是其顶部位于地面或地面以上的储水设备，也是集雨节灌系统常用的储水形式之一。其储水容积比水窖大得多，单个蓄水池的容积可达到几百立方米甚至几千立方米。

2）蓄水池按作用、结构的不同一般分为开敞式和封闭式两大类型。

3）开敞式蓄水池。开敞式蓄水池容量大，一般不受结构形式的制约，蓄水容积可达到几千立方米，建造的材料可采用砖、石头、混凝土等。这类型的蓄水池不能防冻、防高温、防蒸发等，因此属于季节性蓄水池。池体形状通常为矩形或圆形。

4）封闭式蓄水池。封闭式蓄水池是在池顶增加了封闭设施，具有防冻、防高温、防蒸发等作用，可常年蓄水，造价相对于开敞式要高。根据封闭设施的形状及材质的不同通常分为以下几种。

a. 梁板式圆形池，蓄水量一般为 30~50m³。池顶部采用薄壳型混凝土或肋拱板，池体尽可能设在地面以下，以减少池墙的厚度，降低造价。

b. 盖板式矩形池，顶盖多采用混凝土空心板或肋拱板，空心板可加保温层或覆盖层，蓄水量一般 80~200m³。或者盖顶采用钢筋混凝土矩形池，其容积可达 200m³ 以上。

c. 集流坝。集流坝是利用较大的坡面进行集流的集雨系统所采用的储水方式。常用的形式有土坝、堆石坝、砌石重力坝、拱坝（图 6-21）、混凝土重力坝等。

（3）水源净化设施。

1）沉砂池主要是作为储水体的附属设施，一般建立在其上游 2~3m 处，其作用是雨水在进入储水体之前，先进入沉砂池内，沉砂池底部有一定标准粒径的孔隙，水从池的入口到出口这段距离，雨水

图 6-21　拱坝

中符合标准粒径的泥砂颗粒全部沉入池底，从而起到净化雨水的作用（图 6-22）。

2）沉砂池根据其结构通常分为迷宫式斜墙沉砂池（图 6-23）、迷宫式直墙沉砂池（图 6-24）、梯形沉砂池、矩形沉砂池（图 6-25）等。迷宫式沉砂池沉淀泥砂的效果较其他几种方式更为理想，一般沉淀效果可达到 80%~90%。

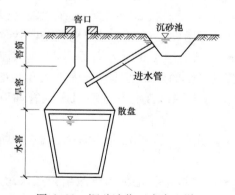

图 6-22　沉砂池位于水窖上游

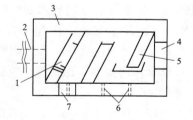

图 6-23　迷宫式斜墙沉砂池

1—出水口；2—水窖进水口；3—池帮；4—进水口；
5—斜墙；6—排砂孔；7—溢水口

3）设计沉砂池还需要预留排砂孔和溢水口，可以及时清理沉淀池中沉淀的泥砂颗粒和防止多余的雨水外漏，造成损失和污染。溢水口底要低于沉砂池顶 10~15cm。

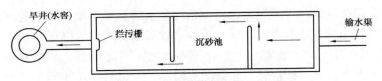

图 6-24　迷宫式直墙沉砂池

（4）拦污栅。

1）拦污栅主要拦截雨水中的大体积杂物和漂浮物，通常设置在沉淀池的入口处。

2）拦污栅可直接采用筛网制成，或是在铁板或薄钢板及其他板材上直接打圆孔或方孔，无论采用哪种形式，其孔径一般小于 10mm×10mm，如图 6-26 所示。

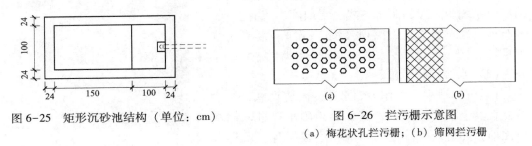

图 6-25　矩形沉砂池结构（单位：cm）

图 6-26　拦污栅示意图
（a）梅花状孔拦污栅；（b）筛网拦污栅

5. 集雨灌溉系统的管理

（1）下雨前要及时清理管道、沉砂池、拦污栅等，以便下雨时适时蓄水。

（2）直接引用山前坡面雨水的水窖，在雨季应在沉砂池前布设拦洪墙，防止山洪从窖口涌入窖内，造成淤泥积聚。

（3）要定期对水窖、蓄水池、集流坝进行检查维修，经常保持水体完好。如果窖底发生渗漏，需要翻拆窖底进行原土夯实，再按设计要求重新浇筑；如果窖壁发生渗漏，根据原因采取相应的补救措施，一般进行分层填土捣实，然后在接近窑壁时用混凝土或砂浆进行防渗加固。对大面积的轻微渗漏，可先清水刷壁，然后用 1.5cm 左右的 1∶2.5 水泥砂浆两遍即可；如果水管处出现渗漏，应在窖内的管的首部的外壁套两道橡皮止水环，止水环周围用碎石混凝土密浇，使其与管壁密合，窖外管末端设置混凝土墩对出水管加以固定，防止出水管摇动造成与窖体之间产生裂缝。

（4）储水体内要经常保持湿润，储水体内的水用完后，窖底必须留存一定的水，防止干裂造成渗漏。

（5）当储水体雨水蓄满后，要及时封闭窖口和进水道，防止脏物及微生物进入污染，经过 4~6 个月的沤水，窖水即变成纯净无异味。

（6）化学处理。窖水经过"沤水"后，较大的泥砂颗粒和杂质将自然沉底，水中如果还存在细小的、重量较轻的杂质，可以加入明矾促使窖水澄清。如果没有明矾可加入漂白粉也可。漂白粉能与一些有机物发生反应，应与氮肥分开用。一般 1m³ 水加入 50g 漂白粉，可以撒入，也可以把漂白粉装入铁皮容器内，在容器上开几个小孔，用绳子系住，放入窖内，一般 10 天左右换一次，使其持续消毒。

（7）沉砂池每次使用前要及时清除池内的淤泥；冬季封冻前要排除池内积水，防止冻裂；定期对沉砂池进行检修和维护，保持其完好。

（8）可在集水场周围围墙，防止集水场人为或牲畜的破坏；降雪后要及时进行清理，可降低冻胀程度；对发现损坏的集流面应及时进行修补，保持集流场的完好性。

（9）检查放水阀、排水阀、排气阀等是否损坏，检查套管内的管道是否完好、计量的水表是否正常运行。检查管道接口处是否漏水、输水管道是否有漏水现象。

第二节　园林排水工程施工

一、园林排水系统组成

园林排水工程的组成，包括了从天然降水、废水和污水的收集、输送，到污水的处理和排放等一系列过程。从排水工程设施方面来分，主要可以分为两大部分。一部分是作为排水工程主体部分的排水管渠，其作用是收集、输送和排放园林各处的污水、废水和天然降水；另一部分是污水处理设施，包括必要的水池、泵房等构筑物。但从排水的种类方面来分，园林排水工程则是由雨水排水系统和污水排水系统两大部分构成的。

1. 雨水排水系统

园林内的雨水排水系统不只是排除雨水，还要排除园林生产废水和游乐废水。

（1）汇水坡地、集水浅沟和建筑物的屋面、天沟、雨水斗、竖管、散水。

（2）排水明渠、暗沟、截水沟、排洪沟。

（3）雨水口、雨水井、雨水排水管网、出水口。

（4）在利用重力自流排水困难的地方，还可设置雨水排水泵站。

2. 污水排水系统

（1）室内污水排放设施如厨房洗物槽、下水管、房屋卫生设备等。

（2）除油池、化粪池、污水集水口。

（3）污水排水干管、支管组成的管道网。

（4）管网附属构筑物如检查井、连接井、跌水井等。

（5）污水处理站，包括污水泵房、澄清池、过滤池、消毒池、清水池等。

（6）出水口，是排水管网系统的终端出口。

3. 合流制排水系统

（1）雨水集水口、室内污水集水口。

（2）雨水管渠、污水支管。

（3）雨水、污水合流的干管和主管。

（4）管网上附属的构筑物如雨水井、检查井、跌水井，截流式合流制系统的截流干管与污水支管交接处所设的溢流井等。

（5）污水处理设施如混凝澄清池、过滤池、消毒池、污水泵房等。

（6）出水口。

排水系统的分流与合流如图 6-27 所示。

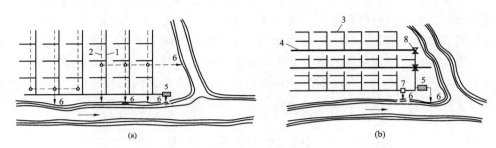

图 6-27 排水系统的体制

（a）分流制排水系统；（b）合流制排水系统

1—污水管网；2—雨水管网；3—合流制管网；4—截流管；

5—污水处理站；6—出水口；7—排水泵站；8—溢流井

二、园林排水方式

园林排水方式除地表径流（径流是指经土壤或地被植物吸收及在空气中蒸发后余下的，在地表面流动的那部分天然降水）外还有三种基本方式，即地面排水、沟渠排水和管道排水，三者之间以地面排水最为经济。

在我国，大部分公园绿地采用地面排水为主、沟渠和管道排水为辅的综合排水方式。

1. 地面排水

地面排水主要用来排除天然降水，尽量利用地形将降水排入水体，降低工程造价。但是，在地面排水时，由于地表径流的流速过大，对地表造成冲刷是必须解决的主要问题。解决这个问题可以从两方面着手。

（1）竖向设计。注意控制地面坡度，使之不致过陡，有些地段如不可避免设计较大坡度，应另采取措施以减少水土流失；同一坡度（即使坡度不太大）的坡面不宜延续过长，应该有起有伏，使地表径流不会一冲到底，形成大流速的径流；可利用盘山道、谷线等拦截和组织排水，减少或防止对表土的冲蚀。

（2）工程措施。园林中有关防止冲刷、固坡护岸的措施很多，常见的工程措施有护土筋、挡水石、谷方、水簸箕等。

1）沿着山路坡度较大处，或与边沟同一纵坡且坡面延续较长的地方敷设"护土筋"。其做法是：采用砖石或混凝土块等，横向埋置在径流速度较大的坡面上，砖石大部分埋入地下，只有 3~5cm 处露于地面，每隔一定距离（10~20m）放置 3~4 道，与道路成一定角度，如鱼翅状排列于道路两侧，以降低径流流速，消减冲刷力。

2）利用山道边沟排水，在坡度变化较大处（如在台阶两侧），由于水的流速大，容易造成地面冲刷，严重影响道路路基。为了减少冲刷，在台阶两侧置石挡水，以缓解雨水流速。

3）当地表径流汇集在山谷或地表低洼处，为了避免地表被冲刷，在汇水线地带散置一些山石，做延缓阻碍水流用。这些山石在地表径流量较大时，可起到降低径流的冲力、缓解水土流失速率的作用。所用的山石体量应稍大些，并且石的下部还应埋入土中一部分，避免因径流过大时石底泥土被掏空，山石被冲走。

4）当地表径流利用地面或明渠排入园林水体时，为了保护岸坡，出水口应做适当的处理。常见的处理方法如下：做簸箕式出水口；做成消力出水口；做造景出水口；埋管排水口。

5）裸露地面很容易被雨水冲蚀，有植被则不易被冲刷。这是因为：一方面，植物根系深入地表将表层土壤颗粒稳固住，使之不易被地表径流带走；另一方面，植被本身阻挡了雨水对地表的直接冲击，吸收部分雨水并减缓了径流的流速。所以加强绿化，是防止地表水土流失的重要手段之一。

6）利用路面或路两侧明沟将雨水引至濒水地段或排放点，设雨水埋管将水排出。

2. 管道排水

管道的最小覆土深度根据雨水井连接管的坡度、冰冻深度和外部荷载情况决定。雨水管的最小覆土深度不小于 0.7m。

雨水管道的最小坡度规定见表 6-15。道路边沟的最小坡度不小于 0.2%。梯形明渠的最小坡度不小于 0.02%。

表 6-15　　　　　　　　　雨水管道各种管径最小坡度

管径/mm	200	300	350	400
最小坡度	0.4%	0.33%	0.3%	0.2%

各种管道在自流条件下的最小容许流速不得小于 0.75m/s。排水管的最大设计流速金属管为 10m/s，非金属管为 5m/s。

雨水管最小管径不小于 300mm，一般雨水口连接管最小管径为 200mm，最小坡度为 1%。公园绿地的径流中挟带泥沙及枯枝落叶较多，容易堵塞管道，故最小管径限值可适当放大。

3. 沟渠排水

（1）明渠排水。

1）为了便于维修和排水通畅，渠底宽度不得小于 30cm。梯形明渠的边坡坡度，用砖石或混凝土块铺砌的一般采用 1∶0.75～1∶1。边坡在无铺装情况下，根据其土壤性质可采用表 6-16 中的数值。

表 6-16　　　　　　　　　梯 形 明 渠 的 边 坡

明渠土质	边坡坡度	明渠土质	边坡坡度
粉砂	1∶3～1∶3.5	砂质黏土和黏土	1∶1.25～1∶1.5
松散的细砂、中砂、粗砂	1∶2～1∶2.5	砾石土和卵石土	1∶1.25～1∶1.5
细实的细砂、中砂、粗砂	1∶1.5～1∶2.0	半岩性土	1∶0.5～1∶1
黏质砂土	1∶1.5～1∶2.0		

2）各种明渠水流速度不得小于 0.4m/s（个别地方可酌减）。明渠的水流深度为 0.4～1.0m 时，按表 6-17 中数据采用。

209

表 6-17   明 渠 最 大 设 计 流 速

明渠类别	最大设计流速/（m·s⁻¹）	明渠类别	最大设计流速/（m·s⁻¹）
粗砂及低塑性粉质黏土	0.8	砂质黏土	1.0
黏土	1.2	草皮护面	1.6
干砌块石	2.0	浆砌块石及浆砌砖	3.0
石灰岩及中砂岩	4.0	混凝土	4.0

（2）暗渠排水。

1）暗渠又称为盲沟，是一种地下排水渠道，用以排除地下水，降低地下水位。取材方便，可利用砖石等料，造价低廉；不需要检查井或雨水井之类的排水构筑物，地面不留"痕迹"，从而保持了绿地或其他活动场地的完整性；对公园草坪的排水尤其适用。

2）依地形及地下水的流动方向可做成干渠和支渠相结合的地下排水系统，暗渠渠底纵坡坡度不小于 5%，只要地形等条件许可，纵坡坡度应尽可能取大些，以利于地下水的排出。常用的布置形式为树枝式、鱼骨式和铁耙式。

3）暗渠的排水量与其埋置深度和间距有关，而暗渠的埋深和间距又取决于土壤的质地。

a. 暗渠的埋置深度。影响埋深的因素有以下方面：植物对水位的要求，草坪区暗渠的深度不小于 1m，不耐水的松柏类乔木，要求地下水距地面不小于 1.5m；受根系破坏的影响，不同的植物其根系的大小深浅各异；受土壤质地的影响，土质疏松可浅些，黏重土应该深些，见表 6-18；地面上有无荷载；在北方冬季严寒地区，还有冰冻破坏的影响。暗渠埋置的深度不宜过浅，否则表土中的养分易被冲走。

表 6-18   暗 渠 埋 深

土壤类别	埋深/m	土壤类别	埋深/m
沙质土	1.2	黏土	1.4~1.6
壤土	1.4~1.6	泥炭土	1.7

b. 支管的设置间距。暗渠支管的数量与排水量及地下水的排除速度有直接的关系。在公园或绿地中如需设暗沟排地下水以降低地下水位，暗渠的密度可根据表 6-19 中数据选择。

表 6-19   管 距、管 深

土壤种类	管距/m	管深/m
重黏土	8~9	1.15~1.30
致密黏土和泥炭岩黏土	9~10	1.20~1.35
沙质或黏壤土	10~12	1.1~1.6
致密壤土	12~14	1.15~1.55
沙质壤土	1.4~1.6	1.15~1.55
多沙壤土或沙质中含腐殖质	16~18	1.15~1.50
沙	20~24	

三、园林排水系统管网布置

园林排水系统的布置，是在确定了所规划、设计的园林绿地排水体制、污水处理方案和估算出园林排水量的基础上进行的。在污水排放系统的平面置中，一般应确定污水处理构筑物、泵房、出水口以及污水管网主要干管的位置，当考虑利用污水、废水灌溉林地、草地时，则应确定灌溉干渠的位置及其灌溉范围。

在雨水排水系统平面布置中，主要应确定雨水管网中主要的管渠、排洪沟及出水口的位置。各种管网设施的基本位置大概确定后，再选用一种最适合的管网布置形式，对整个排水系统进行安排。排水管网的布置形式，如图 6-28 所示。

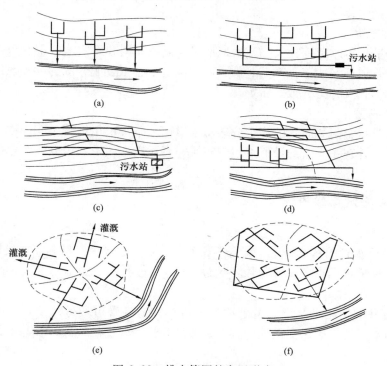

图 6-28　排水管网的布置形式

（a）正交式；（b）截流式；（c）扇形（平行式）；（d）分区式；（e）辐射（分散）式；（f）环流式

1. 正交式布置

当排水管网的干管总走向与地形等高线或水体方向大致成正交时，管网的布置形式就是正交式。这种布置方式适用于排水管网总走向的坡度接近于地面坡度时和地面向水体方向较均匀地倾斜时。采用这种布置，各排水区的干管以最短的距离通到排水口，管线长度短、管径较小、埋深小、造价较低。在条件允许情况下，应尽量采用这种布置形式。

2. 截流式布置

在正交式布置的管网较低处，沿着水体方向再增设一条截流干管，将污水截流并集中引到污水处理站。这种布置形式可减少污水对于园林水体的污染，也便于对污水进行集中处理。

3. 扇形布置

在地势向河流湖泊方向有较大倾斜的园林中，为了避免因管道坡度和水的流速过大，而造成管道被严重冲刷的现象，可将排水管网的主干管，布置成与地面等高线或与园林水体流动方向相平行或夹角很小的状态。这种布置方式又可称为平行式布置。

4. 分区式布置

当规划设计的园林地形高低差别很大时，可分别在高地形区和低地形区各设置独立的、布置形式各异的排水管网系统，这种形式就是分区式布置。低区管网可按重力自流方式直接排入水体的，则高区干管可直接与低区管网连接。如低区管网的水不能依靠重力自流排除，那么就将低区的排水集中到一处，用水泵提升到高区的管网中，由高区管网依靠重力自流方式把水排除。

5. 辐射式布置

在用地分散、排水范围较大、基本地形是向周围倾斜和周围地区都有可供排水的水体时，为了避免管道埋设太深，降低造价，可将排水干管布置成分散的、多系统的、多出口的形式。这种形式又称为分散式布置。

6. 环流式布置

这种方式是将辐射式布置的多个分散出水口用一条排水主干管串联起来，使主干管环绕在周围地带，并在主干管的最低点集中布置一套污水处理系统，以便污水的集中处理和再利用。

四、园林排水系统施工

1. 开挖沟槽

（1）参照给水管网基槽开挖，结合本任务的特点，选择梯形槽断面，机械和人工混合的方式开挖，反铲挖掘机分段（每段不超过 350m）进行，一侧出土，人工配合修整基槽边、清底等工序。

（2）检查井的功能是便于管道维护人员检查和清理管道。另外，它还是管段的连接点。检查井通常设置在管道交汇处、方向、坡度和管径改变的地方，井与井之间的最大间距见表 6-20。

表 6-20　　　　　　　　　检查井的最大间距

管径/mm	最大间距/m		管径/mm	最大间距/m	
	污水管道	雨水（合流）管道		污水管道	雨水（合流）管道
200~400	30	40	1100~1500	90	100
500~700	50	60	>1500，且≤2000	100	120
800~1000	70	80	>2000	可适当加大	

（3）检查井的构造，主要由井底、井身、井盖座和井盖等组成，详图见标准图集。

（4）井底材料一般采用 C10 或 C15 低标号混凝土，井深一般采用砖砌筑或混凝土、钢筋混凝土浇筑，井盖多为铸铁预制而成。

（5）检查井砌筑工序如下。

1）做管道基础时，准确地测定井的位置，排水管管口伸入井室 30mm。

2）砌筑砂浆应有适当的和易性与稠度，用砂浆搅拌机搅拌时间不少于 1.5min，保证其成分、颜色、塑性均匀一致。干砖应充分浇水湿润，不得有干芯，黏土砖的含水率在 10%～15%。

3）铺浆长度不超过 50cm，采用边摊浆边砌砖，"一铲灰、一块砖、一揉挤"的三一砌砖法砌筑，提高砂浆与砖之间的黏结力，增加抗剪强度。

4）不得冲浆灌缝。

5）砌筑时认真操作，管理人员严格检查，选用同厂同规格的合格砖；砌体上下错缝，内外搭接，灰缝均匀一致，水平做凹面灰缝，宜取 5～8mm，井里口竖向灰缝宽度不小于 5mm，边铺浆边上砖，一揉一挤，使竖缝进浆；砌筑景墙时留出茬口，以便与流槽砌筑搭接。

6）收口时，层层用尺测量，每层收进尺寸，四面收口时不大于 3cm，三面收口时不大于 4cm，保证收口质量。

7）砌筑井室内的流槽时，应交错插入井墙，使井墙与流槽成一体，同时流槽过水断面与下游水断面相符。

8）井室抹面前将墙面残浆清除干净，洒水湿润，抹面后及时封井，保持井内湿度。

9）安装井圈时，井墙必须清理干净；湿润后，在井圈与井墙之间摊铺水泥浆后稳井圈；露出地面部分的检查井，周围浇筑混凝土，压实抹光；行车道上必须用重型井圈井盖。

10）井室砌筑及管道安装完毕后，在两井室之间进行严密性试验；按规范要求试验合格后，方可进行下道工序。

2. 地基基础处理

（1）砂土基础。砂土基础包括弧形素土基础、灰土基础及砂垫层基础。

弧形素土基础是在原土基础上挖一弧形管槽（通常采用 900 弧），管道落在弧形管槽里。

灰土基础，即灰土的重量配合比（石灰：土）为 3：7，基础采用弧形，厚 150mm，弧中心角为 60°。

砂垫层基础是在挖好的弧形管槽上，用带棱角的粗砂填 10～15cm 厚的砂垫层。

（2）混凝土枕基。混凝土枕基也称混凝土垫块，是管道接口设置的局部基础，如图 6-29 所示。通常在管道接口下用 C75 或 C10 混凝土做成枕块。

（3）混凝土带形基础。混凝土带形基础是沿管道全长铺设的基础。按管座的形式不同分为 90°、120°、135°、180°、360°等多种管座基础。无地下水时，直接在槽底原土上浇混凝土

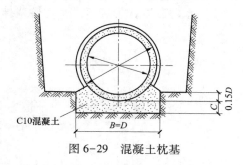

图 6-29　混凝土枕基

基础；有地下水时，常在槽底铺 10～15cm 厚的卵石或碎石垫层，然后再在上面浇筑混凝土基础。

3. 下管与稳管

（1）沟槽的检查。

1）下管前应对沟槽进行检查，检查槽底是否有杂物，有杂物应清理干净，槽底如遇棺木、粪污等不洁之物，应清除干净，并做地基处理，必要时需消毒。

2）检查槽底宽度及高程，应保证管道结构每侧的工作宽度，槽底高程要符合现行的检验标准，不合格者应进行修整。

3）检查槽帮是否有裂缝及坍塌的危险，如有危险应用支撑加固等方法处理。

（2）下管。

1）管子经过检验、修复后运至沟线按设计排管，经核对管节、管件位置无误后方可下管。人工下管多用于重量不大的中小型管子，以施工安全操作方便为原则，可根据工人操作的熟练程度、管材重量、管长、施工环境、沟槽深浅等因素进行选用。主要采用压绳下管法。

2）当管径较小、管重较轻时，如陶土管、生料管、直径 400mm 以下的铸铁管、直径 600mm 以下的钢筋混凝土管，可采用人工方法下管。

3）大口径管子，只有在缺乏吊装设备和现场条件不允许，机械无法下管时，才采用人工下管。本任务采用直径 300mm 铸铁管，考虑到管径不大，可以采用人工下管的方式。

4）机械下管一般指使用汽车式或履带式起重机下管。下管时，起重机沿沟槽开行。当沟槽两侧堆土时，其中一侧堆土与槽边应有足够的距离，以便起重机运行。起重机距沟边至少 1.0m，保证槽壁不坍塌。根据管子重量和沟槽断面尺寸选择起重机的起重量和起重杆长度。起重杆外伸长度应能把管子吊到沟槽中央。管子在地面的堆放地点最好也在起重机的工作半径范围内。

（3）稳管。

1）稳管是将管子按设计的高程与平面位置稳定在地基或基础上。

2）排水管道的铺设位置应严格符合设计要求，其中心线允许偏差 10mm；管内底高程允许偏差 10mm；相邻管内底错口不得大于 3mm。

3）要保证铺管不发生反坡，相邻两节管子的管底应齐平，以免水中杂物沉淀和流水淤塞。为避免因紧密相接而使管端头损坏，使用柔性接口能承受少量弯曲，两管之间需留 1cm 左右的间隙。

4. 排水管道接口

（1）水泥砂浆抹带接口。水泥砂浆抹带接口如图 6-30 所示。

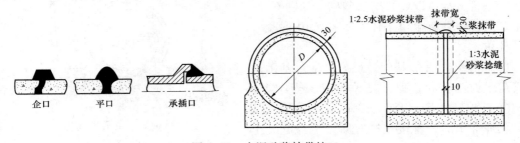

图 6-30　水泥砂浆抹带接口

1）在管子接口处用 1:（2.5~3）水泥砂浆抹成半椭圆形或其他形状的砂浆带，带宽 120~150mm，属于刚性接口。

2）一般适用于地基土质较好的雨水管道，或用于地下水位以上的污水管线上。

3）企口管、平口管、承插管均可采用此种接口。

（2）钢丝网水泥砂浆抹带接口。

1）将抹带范围的管外壁凿毛，抹 1：2.5 水泥砂浆一层，厚 15mm，中间采用 20 号 10mm×10mm 钢丝网 1 层，两端插入基础混凝土中，上面再抹砂浆 1 层，厚 10mm。

2）本节方法适用于地基土质较好的具有带形基础的雨水、污水管道上。

（3）石棉沥青卷材接口。石棉沥青卷材接口属于柔性接口，沥青、石棉、细砂重量配比为 7.5：1：1.5。先将接口处管壁刷净烤干，涂上冷底子油一层，再刷沥青玛蒂脂厚 3mm，再包上石棉沥青卷材，再涂 3mm 厚的沥青砂，这称为"三层做法"，如图 6-31 所示。

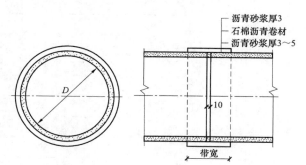

图 6-31 石棉沥青卷材接口

（4）橡胶圈接口。橡胶圈接口属于柔性接口。接口结构简单，施工方便，适用于施工地段土质较差、地基硬度不均匀或地震地区，如图 6-32 所示。

（5）预制套环石棉水泥（或沥青砂）接口。预制套环石棉水泥（或沥青砂）接口属于半刚半柔的接口，石棉水泥质量比为水：石棉：水泥＝1：3：7（沥青砂配比为沥青：石棉：砂＝1：0.67：0.67）。它适用于地基不均匀地段，或地基经过处理后管道可能产生不均匀沉陷且位于地下水位以下，内压低于 10m 的管道口，如图 6-32 所示。

5. 沥青油毡、石棉水泥接口

麻辫（或塑料圈）石棉水泥接口，一般只用于雨水管道。采用铸铁管的排水管道，接口做法与给水管道相同。常用的有承插式铸铁管油麻石棉水泥接口，如图 6-33 所示。

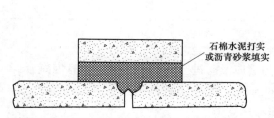

图 6-32 预制套环石棉水泥（或沥青砂）接口

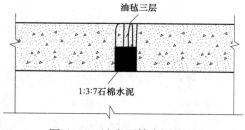

图 6-33 油麻石棉水泥接口

6. 管道密闭性实验

（1）污水、雨污水合流及湿陷土、膨胀土地区的雨水管道，回填土前应采用闭水法进行严密性试验。试验管段应按井距分隔，长度不应大于 1km，带井试验。

（2）严密性试验时，试验管段应符合下列规定：

1）管道及检查井外观质量已验收合格；管道未回填土且沟槽内无积水。

2）全部预留孔应封堵，不得渗水。

3）管道两端堵板承载力经核算应大于水压力的合力。

4) 除预留进出水管外，应封堵坚固，不得渗水。

（3）管道严密性试验时，应进行外观检查，不得有漏水现象，当符合表 6-21 规定时，管道严密性试验为合格。异形截面管道的允许渗水量可参考周长折算的圆形管道。在水源缺乏的地区，当管道内径大于 700mm 时，可按 1/3 井段数量进行抽验。

表 6-21　　　　　　　　　　　无压力管道严密性实验允许渗水量

管　材	管道内径/mm	允许渗水量/（m³·24h⁻¹·km⁻¹）
混凝土	200	17.60
	300	21.62
	400	25.00
	500	27.95
	600	30.60
	700	33.00
	800	35.35
	900	37.50
	1000	39.52
钢筋混凝土管	1100	41.45
	1200	43.30
	1300	45.00
	1400	46.70
	1500	48.40
陶管及管渠	1600	50.00
	1700	51.50
	1800	53.00
	1900	54.48
	2000	55.90

7. 覆土埋填

（1）排水管道施工完毕并经检验合格后，沟槽应及时进行回填土。不得掺有混凝土碎块、石块和大于 100mm 的坚实土块，管顶以下的回填土必须对称进行，并应分层夯实。在管顶以上 1.0m 范围内回填土时，应注意不能损坏管道。

（2）回填土应分层夯实，人工夯实时每层铺筑厚度不大于 0.2m，机械夯实时每层铺筑厚度不大于 0.3m，回填土应及时进行，防止发生浮管。不允许沟槽内长期积水。

（3）回填前。预制管铺设管道时，现场浇筑的混凝土基础的强度和接口抹带或预制构件现场装配的接缝水泥砂浆强度不应小于 5N/mm²；无压管道的沟槽应在闭水试验合格后及时回填。

（4）槽顶至管顶以上 500mm 范围内，不得含有有机物以及大于 50mm 的砖、石等硬块；在抹带处、防腐绝缘层或电缆周围，应采用细粒土回填。

（5）采用土、砂、沙砾等材料回填时，其质量要求应按设计规定执行；回填土的含水量控制在最佳含水量附近。

（6）回填土或其他回填材料运入槽内时不得损伤管节及其接口。

（7）根据一层虚铺厚度的用量将回填材料运至槽内，且不得在影响压实范围内堆料；管道两侧和管顶以上 500mm 范围内的回填材料，应由沟槽两侧对称运入槽内，不得集中堆入；需要拌和的材料，应在运入槽内前拌和均匀，不得在槽内拌和。

（8）回填土压实应逐层进行，且不得损伤管道；管道两层和管顶以上 500mm 范围内应采用轻夯压实，管道两层压实面的高差不应超过 300mm；分段回填压实时，相邻段的接茬应呈梯形，且不得漏夯；回填材料压实后应与井壁紧贴。沟槽回填压实度要符合表 6-22 的标准。

表 6-22　　　　　　　　　　　　　　　　沟槽回填压实度要求

沟槽部位	回填方法	虚铺厚度/cm	压实工具	压实度要求
管沟胸腔	人工回填	20~25	铁夯≥90%	
管顶以上 50cm 内	人工回填	25~30	蛙式夯≥90%	
管顶以上 50cm 至路基面	机械回填	25~40	压路机	0~80cm，≥95%；80~150cm，≥90%；>150cm，90%

五、园林污水处理

园林中的污水是城市污水的一部分，但和城市污水不尽相同。园林污水量比较少，性质也比较简单。它基本上由两部分组成：一是餐饮部门排放的污水；二是厕所及卫生设备产生的污水。在动物园或带有动物展览区的公园里，还有部分动物粪便及清扫禽兽笼舍的脏水。由于园林污水性质简单，排放量少，处理这些污水也相对简单些。

1. 污水处理方法

（1）以除油池除污。除油池是用自然浮法分离，取出含油污水中浮油的一种污水处理池。污水从池的一端流入池内，再从另一端流出，通过技术措施将浮油导流到池外。用这种方式，可以处理公园内餐厅、食堂排放的污水。

（2）用化粪池化污。这是一种设有搅拌与加温设备，在自然条件下消化处理污物的地下构筑物，是处理公园宿舍、公厕粪便最简易的一种处理方法。其主要原理是：将粪便导流入化粪池沉淀下来，在厌氧细菌作用下，发酵、腐化、分解，使污物中有机物分解为无机物。化粪池内部一般分为三格：第一格供污物沉淀发酵；第二格供污水澄清；第三格使澄清后的清水流入排水管网系统中。

（3）沉淀池。使水中的固体物质（主要是可沉固体）在重力作用下下沉，从而与水分离；根据水流方向，沉淀池可分为平流式、辐流式和竖流式三种。平流式沉淀池中水从池子一端流入，按水平方向在池内流动，从池的另一端溢出；池呈长方形，在进口处的底部有储泥斗。辐流式沉淀池，池表面呈圆形或方形，污水从池中间进入，澄清的污水从池周溢出。竖流式沉淀池，污水在池内也呈水平方向流动；水池表面多为圆形，但也有呈方形或多角形者；污水从池中央下部进入，由下向上流动，清水从池边溢出。

（4）过滤池。是使污水通过滤料（如砂等）或多孔介质（如布、网、微孔管等），以截留水中的悬浮物质，从而使污水净化的处理方法。这种方法在污水处理系统中，既用于以保护后继处理工艺为目的的预处理，也用于出水能够再次复用的深度处理。

（5）生物净化池。是以土壤自净原理为依据，在污水灌溉的实践基础上，经间歇砂滤和接触滤池而发展起来的人工生物处理。污水长期以滴状洒布在表面上，就会形成生物膜。生物膜成熟后，栖息在膜上的微生物即摄取污水中的有机污染物作为营养，从而使污水得到净化。

2. 污水的排放

（1）净化污水应根据其性质，分别处理。如饮食部门的污水主要是残羹剩饭及洗涤废水，污水中含有较多油脂。对这类污水，可设带有沉淀池的隔油井，经沉淀隔油后，排入就近的水体。这些肥水可以养鱼，也可以给水生生物施肥，水体中就可广种藻类、荷花、水浮莲等水生植物。

（2）水生植物通过光合作用放出大量的氧，溶解在水中，为污水的净化创造了良好的条件。

（3）粪便污水处理则应采用化粪池。污水在化粪池中经沉淀、发酵、沉渣、液体再发酵澄清后，污水可排入城市污水管网，也可作园林树木的灌溉用水。

（4）少量的可排入偏僻的或不进行水上活动的园内水体。水体应种植水生植物及养鱼。对化粪池中的沉渣污泥，应根据气候条件每 3 个月至 1 年清理一次。这些污泥是很好的肥料。

（5）排放污水的地点应该远离设有游泳场之类的水上活动区，以及公园的重要部分。排放时也宜选择闭园休息时。

六、排水工程施工质量标准

管道与卫生器具的安装分项工程质量要求见表 6-23～表 6-25。

表 6-23　　　　　　　　室外排水管道安装分项工程质量检验评定

		项　　目
保证项目	1	管道的材质、规格及污水管道（雨水和其性质相似的管道除外）的渗出和渗入水量试验结果，必须符合设计要求
	2	管道的坡度必须符合设计要求和施工规范规定
	3	管道及管座（墩）严禁铺设在冻土和未经处理的松土上
	4	管道穿过井壁处必须严密、不涌水
		项　　目
基本项目	1	管道承插接口
	2	管道的支座（墩）
	3	管道抹带接口

续表

项　目			允许偏差/mm
允许偏差项目	1	坐标	
		埋地	50
		敷设在沟槽内	20
	2	标高	
		埋地	±10
		敷设在沟槽内	±10
	3	水平管道纵横方向弯曲	
		每1m	2
		全长（25m以上）	≤50
	4	井盖　标高	±5
	5	化粪池丁字管　标高	±10

表6-24　　　　　　　　　室内排水管道安装分项工程质量检验评定

		项　目
保证项目	1	管道的材质、规格、尺寸必须符合设计要求，隐蔽的排水和雨水管道的灌水试验结果必须符合设计要求和施工规范规定
	2	管道的坡度必须符合设计要求和施工规范规定
	3	管道及管道支座（墩），严禁铺设在冻土和未经处理的松土上
	4	排水塑料管必须按设计要求装设伸缩节，如设计无要求：伸缩节按间距不大于4m设置
	5	排水系统竣工后的通水试验结果必须符合设计要求和施工规范规定

		项　目	
基本项目	1	金属和非金属管道的承插和套箍接口	
	2	碳素钢管排水管道	螺纹连接
			法兰连接
	3	非镀锌碳素钢排水管道	螺纹连接
			法兰连接
			焊接
	4	管道支（吊、托）架及管座（墩）	
	5	管道、箱类和金属支架涂漆	

		项　目			允许偏差/mm
允许偏差项目	1	坐标			15
	2	标高			±15
	3	水平管道方向弯曲	给水铸铁管	每1m	1
				全长（25m以上）	≤25
			碳素铁管	每1m 管径≤100mm	0.5
				管径>100mm	1
				全长（25m以上） 管径≤100mm	≤13
				管径>100mm	≤25

219

续表

项 目				允许偏差/mm
允许偏差项目	3	水平管道方向弯曲	塑料管	每1m	1.5
				全长（25m以上）	≤38
			石棉水泥管、预应力钢筋混凝土管、钢筋混凝土管	每1m	3
			混凝土管、陶土管、缸瓦管	全长（25m以上）	≤75
			铸铁管	每1m	3
				全长（5m以上）	≤15
		立管垂直度	碳素钢管	每1m	2
				全长（5m以上）	≤10
			塑料管	每1m	3
				全长（5m以上）	≤15
			石棉水泥管、陶土管、缸瓦管	每1m	4
				全长（5m以上）	≤40

表 6-25 卫生器具安装分项工程质量检验评定

保证项目		项 目
	1	卫生器具排水的排出口与排水管承插口的连接必须严密不漏
	2	卫生器具的排水管径和最小坡度必须符合施工规范规定

基本项目		项 目
	1	排水栓、地漏
	2	卫生器具

允许偏差项目		项 目		允许偏差/mm
	1	坐标	单独器具	10
			成排器具	5
	2	标高	单独器具	±15
			成排器具	±10
	3	器具水平度		2
	4	器具垂直度		3

参 考 文 献

［1］城市园林绿化评价标准（GB/T 50563—2010）［S］．北京：中国建筑工业出版社，2010．

［2］风景园林制图标准（CJJ 67—2015）［S］．北京：中国建筑工业出版社，2015．

［3］陈祺．园林工程建设现场施工技术［M］．北京：化学工业出版社，2005．

［4］刘卫彬．园林工程［M］．北京：中国科学技术出版社，2003．

［5］张涛．园林树木栽培与修剪［M］．北京：中国农业出版社，2003．

［6］李尚志．水生植物造景艺术［M］．北京：中国林业出版社，2000．

［7］张秀英．园林树木栽培养护学［M］．北京：高等教育出版社，2006．

［8］刘慧民．风景园林树木资源与造景学［M］．北京：化学工业出版社，2011．

［9］朱钧珍．中国园林植物景观艺术［M］．北京：中国建筑工业出版社，2004．

［10］王浩．园林规划设计［M］．南京：东南大学出版社，2009．